MODERNE MILITÄR-FLUGZEUGE

KAMPFFLUGZEUGE BOMBER TRANSPORTER HELIKOPTER

MODERNE MILITÄR-FLUGZEUGE

KAMPFFLUGZEUGE BOMBER TRANSPORTER HELIKOPTER

Bing Chandler

Mittler

United House, London N7 9DP, www.amberbooks.co.uk
Herausgeber: Michael Spilling
Designer: Rick Fawcett und Mark Batley
Bildrecherche: Terry Forshaw

Diese erstmals in 2026 publizierte Übersetzung von „Modern Military Aircraft“
ist veröffentlicht in Vereinbarung mit Amber Books Ltd.

Mittler im Maximilian Verlag GmbH & Co. KG,
Stadthausbrücke 4,
20355 Hamburg, Deutschland,
ein Unternehmen der TAMMMEDIA,
herstellung@koehler-mittler.de

Ein Gesamtverzeichnis unserer lieferbaren Titel schicken wir Ihnen gerne zu. Bitte senden Sie eine E-Mail mit Ihrer Adresse an: vertrieb@koehler-mittler.de. Sie finden uns auch im Internet unter: www.koehler-mittler-shop.de

Bibliografische Information der Deutschen Nationalbibliothek –
Die Deutsche Nationalbibliothek verzeichnet diese Publikation in der Deutschen Nationalbibliografie; detaillierte bibliografische Daten sind im Internet über https://portal.dnb.de abrufbar.

ISBN: 978-3-8132-1144-3

Übersetzung: Tim F. Kramer
Layoutanpassung der deutschen Ausgabe: Klaus Lingenauber
Druck und Bindung: ADverts printing house,
Dzelzavas Straße 124, Riga, LV-102, Lettland
Printed in Europe

MIX
Fördert gute Waldnutzung
FSC® C106236

Inhalt

Einleitung

Mitte des 20. Jahrhunderts war das Entwicklungstempo von Kampfflugzeugen noch so hoch, dass alle paar Jahre eine neue Maschine in Dienst gestellt wurde, die dann ihrerseits schnell wieder Ablösung fand. Heute ist dies nicht länger der Fall.

Die F-15 „Eagle" beispielsweise ist seit fast 50 Jahren als Kampfflugzeug im Einsatz, und es werden immer noch neue Exemplare produziert. Diese Entwicklung ist zum Teil darauf zurückzuführen, dass die Grenzen dessen, was ein menschlicher Pilot aushalten kann, längst erreicht sind. Die in den 1970er-Jahren entwickelte F-16 kann Manöver mit 9 g nahezu ohne Einschränkungen ausführen. Praktisch kein seitdem entwickeltes Flugzeug übertrifft diesen Wert, da Menschen selbst mit Schutzausrüstung nicht dazu in der Lage sind, höheren Kräften standzuhalten. Stattdessen werden zwar weiterhin neue Flugzeuge entwickelt, die schnellsten Fortschritte werden jedoch bei den Systemen erzielt, mit denen sie ausgestattet sind.

In modernen Cockpits werden die seit Beginn der bemannten Luftfahrt vertrauten Anzeigen durch große Multifunktionsdisplays ersetzt. Anstatt alle verfügbaren Informationen ununterbrochen auf physischen Instrumenten darzustellen, zeigen diese Bildschirme nur das an, was gerade benötigt wird. Dadurch muss die Besatzung die Flugzeugsysteme nicht mehr fortwährend überwachen und kann sich auf die Ausführung ihrer Mission konzentrieren. Gleichzeitig sind die für den Kampf erforderlichen Sensoren besser integriert. Verbundene Systeme, die eine individuelle Überwachung erfordern, können auf ein und demselben Multifunktionsdisplay angezeigt werden. Bewegliche Karten (Moving Maps) werden mit Radarbildern und Informationen von Sensoren für die elektronische Kampfführung überlagert, sodass der Pilot die Informationen nicht mehr selbst gedanklich zusammenführen muss. Auch dies dient dem Ziel, es der Besatzung zu ermöglichen, sich primär auf die Durchführung ihrer Mission zu konzentrieren, anstatt darauf, das Flugzeug in der Luft zu halten.

Zugleich haben sich die Sensoren, die die Informationen liefern, grundlegend verändert. Herkömmliche mechanisch abtastende Radargeräte werden zunehmend durch elektronisch abtastende Geräte ersetzt. Diese können mehrere Aufgaben gleichzeitig ausführen, wie z. B. Luftraumüberwachung und Anzeige sich bewegender Bodenziele.

Elektrooptische Geräte haben ebenfalls eine enorme Leistungssteigerung erfahren. Behälter mit Fernseh- und Infrarot-

Zwei Mi-17 „Hips" der afghanischen Luftwaffe. Der vordere Helikopter verfügt über eine externe Panzerung um das Cockpit herum, während auf der linken Seite eine Bordkanone zu sehen ist.

Oben: JASDF F-2A (63-8502) des USAF Air Development and Test Squadron beim Steigflug auf der Gifu Airbase im November 2006

kameras sind heute Standard und werden häufig mit Laser-Zielbehältern kombiniert. Deren Werte werden integriert im Cockpit dargestellt und verschaffen der Flugzeugbesatzung ein Maß an Situationsbewusstsein, von dem man früher nur träumen konnte.

Die neuesten Militärflugzeuge wie die F-35 oder AW159 sind serienmäßig mit diesen Funktionen ausgestattet. Im Gegensatz zu strukturellen Verbesserungen können diese Systeme jedoch auch relativ kostengünstig in ältere Flugzeuge integriert werden. Und so werden Maschinen wie die zuvor erwähnte F-15 heute mit Fähigkeiten ausgestattet, die den ursprünglichen Entwicklern vermutlich wie Science-Fiction erschienen wären. Andere Modelle werden nachgerüstet, wobei Radar- und Cockpit-Upgrades eine relativ einfache Verbesserung der bestehenden Flotte ermöglichen. Das extremste Beispiel hierfür ist wahrscheinlich die veraltete B-52, die 62 Jahre nach dem letzten Produktionslauf ein Upgrade von Radar, Avionik und Triebwerken erhalten hat, wodurch eine ganz neue Version – die B-52J – entstanden ist.

Trotz ihres Alters und der Verfügbarkeit der B-2 behält die B-52 aufgrund von Fortschritten in der Waffenausstattung ihre Relevanz und soll sogar über die Ausmusterung der neueren Modelle hinaus im Dienst bleiben. Dank moderner Stand-off-Waffen, die es den Piloten älterer Flugzeuge ermöglichen, außerhalb der Reichweite der feindlichen Luftabwehr anzugreifen, kann die US-Luftwaffe eine Vielzahl strategischer Bomber behalten, bei denen eine Neuanschaffung unerschwinglich wäre. Tatsächlich kauft auch die chinesische Luftwaffe, obwohl sie gerade einen eigenen modernen Bomber entwickelt, immer noch modernisierte H-6-Flugzeuge, die auf der Tu-16 Badger aus der Sowjetzeit basieren.

Auch Frachtflugzeuge haben sich in den letzten 30 Jahren gravierend verändert, wenngleich äußerlich das mit der C-130 eingeführte Design beibehalten wurde: ein geräumiger Rumpf mit einer Laderampe am Heck, hoch angebrachte Tragflächen und ein Hauptfahrwerk in Seitenträgern, um das Innenvolumen zu maximieren. Dank neuer Materialien können sie mehr Fracht weiter und schneller transportieren. So waren beispielsweise für die Berliner Luftbrücke 278.228 Flüge erforderlich, um 2,08 Millionen Tonnen Fracht zu transportieren, während dies in C-17-Flugzeugen mit nur 27.733 Flügen möglich gewesen wäre. Gleichzeitig erlauben es Head-up-Displays und Fly-by-Wire-Steuerungen, dass die Maschinen bei gleichzeitiger Minimierung des Unfallrisikos bis an die Grenzen ihrer Leistungsfähigkeit geflogen werden können.

Dieses Muster lässt sich auch bei Drehflüglern beobachten, wobei die meisten in diesem Jahrhundert entwickelten Hubschrauber auf früheren Modellen basieren. Der CH-53K wurde mit neuen Triebwerken und Materialien ausgestattet und so zu einem noch leistungsfähigeren Schwerlast-Hubschrauber als der frühere Sea Stallion gemacht. Für den AW159 „Wildcat" hingegen wurde das Getriebe des früheren Lynx in Kombination mit neuen Triebwerken, Sensoren und Konstruktionstechniken genutzt, um einen Marinekampfhubschrauber für das 21. Jahrhundert zu entwickeln.

Moderne Militärflugzeuge verfügen zwar über neue Technologien, doch ihre Effektivität hängt stets von den Fähigkeiten des Personals ab, das sie wartet und fliegt. Und das bedeutet – so verlockend die Versuchung auch sein mag, Flugzeuge wie bei einem Quartett-Kartenspiel nur anhand ihrer absoluter Leistungsdaten vergleichen zu wollen –, dass letztendlich die Seite als Sieger hervorgeht, die die Fähigkeiten ihrer Flugzeuge am effektivsten nutzen kann.

SW
AF 01 052

Mehrzweck-Kampfflugzeuge

Während moderne Kampfflugzeuge ursprünglich dafür gedacht waren, andere Flugzeuge im Luftkampf zu zerstören, sind sie heute fast immer auch in der Lage, Bodenziele anzugreifen. Selbst die Lockheed Martin F-22, das vielleicht leistungsfähigste Kampfflugzeug, das jemals entwickelt wurde, kann 450 kg Bomben in ihrem Waffenschacht transportieren. Tatsächlich wurden diese Bomben 2014 bereits operativ eingesetzt, neun Jahre vor dem ersten Luft-Luft-Abschuss eines mutmaßlichen chinesischen Spionageballons. Dieser Ansatz hat zwar finanzielle Vorteile, spiegelt aber auch den Wandel in der modernen Kriegsführung wider. Seit dem Ende des Kalten Krieges sind die meisten Konflikte asymmetrischer Natur, wobei oft nur eine Seite über Kampfflugzeuge verfügt.

Eine F-16 „Fighting Falcon“ der US-Luftwaffe vom 20. Jagdgeschwader fliegt während der ersten Red-Flag-Übung 2006 zu den Test- und Trainingsgebieten in Nevada. Im Rahmen von Red Flag werden die Kampffähigkeiten von Flugzeugbesatzungen in realistischen Kampfsituationen getestet. Beteiligt sind regelmäßig Flugzeuge aus NATO- und anderen Partnerländern.

Dassault Mirage 2000 (1978)

In Fortführung der Tradition von Dassault-Deltaflügel-Kampfflugzeugen brachte die Mirage 2000 die Flotte Ende der 1970er-Jahre auf den neuesten Stand und etablierte sich nicht nur als Rückgrat der französischen Luftwaffe, sondern auch als echter Erfolg auf dem Exportmarkt. Das Basiskampfflugzeug wurde für Aufgaben wie Nuklearschläge und konventionelle Angriffe jeweils angepasst.

Während die Mirage 2000 oberflächlich betrachtet Ähnlichkeiten mit der Dynastie der Deltaflügel-Kampfflugzeuge aufwies, die ihr vorausgegangen waren, wurde diese Konfiguration in dem neuen Jäger mit negativer Längsstabilität und einem Fly-by-Wire-Steuerungssystem kombiniert, was zu einer erheblichen Verbesserung gegenüber der vorherigen Generation von Dassault-Kampfflugzeugen führte. Die Beibehaltung des Deltaflügels ermöglichte einen beträchtlichen Auftrieb, geringen Luftwiderstand und viel Platz für Treibstoff sowie Avionik, während die computergestützte Flugsteuerung dafür sorgte, dass das Flugzeug wendiger war, sich bei niedriger Geschwindigkeit besser steuern ließ und mit einer besser kontrollierbaren Geschwindigkeit gelandet werden konnte. Die Mirage 2000 geht auf ein internes Projekt von Dassault aus dem Jahr 1972 zurück – die Mirage 1000. Im Jahr 1975 wurde das Programm Dassault Avion de Combat Futur (ACF) jedoch eingestellt, und neue offizielle Spezifikationen mussten festgelegt werden. Diese wurden 1976 veröffentlicht, und damit begann mit höchster Priorität das Programm für einen neuen Abfangjäger, der 1982 in Dienst gestellt werden sollte.

Angetrieben von einem SNECMA-M53-Mantelstromtriebwerk (Turbofan) mit 83,36 kN Schub, absolvierte der erste Prototyp im März 1978 seinen Erstflug. In ihrer ursprünglichen Serienausführung verfügte die Mirage 2000C für die französische Luftwaffe über eine vergrößerte Seitenflosse und Verkleidungen an den Flügelwurzel-Hinterkanten. Noch wichtiger war jedoch, dass die Schubkraft dank des neuen M53-5-Triebwerks auf 88,26 kN gesteigert werden konnte. Die ersten Auslieferungen erfolgten im April 1983. Ergänzt wurde die einsitzige Mirage 2000C durch die zweisitzige Schulungsvariante Mirage 2000B, die 1983 ihren Erstflug absolvierte. Die Mirage 2000B war geringfügig länger, hatte jedoch eine geringere Treibstoffkapazität, und beide Kanonen wurden entfernt.

Unten: Peru bestellte in den 80er-Jahren zehn Mirage 2000P und zwei Mirage 2000DP-Zweisitzer, deren Auslieferung 1985 begann. Die Flotte wird vom Escuadrón de Caza 412 mit Sitz in La Joya im Süden des Landes betrieben.

Radar
Die Mirage 2000H wurde mit dem Mehrzweckradar RDM von Thomson-CSF ausgeliefert, das eine CW-Zielbeleuchtung für den Einsatz mit Doppler-Zielsuchraketen bot.

Cockpit
Der Mirage-2000-Pilot sitzt auf einem in Lizenz gefertigten Martin-Baker Mk.10-Schleudersitz und verfügt über HOTAS-Bedienelemente. So lassen sich alle wichtigen Funktionen steuern, ohne die Hände vom Schubhebel und der Steuersäule nehmen zu müssen.

Insgesamt wurden für Frankreich 32 Mirage 2000B und 121 Mirage 2000C gefertigt. Während ursprünglich ein RDM-Radar und Super-530F-Luft-Luft-Raketen verbaut waren, wurden beide Varianten schließlich mit dem RDI-Radar ausgestattet, das eine CW-Zielbeleuchtung für die Super-530D-Rakete und eine verbesserte Tiefsichtfähigkeit (Look-down/Shoot-down Capability) bot. Im Laufe der Produktion wurde das Triebwerk M53-5 durch das M52-P2 mit einer Schubkraft von 95,12 kN ersetzt. Im Jahr 1979 erhielt Dassault den Auftrag zur Herstellung von zwei Prototypen einer Version für Nuklearschläge, aus der die Mirage 2000N hervorging. Basierend auf der zweisitzigen Mirage 2000B-Zelle, verfügte diese über eine für den Einsatz in niedrigen Höhen verstärkte Zelle und eine Angriffsavionik, die auf dem Antilope-5-Radar basierte. Hauptwaffe war die ASMP-Luft-Boden-Lenkwaffe mit Nukleargefechtskopf. Insgesamt wurden 75 Mirage 2000N für die französische Luftwaffe gebaut. Der Typ erreichte 1988 seine erste Einsatzfähigkeit.

Nach dem Ende des Kalten Krieges sah sich die französische Luftwaffe mit einem erhöhten Bedarf an konventionellen Kampfflugzeugen konfrontiert, was zur Entwicklung der Mirage 2000D

Flügel
Der große und nur leicht belastete Flügel ist mit automatischen Vorflügeln für bessere Manövrierbarkeit und zweiteiligen Elevons an der Hinterkante ausgestattet.

Triebwerk
Das SNECMA-M53-Triebwerk wurde aus der früheren Atar-Serie weiterentwickelt. Die bedeutendste Änderung betraf die Hinzufügung eines Bypasses, wodurch ein Turbofan-Triebwerk entstand und die Kraftstoffeffizienz verbessert wurde.

Super 530 AAM
Die Standardwaffe der Mirage 2000H für die Luftabwehr ist die MATRA-Super-530D-Rakete, die mit einer halbaktiven Monopuls-Dauerstrich-Dopplerradar-Zielsuchlenkung ausgestattet ist.

Die brasilianische Luftwaffe setzte die Mirage 2000 zwischen 2006 und 2013 unter der Bezeichnung F-2000 ausschließlich zur Luftverteidigung ein. Zehn ehemalige französische Mirage 2000C und zwei zweisitzige Mirage 2000B wurden im Rahmen eines Leasingvertrags erworben, bis Brasilien die Entscheidung traf, den „Gripen“ als neuen Kampfflugzeugtyp anzuschaffen.

führte, die ansonsten mit der Mirage 2000C identisch ist. Nach ihrem Erstflug im Jahr 1991 wurden insgesamt 75 Mirage 2000D ausgeliefert. Die ursprüngliche Mirage 2000B/C wurde zu einem großen Exporterfolg, wobei als Erstes die Mirage 2000EM/BM an Ägypten verkauft wurde. Sie war mit einem M53-P2-Triebwerk und dem früheren RDM-Radar ausgestattet, das für den Einsatz mit der Abfangrakete Super 530D modifiziert wurde. Die von Indien erworbenen Mirage 2000H/TH wurden zunächst von dem M53-5-Triebwerk angetrieben, das später durch das M53-P2 ersetzt wurde. Sie verfügen ebenfalls über Super-530D-Fähigkeiten. Diese Flugzeuge kamen bei Konflikten entlang der indisch-pakistanischen Grenze zum Einsatz, wo sie hauptsächlich in der Rolle als Kampfflugzeuge operierten. Peru erwarb die Mirage 2000P/DP, während die Vereinigten Arabischen Emirate Mehrzweck-Kampfflugzeuge vom Typ Mirage 2000EAD, Aufklärungsflugzeuge vom Typ Mirage 2000RAD und Kampftrainer vom Typ Mirage 2000DAD bestellten. Die Flugzeuge der VAE wurden intensiv im Golfkrieg, über dem Jemen und zur Unterstützung der Flugverbotszone über Libyen eingesetzt. Die griechische Version der „ersten Generation“ war hingegen die Mirage 2000EG/BG.

Technische Daten (Mirage 2000-5)

Typ: Mehrzweck-Kampfflugzeug

Abmessungen: Länge: 14,36 m; Spannweite: 9,13 m; Höhe: 5,20 m

Gewicht: 15.000 kg max. Startmasse

Triebwerk(e): ein SNECMA-M53-P20 Mantelstrom-Triebwerk (Turbofan) mit Nachbrenner und 98,06 kN Schub

Höchstgeschwindigkeit: 2.335 km/h in großer Höhe

Reichweite: 3.333 km mit Abwurftanks

Dienstgipfelhöhe: 16,460 m

Besatzung: 1 bzw. 2

Bewaffnung: Zwei 30-mm-Kanonen und bis zu 6.300 kg Waffenzuladung an fünf Außenlaststationen unter dem Rumpf und vier weiteren unter den Tragflächen

Zweite Generation

Die erste Mirage 2000 der „zweiten Generation“ war die Mirage 2000–5, die als exportoptimiertes Mehrzweck-Kampfflugzeug konzipiert war und 1990 ihren Jungfernflug absolvierte. Die Dash-5 wurde zunächst als Zweisitzer getestet, später kam ein Einsitzer hinzu. Hauptmerkmal ist das Multimode-Radar RDY von Thales, ergänzt durch ein modernisiertes Cockpit, eine verbesserte Selbstverteidigungsausrüstung, die neue Luft-Luft-Rakete MICA und eine breite Palette an gelenkten und ungelenkten Luft-Boden-Waffen. Der erste Kunde war Taiwan (Mirage 2000-5EI und -5DI), gefolgt von Katar (Mirage 2000-5EDA und -5DDA). Die französische Luftwaffe entschied sich unterdessen dafür, 37 ihrer Mirage 2000C auf einen ähnlichen Standard aufzurüsten, wodurch die Mirage 2000-5F entstand. Die Exportlinie wurde mit dem Erscheinen der Mirage 2000-9 und der im Wesentlichen unveränderten Mirage 2000-5 Mk.2 weiterentwickelt. Im Vergleich zur Dash-5 wurden diese mit dem Standardradar RDY-2 ausgestattet. Der erste Kunde für die Mk.2 war Griechenland, gefolgt von den Vereinigten Arabischen Emiraten (Mirage 2000-9). Sowohl Griechenland als auch die VAE beschlossen, eine Reihe von zuvor gelieferten Mirage 2000 auf diesen fortschrittlichen Standard aufzurüsten. Das letzte von 601 Flugzeugen rollte Ende 2007 vom Band und wurde an die griechische Luftwaffe ausgeliefert.

Eine Mirage 2000 der griechischen Luftwaffe startet von der Aviano Air Base in Richtung Griechenland. Die verbleibenden griechischen Mirage 2000 werden von den Staffeln 331 und 332 der Tanagra Air Base zur Bekämpfung von Seezielen eingesetzt.

Obwohl die Dassault Rafale seit 2006 die Mirage 2000 im französischen Dienst ersetzt, ist der ältere Typ weiterhin im Einsatz und war im März 2024 für den Abschuss von zwei Huthi-Drohnen über dem Roten Meer verantwortlich. Dies war der erste Luftsieg der AdA seit dem Zweiten Weltkrieg, auch wenn französische Mirage 2000 bereits im Golfkrieg, in Bosnien, Afghanistan und Libyen zum Einsatz gekommen waren. Im Zuge der Verkleinerung der Flotte wurden 24 der überschüssigen Flugzeuge als Ersatz für Ausfälle und als Ersatzteilspender an Indien verkauft. Am 6. Juni 2024, dem 80. Jahrestag des D-Day, kündigte Präsident Macron an, dass die Ukraine eine Reihe von Mirage 2000-5 erhalten werde, wobei der Zeitplan für die Lieferung noch nicht bestätigt wurde.

Targeting Pods (Zielbehälter)

Dieses Flugzeug wird von der EC 1/2 „Cigognes" der französischen Luftwaffe betrieben und trägt Unterflügeltanks sowie eine Telemetrie-Rakete unter der linken Tragfläche.

Während die erste Luft-Boden-Version der Mirage 2000, die Mirage 2000N, ursprünglich nicht mit einem Targeting Pod ausgestattet war, wurde diese Lücke in der konventionell optimierten Mirage 2000D geschlossen. Die ersten Pods für dieses Modell waren der PDLCT (Pod de Désignation Laser-Caméra Thermique), der eine Wärmebild-Zielerfassung ermöglichte, und das nur für den Tageseinsatz geeignete ATLIS-System. Diese wurden durch den PDL-CTS ergänzt, der mit einem verbesserten Synergie-Infrarotsensor ausgestattet war und eine um 40 Prozent höhere Bildauflösung ermöglichte. Zuletzt wurde die Mirage 2000D um den fortschrittlichen Damoclès-MP-Laserzielbehälter erweitert. Die indischen Mirage 2000 sind hingegen mit dem israelischen Litening-Laserzielbehälter ausgestattet. Die modernste Mirage, die Mirage 2000-9 der Vereinigten Arabischen Emirate, verfügt über den Damoclès-Pod (auch als Shehab bezeichnet), der in Verbindung mit einem Forward-Looking Infrared-(FLIR-)Sensor (der Wärmebildkamera Nahar) verwendet wird.

Lockheed Martin F-16 „Fighting Falcon“ (1978)

In den letzten 40 Jahren hat sich die F-16 als beliebtestes westliches Kampfflugzeug ihrer Klasse etabliert und ist heute weltweit in 28 Ländern im Einsatz. Dank modernster Produktionsstandards und Upgrades wird sie ihre Leistungsfähigkeit bis weit ins 21. Jahrhundert hinein behalten, während die Produktion über die Marke von 4.500 Flugzeugen hinaus fortgesetzt wird.

Die F-16 entstand im Rahmen des Lightweight-Fighter-(LWF-)Programms für die US-Luftwaffe, dessen Ziel es war, ein Kampfflugzeug zu entwickeln, das kleiner und kostengünstiger als die F-15 sein sollte. Gestartet wurde das Projekt von General Dynamics, die im Februar 1974 einen ersten YF-16-Demonstrator in die Luft brachten. Nach einem Wettbewerbsflug gegen die rivalisierende Northrop YF-17 wurde das Produkt weiterentwickelt und zur größeren und leistungsfähigeren F-16A „Fighting Falcon“ ausgebaut. Diese wurde dann von der US-Luftwaffe bestellt – zunächst 650 Exemplare, später wurde die Bestellung auf 1.388 Stück erhöht. Bald darauf folgten die NATO-Luftstreitkräfte Belgiens, Dänemarks, der Niederlande und Norwegens. So begann eine Exportodyssee, die bis heute andauert und in deren Rahmen über 4.500 Exemplare der F-16 für 28 Nationen fertiggestellt wurden.

Während nachfolgende Varianten immer weiter an Gewicht, Avionik und Fähigkeiten zulegten, behielten alle „Fighting Falcons“ die herausragenden Merkmale des ursprünglichen Serienmodells bei, darunter die CCV-Technologie (Control-Configured Vehicle) und Fly-by-Wire-Flugsteuerungen sowie ein großzügiges Schub-Gewichts-Verhältnis durch ein einziges Triebwerk, das über einen fixen bauchseitigen Lufteinlass gespeist wird. Das Ergebnis ist eine Kombination aus guter Gesamtleistung und außergewöhnlicher Agilität, Rollrate, Steigleistung und Beschleunigung. Die nicht gepfeilte Tragfläche verfügt über eine automatische variable Wölbung, und der Pilot profitiert von einer rahmenlosen Kabinenhaube mit hervorragender Sicht, einem verstellbaren Sitz und einem Sidestick-Controller anstelle des herkömmlichen Joysticks. Der Schubhebel verfügt über Bedienelemente für die Waffen, das

Radar
Während die F-16 ursprünglich mit dem AN/APG-66 ausgestattet wurde, das nicht in der Lage war, Sparrow-Raketen zu lenken, sind die neuesten Flugzeuge mit dem weitaus leistungsfähigeren Phased-Array-Radar AN/APG-83 ausgestattet.

Diese F-16A wurde 2008 anlässlich des 90-jährigen Jubiläums der 23. Gruppo der italienischen Luftwaffe mit einer Sonderlackierung versehen und gehörte zu den 34 Flugzeugen, die bis zur Auslieferung des Eurofighter Typhoon als Übergangslösung von den USA geleast wurden. Alle Flugzeuge wurden bis 2012 zurückgegeben, und so wurde die italienische Luftwaffe zur ersten, die die F-16 außer Dienst stellte.

Head-up-Display (HUD) und das Radar. In ihrer ursprünglichen Ausführung wurde bei der „Fighting Falcon“ das Puls-Doppler-Radar AN/APG-66 mit Tiefsichtfähigkeit verwendet, das jedoch nach und nach durch immer fortschrittlichere Modelle ersetzt wurde, darunter die neueste Active-Electronically-Scanned-Array-(AESA-)Technologie in den modernsten Versionen des Jets.

Laut Herstellerangaben wurde die F-16 vom Prototyp bis zum neuesten Serienmodell, der F-16V (V steht für „Viper“ – unter diesem Namen ist das Flugzeug allgemein bekannt) in 138 verschiedenen Konfigurationen hergestellt. Dabei wurden sukzessive Änderungen vorgenommen, wobei verbesserte Cockpit-Technologien, Avionik, Sensoren und Waffen hinzugefügt wurden, während man gleichzeitig Anstrengungen unternommen hat, die Zuverlässigkeit des Kampfflugzeugs zu erhöhen sowie dessen Wartung und Support zu vereinfachen. Zu den wichtigsten Änderungen, die an dem Flugzeug vorgenommen wurden, zählen die Erhöhung der Reichweite und Nutzlast, Infrarotsensoren und Laserzielgeräte sowie Verbesserungen im Bereich der Überlebensfähigkeit dank fortschrittlicherer Sensoren für die elektronische Kampfführung und hoch entwickelter Täuschkörper. Um das erhöhte Gewicht aufgrund dieser Neuerungen auszugleichen, wurde die F-16 mit neuen Triebwerken ausgestattet, die für mehr Schub sorgen, während die Reichweite durch den Einbau von Conformal Fuel Tanks (CFT) erhöht wurde. Im Cockpit der neuesten Versionen wurden Schubhebel und Sidestick beibehalten, jedoch mit großen Farbdisplays, einer mit Nachtsichtgeräten (NVG) kompatiblen Beleuchtung, einer farbigen Moving Map und einem vergrößerten Head-up-Display (HUD)

Heck
Spätere Modelle verfügen über eine vergrößerte Basis, in der Warnempfänger und elektronische Kampfführungsausrüstung untergebracht sind. Bei einigen Betreibern enthält sie auch einen Bremsfallschirm.

Strakes
Die verlängerten Strakes entlang des vorderen Rumpfes erzeugen bei höheren Anstellwinkeln günstige Wirbel, die den Luftstrom über den Flügel beschleunigen und den Strömungsabriss verzögern.

Triebwerk
Das ursprüngliche Triebwerk F100-PW-200 erzeugte einen Schub von 10.809 kg. Anfang der 1990er-Jahre stieg dieser Wert mit den Triebwerken F100-PW-229 und F110-GE-129 auf über 13.153 kg. Block-60-Flugzeuge, die mit dem F110-GE-132 ausgestattet sind, leisten einen Schub von 14.741 kg – fast 50 Prozent mehr als die ersten F-16A.

Eine F-16C der 522. Jagdstaffel „Fireballs" feuert eine AGM-65H-Maverick-Luft-Boden-Rakete auf dem Utah Test- und Trainingsgelände ab. Ursprünglich als Luftüberlegenheitsjäger konzipiert, wird dieser Typ regelmäßig für Bodenangriffe eingesetzt.

kombiniert. Weitere Verbesserungen der Avionik umfassen fortschrittliche Datenverbindungen, Satellitenkommunikation und am Helm montierte Cueing-Systeme.

Technische Daten (F-16C Block 50)

Typ: Taktisches Mehrzweck-Kampfflugzeug

Abmessungen: Länge: 15,03 m; Spannweite: 9,45 m; Höhe: 5,09 m

Gewicht: 12.292 kg max. Startmasse

Triebwerk(e): ein General-Electric-F110-GE-129-Mantelstrom-Triebwerk (Turbofan) mit Nachbrenner und 131,48 kN Schub

Höchstgeschwindigkeit: mehr als 2.125 km/h in 12.190 m Höhe

Reichweite: 1.485 km Aktionsradius mit zwei 907-kg-Bomben und zwei AIM-9-Sidewinder-Luft-Luft-Raketen

Dienstgipfelhöhe: mehr als 15.240 m

Besatzung: 1

Bewaffnung: eine 20-mm-Gatling-Maschinenkanone und bis zu 7.072 kg Waffenzuladung, die an einem Unterrumpf-, sechs Unterflügel- und zwei Flügelspitzen-Außenlaststationen mitgeführt werden

Varianten und Blocks

Die erste Untervariante der Basisversion F-16A war die kampffähige zweisitzige F-16B, die 1977 ihren Jungfernflug absolvierte und über eine reduzierte Treibstoffkapazität verfügte. Die F-16A und -B wurden in aufeinanderfolgenden Blöcken mit den Nummern 1, 5, 10 und 15 gebaut, wobei der letzte Block eine wesentliche Änderung in Form eines verlängerten Höhenleitwerks mit sich brachte. Die F-16-ADF-Umrüstung umfasste ein verbessertes Radar und die Kompatibilität mit AIM-7-Sparrow-Raketen.

Der erste große Fortschritt kam mit der F-16C und der zweisitzigen F-16D, die über eine vergrößerte Basis bis zur Heckflosse und eine Vorrichtung für die AIM-120 AMRAAM verfügten. Die ursprüngliche F-16C/D des Blocks 25 wurde durch die Blöcke 30 und 32 mit dem General Electric F110-GE-100 bzw. dem Pratt & Whitney F100-PW-220 abgelöst.

Beide Varianten erforderten einen vergrößerten Lufteinlass. Die Block-30/32-Maschinen sind zudem in der Lage, AGM-88-HARM-Raketen mitzuführen. Die F-16C/D Block 40/42 verfügen über die gleichen Triebwerksoptionen, sind jedoch mit einer verbesserten Avionik für Nacht-/Allwettertauglichkeit ausgestattet, darunter LANTIRN-Navigations- und Zielbehälter, GPS, automatische Geländeverfolgung und AN/APG-68(V)-Radar.

Im Jahr 1991 wurde die Produktion auf die F-16C/D Block 50/52 umgestellt, die sich durch das AN/APG-68 (V5)-Radar, ein NVG-kompatibles HUD, einen AN/ALE-47-Gegenmaßnahmenwerfer, einen AN/ALR-56M-Radarwarnempfänger und verbesserte F110- oder F100-Triebwerke auszeichnet.

Durch die Ergänzung des HARM-Zielerfassungssystems für Missionen zur Unterdrückung der feindlichen Flugabwehr (Wild Weasel) entstand der Block 50D/52D. Block 50 wurde als Upgrade-Standard für die F-16A/Bs der NATO übernommen, so kam es zum Mid-Life Upgrade F-16 MLU. Damit wurde das ursprüngliche Cockpit auf den Block-50-Standard gebracht, einschließlich Weitwinkel-HUD und NVG-Kompatibilität. Die MLU-Flugzeuge erhielten auch AMRAAM-Fähigkeiten und wurden um weitere fortschrittliche Waffenoptionen und Avionik-Upgrades erweitert.

Die meisten F-16, die an die ukrainische Luftwaffe geliefert werden, entsprechen dem MLU-Standard, da die beteiligten Länder sie allmählich durch die Lockheed Martin F-35 ersetzen. Aufbauend auf der Entwicklung der Block-60-Variante „Desert Falcon“ im Jahr 2012, stellte Lockheed Martin die F-16V Block 70/72 vor. Diese verfügt über das leistungsstärkere AN/APG-83-AESA-Radar und weitere Verbesserungen im Cockpit mit einem neuen, hochauflösenden Center Pedestal Display, das die volle Nutzung des Radars und der Targeting Pods ermöglicht. Der Missionscomputer wurde aufgerüstet und ein Terrain Avoidance System (TAS) hinzugefügt. Im Gegensatz zum integrierten System in der Block-60-Variante wurde an der Seite des Lufteinlasses eine Vorrichtung für ein Infrarot-Such- und Verfolgungssystem vorgesehen. Der Erstkunde für die F-16V war Taiwan, das sich dafür entschied, eine Reihe seiner Block-20 F-16A/Bs aufzurüsten und gleichzeitig neu gebaute Flugzeuge zu bestellen. Die ersten Umrüstsätze wurden 2019 nach Taiwan sowie nach Südkorea und Griechenland geliefert. Die Auslieferung der neu gebauten Flugzeuge begann 2023, Bahrain erhielt die erste Lieferung. Insgesamt wurden bisher 450 Umrüstsätze und 153 neu gebaute Flugzeuge bestellt. Auch Marokko, die Türkei, Bulgarien, die Slowakei und Jordanien übernahmen die neueste F-16-Variante.

Zweiter Sitz
Die zweisitzige F-16 hat eine geringere Treibstoffkapazität, um Platz für das zweite Besatzungsmitglied zu schaffen. Während sie ursprünglich für die Pilotenausbildung gedacht war, setzen einige Betreiber sie auch für einen Waffensystemoperator ein.

Breiteres Kreuz
Der vergrößerte Rückenwulst, der erstmals bei israelischen F-16 zu sehen war, dient zur Unterbringung zusätzlicher Avionik, wie bei dieser marokkanischen Block-52-F-16D zu sehen ist.

Desert Falcon

Als die Vereinigten Arabischen Emirate Mitte der 1990er-Jahre eine Ausschreibung für 80 Langstrecken-Kampfflugzeuge veröffentlichten, schlug Lockheed Martin zunächst eine F-16 mit Deltaflügeln vor, die der XL ähnelte, welche zuvor der F-15E den Platz hatte räumen müssen. Bei der schließlich entwickelten F-16E/F Block 60 (siehe Abbildung oben) behielt man dann jedoch die klassische Falcon-Flügelkonfiguration bei. In Anlehnung an das F-35-Programm wurde eine Reihe hoch entwickelter Avioniksysteme eingeführt, die auf dem Northrop-Grumman-AN/APG-80-„Agile Beam“-AESA-Radar, dem AN/ASQ-32 Internal FLIR and Targeting System (IFTS) und dem internen elektronischen Gegenmaßnahmensystem Falcon Edge basierten. Conformal Fuel Tanks (CFT) sind serienmäßig über dem inneren Teil des Flügels auf jeder Seite des Rumpfes angebracht. Zu den Präzisionswaffen gehören die Marschflugkörper AGM-84H SLAM-ER, die AGM-154C Joint Stand-Off Weapon (JSOW) und die GBU-39/B Small Diameter Bomb (SDB). Block 60 flog erstmals im Dezember 2003, und die ersten „Desert Falcons“ wurden im Mai 2005 an die Vereinigten Arabischen Emirate ausgeliefert.
Im Jahr 2011 kamen sie während der Operation Unified Protector über Libyen erstmals zum Einsatz.

Mikojan-Gurewitsch MiG-31 „Foxhound“ (1981)

Die MiG-31 ist eine Weiterentwicklung der MiG-25 aus den 1960er-Jahren und stellt eine Verfeinerung des früheren Ingenieuransatzes dar, bei dem rohe Kraft im Vordergrund stand. Während dieser Typ am Ende des Kalten Krieges vernachlässigt wurde, hat er durch jüngste Modernisierungen wieder einen Platz an der Spitze der russischen Luftfahrt eingenommen.

Basierend auf der oberflächlich ähnlichen MiG-25 „Foxbat“, war die MiG-31 tatsächlich eine bedeutende Neukonstruktion, die darauf abzielte, der Bedrohung durch niedrig fliegende Flugzeuge und Marschflugkörper entgegenzuwirken sowie die Mängel des früheren Typs zu beheben. Der Prototyp mit der Bezeichnung MiG-25MP flog erstmals im September 1975. Der neue Rumpf verfügte über eine größere Treibstoffkapazität und lieferte nun 25 Prozent des Gesamtauftriebs. Im Vergleich zur MiG-25 hatte das neue Flugzeug schmalere Flügel, die mit Vorflügeln und Tragflächenwurzelverlängerungen an den Vorderkanten (Leading Edge Root Extensions – LERX) ausgestattet waren, um das Handling bei höheren Anstellwinkeln zu verbessern. Anstelle der großen Einzelräder des Hauptfahrwerks bei der „Foxbat“ verfügt die „Foxhound“ über zwei kleinere, seitlich versetzte Räder auf jeder Seite, um eine bessere Kontrolle auf Schnee und Eis zu erzielen. Mit der Umstellung des Fokus auf Ziele in geringer Höhe war es nicht mehr möglich, sich auf eine Kette von Bodenkontrollstationen zu verlassen, um den Abfangjäger auf diese Ziele zu lenken. Stattdessen erhielt die MiG-25MP das leistungsstarke Phased-Array-Radar Zaslon und einen eigenen Operator in einem zweiten Cockpit. Das Radar hatte eine angegebene Erkennungsreichweite von 193 km für Ziele in der Größe von Kampfflugzeugen; spätere

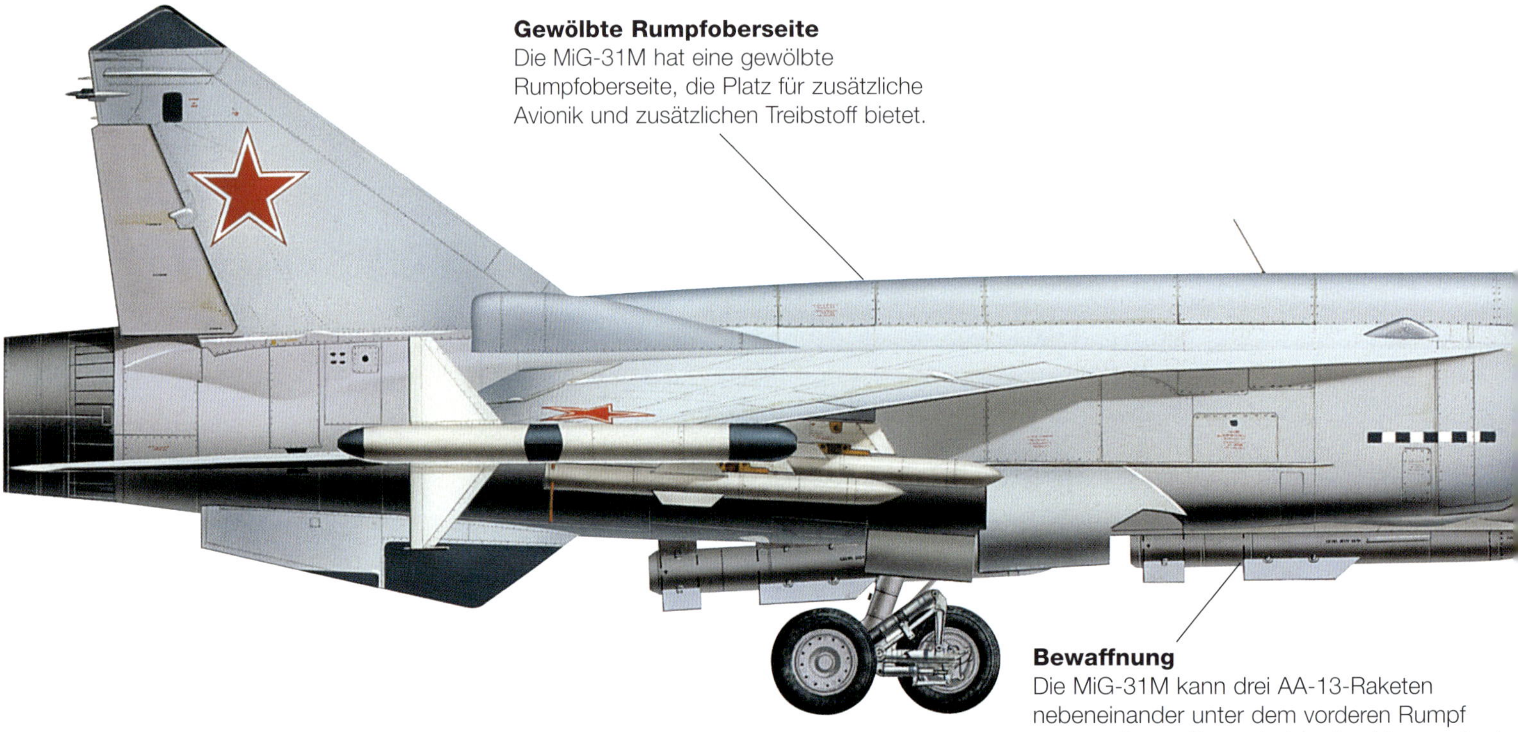

Gewölbte Rumpfoberseite
Die MiG-31M hat eine gewölbte Rumpfoberseite, die Platz für zusätzliche Avionik und zusätzlichen Treibstoff bietet.

Bewaffnung
Die MiG-31M kann drei AA-13-Raketen nebeneinander unter dem vorderen Rumpf transportieren. Dazu sind Ausbuchtungen in der Bugfahrwerksklappe erforderlich, um Platz für das Radom der mittleren Rakete zu schaffen.

Upgrades auf den Zaslon-M-Standard haben diese Reichweite verdoppelt, und das Infrared Search and Track (IRST, deutsch: Infrarot-Such- und Verfolgungssystem) ermöglichte die passive Erkennung von Zielen. Das Flugzeug wurde außerdem mit der internen 23-mm-Rotationskanone Grjasew-Schipunow GSch-6-23M über dem rechten Hauptfahrwerk ausgestattet.

Die Serienproduktion der MiG-31 begann 1977 mit verschiedenen geringfügigen Verbesserungen gegenüber der 25MP. Die Flugzeuge wurden zunächst für Test- und Evaluierungszwecke eingesetzt, während die ersten einsatzfähigen Einheiten erst Ende 1981 in Dienst gestellt wurden. Danach wurde die „Foxhound“ bald in den Abfangjägerregimentern der sowjetischen Luftverteidigungsstreitkräfte eingesetzt und ersetzte die Tu-128 Fiddler als Langstreckenabfangjäger, wobei sie zunächst die Luftverteidigungszonen von Moskau, der Arktis und dem Fernen Osten abdeckten. Mit fast doppelter Reichweite gegenüber der MiG-25 oder der Tu-128 und einer echten Tiefsichtfähigkeit stellte die „Foxhound“ eine erhebliche Leistungssteigerung dar. Ende der 1980er-Jahre wurde die MiG-31 jedoch für Aufgaben eingesetzt, für die selbst ihre Reichweite von 3.000 km nicht ausreichte. Dies führte zur Entwicklung der MiG-31DZ, die vor dem Cockpit mit einem Luft-Luft-Betankungsstutzen ausgestattet war. Für präzise Manöver während des Betankens verfügte das Flugzeug über ein Mikrosteuerungssystem, das die Schubdüsenschaufeln verstellen konnte, im Wesentlichen eine primitive Form der 3-D-Schubvektorsteuerung. Zu den Testflügen für das System gehörten neun

Die erste im Westen gesichtete MiG-31 („057 Blue“) war die insgesamt siebte MiG-31M, die gebaut wurde. Sie verfügte über das verbesserte Zaslon-M-Radarsystem, sechs K-37- sowie vier K-77-Luft-Luft-Raketen und eine modifizierte Flugzeugzelle mit rund zwei Tonnen zusätzlichem Treibstoff und leistungsstärkeren D-30D-6M-Triebwerken. Letztendlich fiel das ehrgeizige Projekt „Foxhound-B“ den massiven Kürzungen der Finanzmittel nach dem Zusammenbruch der Sowjetunion zum Opfer.

Lufteinlässe
Die großen Lufteinlässe verfügen über bewegliche Rampen, um auch bei Mach 3 einen Unterschall-Luftstrom zu den Triebwerken aufrechterhalten zu können.

Radar
Das Zaslon-M-Radar, das Mitte der 1980er-Jahre erstmals in der MiG-31M getestet worden war, verfügte über eine Antenne mit einem Durchmesser von 1,4 m, für die ein größeres Radom erforderlich war. Über 20 Jahre später, im Jahr 2008, wurde es in der MiG-31BM in Dienst gestellt.

Auf diesem Foto ist der halb versenkte Betankungsstutzen vor dem Cockpit deutlich zu erkennen. Weniger auffällig ist die einziehbare Infrarot-Such- und Verfolgungsvorrichtung vom Typ 8TP direkt vor der Bugfahrwerksklappe.

Technische Daten (MiG-31BM)

Typ: Langstrecken Mehrzweck-Kampfflugzeug

Abmessungen: Länge: 22,69 m; Spannweite: 13,46 m; Höhe: 6,15 m

Gewicht: 46.200 kg max. Startmasse

Triebwerk(e): zwei Solowjow-D-30F6-Mantelstrom-Triebwerke (Turbofans) mit Nachbrenner und jeweils 152 kN Schub

Höchstgeschwindigkeit: 3.000 km/h

Reichweite: 3.000 km mit zwei Abwurftanks

Dienstgipfelhöhe: 25.000 m

Besatzung: 2

Bewaffnung: eine 23-mm-Rotationskanone GSch-6-23M und bis zu 9.000 kg Waffenzuladung, darunter AA-9-, AA-12- und AA-13-Luft-Luft-Raketen, AS-11-Anti-Radar-Raketen und AS-24 Luft-Boden-Raketen

Stunden lange Flüge und Übungsabfangmanöver über dem Magnetpol, um zu testen, inwieweit das Navigationssystems damit zurechtkam.

Auf die MiG-31DZ folgte 1990 unmittelbar die MiG-31B. Dies war eine Reaktion auf den Verkauf der technischen Spezifikationen des Radars und der Datenverbindung der „Foxhound“ an den Westen durch Adolf Tolkatschow Mitte der 1980er-Jahre. Zusätzlich zum Betankungsstutzen verfügte die 31B über eine neue Version des Zaslon-Radars mit einer besseren Fähigkeit zum Umgang mit elektronischen Gegenmaßnahmen (Electronic Counter Measures – ECM), verbesserter Avionik und modernisierten AA-9-Amos-Raketen. Frühere Flugzeuge wurden im Rahmen einer gründlichen Wartung im Werk auf einen gleichwertigen Standard aufgerüstet und als MiG-31BS bezeichnet.

Auf die 31B folgte eine Handvoll MiG-31M, die über ein größeres Radar in einem leicht abgesenkten Radom sowie eine deutlich verbesserte Avionik verfügten. Die Kabinenhaube des Radar-Operators büßte den größten Teil ihrer Verglasung ein, um die Sicht auf die Anzeigen bei hellem Sonnenlicht zu verbessern. Nach dem Ende des Kalten Krieges waren die Mittel für die 31M jedoch begrenzt, und das Programm wurde Anfang der 1990er-Jahre nach nur sieben gebauten Flugzeugen eingestellt.

Danach dauerte es fast zwei Jahrzehnte, bis 2008 nach einem zehnjährigen Entwicklungsprogramm die nächste Version der „Foxhound“ in Dienst gestellt wurde. Die MiG-31BM erhielt das Zaslon-M-Radar, das in der 31M getestet worden war, sowie Luft-Boden-Fähigkeiten mit der Möglichkeit, Anti-Radar-, Anti-Schiffs- und Luft-Boden-Raketen zu tragen. Auch die Luft-Luft-Fähigkeiten wurden durch höhere Rechenleistung, größere Zielerfassungsreichweite und die Möglichkeit, 24 Ziele gleichzeitig zu verfolgen und acht davon mit AA-9-Amos-, AA-12-Adder- oder AA-13 Axehead-Raketen zu bekämpfen, verbessert. Letztere bewiesen in mehreren Tests ihre Fähigkeit, Ziele in einer Entfernung von 300 km treffen zu können. Alle MiG-31BM sind Upgrades der bestehenden MiG-31B, ähnlich modernisierte MiG-31BS werden als 31BSM bezeichnet. Bis 2017 wurden 110 Flugzeuge umgerüstet.

Eine neuere Verwendung für die MiG-31 ist der Einsatz als Träger für die luftgestützte ballistische Rakete „Kinschal“, von der NATO als AS-24 Killjoy bezeichnet. Auch die MiG-31K sind Umbauten bestehender Flugzeugzellen, hier der früheren 31DZ, die nicht Teil des MiG-31BM-Programms waren. Sie wurden ihrer Bewaffnung beraubt und dienen nun ausschließlich als Plattform für Killjoy. MiG hat von 2016 bis 2017 etwa zehn Flugzeugzellen umgebaut. Als Träger bringt die MiG-31K die Rakete bis auf 450 km an das Ziel heran, und zwar in einer Höhe von etwa 60.000 Fuß (18 km), wo die dünnere Atmosphäre es der Killjoy ermöglicht, auf angeblich bis zu Mach 10 zu beschleunigen. Auch wenn Russland Behauptungen über die Unverwundbarkeit der Rakete aufstellt, hat ihr Einsatz in der Ukraine Fragen aufgeworfen, da die meisten der abgefeuerten Raketen von ukrainischen Patriot-Batterien abgefangen wurden. Die Einsätze zeigen jedoch, wie wichtig die MiG-31 mehr als 40 Jahre nach ihrer Indienststellung noch für die russische Luftwaffe ist.

Von 1975 bis 1994 wurden insgesamt 519 MiG-31 gebaut, die erst bei den sowjetischen Luftverteidigungskräften im Einsatz waren. Nach Auflösung der Sowjetunion 1991 gingen alle bis auf 32 der vorhandenen Flugzeuge an die russischen Luft- und Raumfahrtstreitkräfte und die russische Marinefliegertruppe über. Kasachstan betrieb 32 Flugzeuge, die zum Zeitpunkt der Auflösung dort stationiert waren. Eines davon ging im April 2020 verloren, die übrigen Exemplare wurden 2024 zusammen mit anderen Flugzeugen an die USA verkauft. Darüber hinaus war die MiG-31 nirgends in Betrieb, obwohl sie 1992 Finnland angeboten wurde, das sich jedoch für die F/A-18 „Hornet“ entschied. Die Entwicklung des Nachfolgers der MiG-31 startete 2021 (PAK-DA-Programm), der Zeitplan der Einführung ist noch nicht bekannt.

Rohe Power

Die MiG-31 wurde entwickelt, um große Entfernungen mit hoher Geschwindigkeit zurücklegen zu können, sodass sie in der Luft verweilen und auf das Erscheinen von Zielen warten kann, bevor sie so schnell wie möglich in Schussweite gelangt. Die Höchstgeschwindigkeit in der Höhe ist bei der „Foxbat“ und der „Foxhound“ mit je Mach 2,83 gleich. Sie wird in erster Linie durch die kinetische Erwärmung der Flugzeugzelle und Schäden an den Triebwerken bei höheren Geschwindigkeiten begrenzt. Tatsächlich sind Geschwindigkeiten von mehr als Mach 3 bei Bedarf erreichbar, erfordern jedoch zumindest einen Austausch der Triebwerke im Nachgang. Die stärkere Tragfläche des neueren Flugzeugs ermöglicht es jedoch, unterhalb von 1.500 m Überschallgeschwindigkeit zu erreichen, wobei dank der D30-F6-Triebwerke Geschwindigkeiten von bis zu Mach 1,23 möglich sind. Die Triebwerke erzeugen jeweils 9.500 kg bzw. (bei eingeschalteten Nachbrennern) 15.500 kg Schub, was ein Schub-Gewicht-Verhältnis von 0,67 bei maximalem Startgewicht ergibt. Auch wenn die MiG-31 in der Geraden beeindruckend ist, macht sie ihre relativ niedrige Manövriergrenze von 5 g eindeutig zu einem Abfangjäger und nicht zu einem Dogfighter.

Diese beiden Flugzeuge sind jeweils mit einer einzigen Kinschal-Hyperschallrakete an der zentralen Unterrumpfstation ausgerüstet. Etwa zehn Flugzeuge wurden für diese Aufgabe auf den MiG-31K-Standard umgerüstet.

Suchoi Su-27 „Flanker“ (1984)

Mit einer Eleganz und Wendigkeit, die ihrer Größe trotzt, ist die Suchoi Su-27 zum Eckpfeiler der Jagdgeschwader der russischen Luftwaffe geworden. Die einsitzigen Varianten wurden zur verbesserten Su-35 weiterentwickelt, während parallel dazu eine separate Familie chinesischer „Flanker“ entstanden ist.

Die Entwicklung der späteren Su-27 wurde als Reaktion auf die Entscheidung der US-Luftwaffe Ende 1969 begonnen, künftig die McDonnell Douglas F-15 als Luftüberlegenheitsjäger einzusetzen. Der sowjetische Generalstab gab eine Anforderung für einen „fortschrittlichen Frontjäger“ heraus, und der Entwurf von Suchoi wurde ausgewählt, zusammen mit einem leichteren Flugzeug, das später zur MiG-29 werden sollte. Der erste Prototyp, die T-10, flog im Mai 1977, und obwohl er bereits als Vorläufer der Su-27 erkennbar war, gab es eine Reihe von Problemen, die verhinderten, dass er die gewünschte Leistung erreichte. Dies führte dazu, dass die Flügel, die zuvor denen der MiG-29 ähnelten, zu den heute bekannten gekürzten Deltaflügeln umgestaltet und der Rumpf sowie das Leitwerk verfeinert wurden, um den Luftwiderstand zu verringern. Die verbesserte T-10S-1 flog erstmals im April 1981, wobei die T-10 bereits von der NATO die Bezeichnung „Flanker-A“ erhalten hatte. Das Flugzeug, das 1985 schließlich in Dienst gestellt wurde, bekam den Namen „Flanker-B“. Um die Indienststellung zu erleichtern, wurde die erste Einheit, die diesen Typ erhielt – das 60. Jagdfliegerregiment – in der Nähe des Produktionswerks in Komsomolsk am Amur im Fernen Osten Russlands stationiert. Auch wenn die Entwicklung sich als langwierig erwies, war die „Flanker-B“ ein beeindruckendes Flugzeug, das die Schallgeschwindigkeit auf Meereshöhe überschreiten und in der Höhe Mach 2,34 erreichen konnte, während es genügend Treibstoff für eine Reichweite von 3.500 km zusammen mit vier Luft-Luft-Raketen mitführte. Tatsächlich ist die interne Treibstoffkapazität der Su-27 so groß, dass im Gegensatz zu fast allen anderen modernen Kampfflugzeugen nie externe Zusatztanks erforderlich waren. Es war auch das erste sowjetische Flugzeug, das eine Fly-by-Wire-Steuerung erhielt, allerdings nur in der Nickachse, wo die Stabilität gering war.

Das einzige Problem bei der Indienststellung waren Produktionsverzögerungen, die zu einem relativ langsamen

Rechts: Die hier gezeigte „68 Red“ ist eine Su-27SM3, wobei es sich bei der SM-Modifikation um eine Modernisierung der russischen Su-27-Flotte mit Multifunktionsdisplays, Avionik-Updates und einem verbesserten Radar handelte. Der Typ erhielt außerdem Luft-Boden-Fähigkeiten, die der ursprünglichen Su-27 fehlten. Das SM3-Upgrade umfasste das Irbis-E-Radar, AL-31F-M1-Triebwerke und ein vollwertiges Glascockpit.

Cockpit
Die „Flanker“ war hinsichtlich der Außensicht eine deutliche Verbesserung gegenüber früheren sowjetischen Modellen, wobei die gewölbte Kabinenhaube ein hervorragendes Sichtfeld bot. Darüber hinaus verfügten bereits die frühesten Versionen über ein am Helm befestigtes Visier – eine Ausstattung, die westliche Flugzeuge erst im 21. Jahrhundert erhielten.

Unten: Die Su-35S unterscheidet sich von der Su-27 durch das Fehlen einer Staudrucksonde an der Nase. China hat 24 Su-35S erhalten, die alle von der 6. Luftwaffenbrigade der PLAAF mit Sitz in der Nanning-Basis in Suixi betrieben werden. Im Gegensatz zu den meisten anderen chinesischen „Flankern“ tragen die Su-35S eine Tarnbemalung im russischen Stil und nicht die üblichere ein- oder zweifarbige graue Lackierung, wie sie bei der J-11B auf Seite 25 zu sehen ist.

Triebwerke
Die Su-35S ist mit den leistungsstärkeren Saturn AL-41F1S-Turbofans ausgestattet, die jeweils bis zu 1,5 Tonnen mehr Schub liefern als die AL-31 in früheren „Flankern“. Wie an diesem Beispiel zu sehen ist, verfügen die Triebwerke zudem über eine Schubvektorsteuerung, was die Manövrierfähigkeit verbessert, ohne dass das Gewicht durch Canards beeinträchtigt werden müsste.

Tragrumpf
Bei dem kombinierten Tragflächen- und Rumpfdesign der „Flanker“-Familie wurde der Rumpf so gestaltet, dass er den Auftrieb erhöht und der Druckpunkt nach vorne verlagert wird. In Verbindung mit der effektiven Verringerung der Flächenbelastung verbessert dies die Manövrierfähigkeit der Su-27.

Stinger
Der Heckausleger, auch Stinger genannt, erstreckt sich zwischen den Triebwerken und dient zur Unterbringung von Radarwarnempfängern, Chaff- und Flare-Werfern, der Treibstoffablassleitung und dem Bremsfallschirm.

„Flanker“ zur See

Sowohl Russland als auch China haben Marinevarianten der „Flanker“ entwickelt. Die Arbeiten an der russischen Su-33 begannen Ende der 1970er-Jahre, und die ersten Exemplare wurden 1986/1987 gebaut. Sie unterschieden sich von der Su-27 durch ein verstärktes Fahrwerk, größere Klappflügel, Canards und ein zweirädriges Bugfahrwerk. Die Marineversion der „Flanker“ ist gewissermaßen ein Kompromiss: Landungen werden wie auf einem herkömmlichen Flugzeugträger mit Fangseil durchgeführt, anstelle einer Katapultvorrichtung wird jedoch eine Schanze zum Start genutzt. Ohne die 3-D-Schubvektorsteuerung der Harrier oder F-35 sind das maximale Startgewicht und die Kampfausrüstung dadurch begrenzt. China wandte sich Ende der 1990er-Jahre an Russland, um Su-33 für den Flugzeugträger LIAONING, das Schwesterschiff der russischen KUSNEZOW, zu kaufen. Gleichzeitig verhandelte es mit der Ukraine über den Erwerb eines der Prototypen, die nach dem Zusammenbruch der Sowjetunion dort zurückgelassen worden waren. Dies führte schließlich zur Entwicklung der J-15, die zwar oberflächlich der Su-33 ähnelt, aber über die fortschrittlicheren Systeme der späteren J-11 verfügt und verstärkt aus Verbundwerkstoffen besteht. Während nur 22 Su-33 gebaut wurden, hat die PLAN bisher rund 60 J-15 erhalten; weitere sind in Produktion.

Technische Daten (Su-27SK)

Typ: Langstrecken-Mehrzweck-Kampfflugzeug

Abmessungen: Länge: 21,9 m; Spannweite: 14,7 m; Höhe: 5,92 m

Gewicht: 30.450 kg max. Startmasse

Triebwerk(e): zwei Saturn-AL-31F-Mantelstrom-Triebwerke (Turbofans) mit jeweils 7.670 kg Trocken- bzw. 12.501 kg Nachbrennerschub

Höchstgeschwindigkeit: 2.500 km/h

Reichweite: 3.530 km

Dienstgipfelhöhe: 19.000 m

Besatzung: 1

Bewaffnung: eine 30-mm-Maschinenkanone Grjasew-Schipunow GSch-30-1; bis zu 4.430 kg Waffenzuladung, darunter Luft-Luft-Raketen vom Typ AA-10, AA-11 und AA-12 sowie Bomben vom Typ FAB-250 und FAB-500

Aufbau der „Flanker"-Flotte in der russischen Luftwaffe führten.

Die NATO hatte zunächst durch Satellitenaufklärung von der „Flanker“ erfahren, und erst im Februar 1987 wurde sie zum ersten Mal im Flug gesichtet: Zwei F-16 der norwegischen Luftwaffe fingen über der Barentssee zwei Su-27 ab. Noch dramatischer war die nächste Begegnung am 13. September, als eine P-3 der norwegischen Luftwaffe während der Überwachung einer sowjetischen Marineübung über internationalen Gewässern von einer Su-27 der 941. IAP abgefangen wurde. Bei dem Versuch, die Sicht der Orion zu blockieren, kollidierte die „Flanker“ mit dem norwegischen Flugzeug, doch glücklicherweise kamen beide mit nur geringfügigen Schäden davon. Bemerkenswert ist, dass weniger als zwei Jahre später, 1989, während der raschen Entspannung des Kalten Krieges, eine Su-27 und eine zweisitzige Su-27UB auf der Paris Air Show ausgestellt wurden. Im folgenden Jahr begannen Verhandlungen zwischen Russland und China, die schließlich dazu führten, dass China mit Lieferungen ab Mitte 1992 der erste nicht sowjetische Kunde für diesen Typ wurde.

Chinesische Variante

Neben den Auslieferungen der Exportvariante der „Flanker-B“ mit verbessertem Fahrwerk, das ein maximales Startgewicht von 33 Tonnen (36 Tonnen) ermöglichte, wurde eine Lizenz für die inländische Produktion erteilt. Diese Flugzeuge wurden zunächst aus Bausätzen zusammengesetzt, die die KnAAPO an die Shenyang Aircraft Corporation (SAC) lieferte, doch mit zunehmender Erfahrung wurden 70 Prozent der Flugzeuge in China hergestellt. Die als J-11 bezeichnete Maschine war äußerlich mit der Su-27 identisch und trug ebenfalls den NATO-Codenamen „Flanker-B“. Obwohl Details schwer zu bestätigen sind, scheint es zu Spannungen zwischen den beiden Seiten gekommen zu sein, wobei China auf leistungsfähigere Flugzeuge drängte und angeblich gegen die Lizenzvereinbarungen verstieß, um fortschrittlichere Modelle zu entwickeln. Klar ist, dass die in China hergestellten Flugzeuge eine höhere Verarbeitungsqualität aufweisen und dass mehr als die ursprünglich vereinbarten 200 Flugzeuge gebaut wurden, die zudem einem fortgeschritteneren Standard entsprechen. Pläne zur Verbesserung, die bereits bei der Indienststellung der Su-27 bestanden hatten, verzögerten sich durch den Zusammenbruch der Sowjetunion erheblich. Ursprünglich als Su-27M bezeichnet, wurden elf Flugzeuge als Testplattformen für Canard-Steuerflächen, fortschrittlichere Fly-by-Wire- und Schubvektorsteuerung gebaut. Anfang der 2000er-Jahre führte diese Arbeit zusammen mit einer verbesserten Avionik zur Su-35, die schließlich 2014 in Dienst gestellt wurde.

Eine Shenyang J-11B der Luftwaffe der Volksbefreiungsarmee beim Start während der Changchun Airshow. Das Modell B der J-11 verfügt über wesentlich mehr Systeme chinesischer Herkunft als frühere Flugzeuge, wodurch die Abhängigkeit von Russland verringert wird. Fragen zur Rechtmäßigkeit dieser Entwicklung bestehen allerdings weiterhin.

Durch eine Gewichtsreduzierung infolge neuer Materialien, konnte auf die Canards verzichtet und stattdessen auf Schubvektorsteuerung für die Manövrierfähigkeit gesetzt werden. Zudem wurde die Rumpfluftbremse entfernt, wobei die Ruder nach innen auslenken, um denselben Effekt zu erzielen. Nachdem China der erste ausländische Kunde für die Su-35 wurde und ab 2016 insgesamt 24 Flugzeuge erhielt, entwickelte das Land auch eine eigene fortschrittliche „Flanker“-Variante. Bei der J-16 werden mehr Verbundwerkstoffe eingesetzt, was zu einem geringeren Leergewicht führt. Zudem erhielten die Flugzeuge die in China entwickelten WS-10-Triebwerke und ein AESA-Radar im Vergleich zum passiven Irbis-E-Radar in den russischen Maschinen. Mit über 200 ausgelieferten J-16 dürfte es unwahrscheinlicher sein, dass China weitere „Flanker“-Varianten aus Russland erwerben wird.

Russische „Flanker“ sind seit dem Zusammenbruch der Sowjetunion im aktiven Dienst und wurden während des Bürgerkriegs mit abchasischen Separatisten in Georgien eingesetzt. In jüngerer Zeit waren sie stark in den Bürgerkrieg in Syrien involviert, wo sie die Truppen von Präsident Assad unterstützten, aber auch im Ukrainekrieg, wo sie von beiden Konfliktparteien eingesetzt werden. Chinesische „Flanker“ sind unterdessen regelmäßig in der Taiwanstraße im Einsatz, wobei die J-16 immer häufiger zu sehen ist.

Neben Russland und China werden Su-27-Modelle auch von Angola, Äthiopien, Indonesien, Kasachstan, der Ukraine, Usbekistan und Vietnam eingesetzt. Darüber hinaus ist bekannt, dass vier Exemplare der Su-27 in die USA importiert wurden. Diese Flugzeuge wurden über Area 51 im Einsatz gesichtet. Die kleinste Flotte weist voraussichtlich Eritrea auf – das Land verfügt über zwei Exemplare des Su-27-Modells. Diese wurden während des Krieges zwischen Äthiopien und Eritrea bestellt. Grund hierfür war, dass die „Flanker“ des erstgenannten Landes die MiG-29-Flotte des Letzteren dezimiert hatten.

SAAB JAS 39 „Gripen“ (1987)

Der „Gripen“ ist das neueste Modell einer langen Reihe leistungsfähiger schwedischer Kampfflugzeuge und das erste, das alle erforderlichen Rollen in einem Flugzeug vereint, sodass keine Untervarianten notwendig sind. Dank seiner NATO-Kompatibilität und niedriger Kosten ist es auch das erfolgreichste Modell auf dem Exportmarkt.

Die JAS 39 wurde erstmals Ende der 1970er-Jahre von einem Konsortium unter der Führung von SAAB vorgeschlagen und sollte die Aufgaben eines Jagd- („Jakt“), Angriffs- („Attack“) und Aufklärungsflugzeugs („Spanning“) vereinen. Damit sollte die schwedische Luftwaffe die beiden damals im Einsatz befindlichen Typen Viggen und Draken zu einem einzigen Typ zusammenfassen können. Gleichzeitig sollte das vorgeschlagene Flugzeug – für die damalige Zeit ungewöhnlich – kleiner sein als sein unmittelbarer Vorgänger, der Viggen, dabei aber die gleiche Ladung transportieren können und nur etwa zwei Drittel der Kosten verursachen. Nach der Genehmigung im Jahr 1982 absolvierte der Gripen Ende 1988 seinen ersten Flug.

Angetrieben von einem einzigen Volvo-Flygmotor-Triebwerk, das vom GE F404 abgeleitet war, verfügte das resultierende Flugzeug über stark gepfeilte Canards, die an den Triebwerkseinlässen angebracht waren, während die Hauptfläche ein mittig montiertes, gekürztes Delta bildete. Da der „Gripen“ – wie die meisten Flugzeuge, die in dieser Zeit entwickelt wurden – von Natur aus instabil in der Nickrichtung war, benötigte er eine Fly-by-Wire-Steuerung, um die richtige Fluglage halten zu können. Probleme mit diesem System führten 1989 und 1993 zu zwei Abstürzen, die weitere Arbeiten erforderlich machten, auch wenn dieses Problem nicht nur beim „Gripen“ auftrat, sondern auch bei der YF-22, die 1992 ein ähnliches Unglück erlitt. Die Auslieferungen an die schwedische Luftwaffe begannen 1993 mit der JAS 39A und der zweisitzigen JAS 39B. Im November 1997 nahm mit dem Skaraborg Wing, F7, in der Nähe von Lidköping in Südschweden die erste Einheit mit diesem Typ den Betrieb auf. Im selben Jahr wurde die erste Charge von JAS 39C bestellt. Diese Flugzeuge weisen eine Reihe von Verbesserungen gegenüber dem früheren Modell auf und wurden so konzipiert, dass sie NATO-kompatibel sind, um sie für ausländische Käufer attraktiver zu machen. Eine weitere Maßnahme zur Verbesserung des Exportpotenzials war die Integration einer einziehbaren Betankungssonde, die von der schwedischen Luftwaffe nicht gefordert worden war.

Äußerlich fast identisch, wurden die Cockpits der 39C und der zweisitzigen D-Version deutlich verbessert und verfügen

Eine JAS 39A. Das erste Serienflugzeug mit der Seriennummer 39101 absolvierte seinen Jungfernflug im September 1992 und blieb aufgrund des Verlusts des Prototyps 39-1 drei Jahre zuvor für Testzwecke bei SAAB.

Zielerfassung
Beim Abfeuern der Kanone verfolgt das Radar den Flug der Geschosse, und der Autopilot kann die Steuerung des Flugzeugs übernehmen, um das Feuer auf das Ziel zu lenken – eine einzigartige Fähigkeit von SAAB, die zuvor bereits beim „Viggen“ zum Einsatz gekommen ist.

Funkausstattung
Im Rahmen einer Modernisierung im Jahr 2000 wurden die ursprünglichen schwedischen Funkgeräte durch Geräte von Rohde & Schwarz ersetzt, die vollständig NATO-kompatibel sind und über die sicheren taktischen Verschlüsselungssysteme HAVE QUICK und SATURN verfügen.

Bewaffnung
Für den Einsatz gegen Schiffe ist das Flugzeug mit je einer Rbs 15F an den inneren und Mavericks mit kürzerer Reichweite an den äußeren Stationen ausgerüstet. Die Flügelspitzenschienen tragen jeweils eine Sidewinder zur Selbstverteidigung.

Cockpit
Das Cockpit des „Gripen“ ist um drei Multifunktionsdisplays herum angeordnet, die fast 75 Prozent der verfügbaren Fläche auf dem Instrumentenbrett einnehmen. Darüber befindet sich ein Weitwinkel-HUD, das ein horizontales Sichtfeld von 28 Grad und ein vertikales von 20 Grad abdeckt.

Wartung
Bei Kriegseinsätzen in abgelegenen Regionen kann ein Team von fünf Mitarbeitern einen „Gripen“ in nur zehn Minuten für einen Luft-Luft-Einsatz neu bewaffnen und betanken.

RM12
Das RM12-Triebwerk basiert auf dem General Electric F404, wurde aber von Volvo umfassend überarbeitet, um mehr Leistung und Zuverlässigkeit zu erzielen, wobei Letzteres der Tatsache geschuldet ist, dass der „Gripen“ ein einmotoriges Flugzeug ist. Der Fan ist zehn Prozent breiter als beim F404, wobei die Stufen so konstruiert sind, dass sie Vogelschlägen besser standhalten, während die Gesamtschubkraft um 15 Prozent erhöht wurde.

Eine SAAB JAS 39 „Gripen“ der ungarischen Luftwaffe, aufgenommen 2022 in Zeltweg, Österreich. Ungarn erwarb im Rahmen eines Leasingkaufvertrags zunächst zwölf „Gripen“ C und zwei „Gripen“ D. Im Februar 2024 wurden weitere vier „Gripen“ bestellt, die bis 2026 geliefert werden sollen.

Technische Daten (JAS 39 „Gripen“ E)

Typ: Mehrzweck-Kampfflugzeug

Abmessungen: Länge: 15,2 m; Spannweite: 8,6 m; Höhe: 4,5 m

Gewicht: 16.500 kg max. Startmasse

Triebwerk(e): ein General-Electric-F414-GE-39E-(RM16-) Mantelstrom-Triebwerk (Turbofan) mit 6.304 kg Trocken- bzw. 10.000 kg Nachbrennerschub

Höchstgeschwindigkeit: 2.100 km/h

Reichweite: 1.500 km

Dienstgipfelhöhe: 16.000 m

Besatzung: 1

Bewaffnung: eine 27-mm-Revolverkanone Mauser BK-27; bis zu 7.200 kg Waffenzuladung, darunter Luft-Luft-Raketen vom Typ Sidewinder, IRIS-T und Meteor sowie Taurus-Marschflugkörper und Paveway LGB

nun über drei Vollfarbdisplays zur Anzeige von flugtaktischen und Sensorinformationen. Neben den neu gebauten Flugzeugen wurden 31 der JAS 39A- und B-Modelle der schwedischen Luftwaffe auf den späteren Standard aufgerüstet.

Der „Gripen“ wurde für Kurzstreckenflüge von den während des Krieges verstreut liegenden Flugplätzen Schwedens aus entwickelt, wobei Teile des Autobahnnetzes als Start- und Landebahnen genutzt werden. Er kann trotz fehlender Umkehrschub- oder Bremsfallschirmvorrichtung sicher auf nur 450 m landen. Dies wird teilweise dadurch erreicht, dass die Canards bei der Landung vollständig nach unten geklappt werden, um eine aerodynamische Bremswirkung zu erzielen. Darüber hinaus verfügt das Flugsteuerungssystem, das eine unkomplizierte Handhabung bei unterschiedlichen Waffenbestückungen ermöglicht, über einen Autoland-Modus, der GPS, Trägheitsnavigation und eine Geländedatenbank nutzt, um ohne externe Hilfsmittel einen ILS-Anflug auf einen beliebigen Punkt zu ermöglichen.

Trotz dieser beeindruckenden Fähigkeiten erfolgte der erste Einsatz des „Gripen“ auf dem Luftwaffenstützpunkt Sigonella auf Sizilien mit seinen 2.400 m langen Start- und Landebahnen, wo die Flugzeuge 2011 an der Durchsetzung der von der UNO verhängten Flugverbotszone über Libyen beteiligt waren.

Obwohl Schweden vor seinem Beitritt zur NATO im Jahr 2024 nicht paktgebunden war, wurden Auslandsverkäufe des „Gripen“ von Anfang an als wichtiger Faktor einkalkuliert. Der erste Erfolg war die Wahl der JAS 39C/D durch die südafrikanische Luftwaffe im Jahr 1998. Zwischen 2008 und 2012 bekam Südafrika 28 Flugzeuge ausgeliefert. Die nächsten beiden Verkäufe zeigten, wie sinnvoll es war, die NATO-Kompatibilität sicherzustellen, da die neuen Mitglieder Tschechien und Ungarn den „Gripen“ als Ersatz für ihre Kampfflugzeuge aus der Sowjetzeit auswählten. Beide Länder leasten zunächst jeweils zwölf „Gripen“ C und zwei „Gripen“ D, wobei Ungarn 2024 weitere vier Flugzeuge erhielt.

Die Maschinen wurden von beiden Nationen im Rahmen der NATO-Mission „Air Policing Baltikum“ eingesetzt, die vom Luftwaffenstützpunkt Šiauliai in Litauen aus operiert. Als letzte Luftwaffe, die derzeit das Modell JAS 39 C/D „Gripen“ einsetzt, ist Thailand zu nennen. Die ersten sechs Flugzeuge wurden 2011 geliefert, weitere sechs folgten. Die thailändischen Flugzeuge sind insofern einzigartig, als die installierte Datenverbindung mit im eigenen Land entwickelter Technologie aufgerüstet wurde, um die Kompatibilität mit anderen Flugzeugen der RTAF-Flotte zu gewährleisten. Um zukünftigen Bedrohungen zu begegnen und sein Exportpotenzial zu erhalten, stellte SAAB Ende der ersten Dekade dieses Jahrhunderts einen verbesserten „Gripen“ mit größerer Treibstoffkapazität, einem leistungsstärkeren, vom F414 abgeleiteten Triebwerk, verbesserter Avionik und zwei zusätzlichen Waffenstationen vor. Ursprünglich als „Gripen“ NG bezeichnet, wurde daraus das Modell E/F, das 7.200 kg an Ausrüstung transportieren kann (gegenüber 5.300 kg beim Modell C/D). Das neuere Flugzeug verfügt über ein AESA-Radar, Infrarot-Such- und Verfolgungssysteme sowie verbesserte Fähigkeiten zur elektronischen Kampfführung. Schweden hat bisher 80 Flugzeuge bestellt, wobei der Lieferplan aufgrund der anhaltenden Situation in der Ukraine und der Feindseligkeiten Russlands im Jahr 2023 beschleunigt wurde. Auch die brasilianische Luftwaffe hat sich für den „Gripen“ E/F entschieden, der mit einem erheblichen Anteil inländischer Komponenten und der Montage der Flugzeuge durch Embraer in Brasilien angeboten wurde. Gleichzeitig rüstet die schwedische Luftwaffe ihre „Gripen“ C/D mit leistungsstärkeren Triebwerken, modernisierter Avionik und dem SAAB-PS-0F/A-Radar aus dem E-Modell auf, um die Impuls-Doppler-Einheiten zu ersetzen. Dadurch bleiben die Maschinen bis mindestens 2035 einsatzfähig und sind mit den neueren Flugzeugen kompatibel.

Mit über 300 ausgelieferten Exemplaren und einer noch aktiven Produktionslinie ist der „Gripen“ ein leistungsfähiges leichtes Kampfflugzeug mit einem starken Verkaufspotenzial an Länder, die nicht für die F-35 zugelassen sind oder sich deren hohen Preis und die Betriebskosten nicht leisten können. 2023 unterzeichneten die Philippinen eine Absichtserklärung über die Lieferung von zwölf JAS 39C/D. Berichten zufolge führt auch die Ukraine Gespräche über den Erwerb dieses Typs.

Bewaffnet und gefährlich

Trotz seiner geringen Größe kann der „Gripen“ dank seines Mil-Std-1760-Datenbusses, der die Integration moderner intelligenter Waffensysteme unterstützt, eine breite Palette an Waffen mitführen. Das sogenannte dunkle Cockpit, das während des Fluges zwischen verschiedenen Rollen wechseln kann, zeigt immer nur die momentan wichtigsten Informationen an, um den Piloten nicht zu überfordern – ein großer Fortschritt gegenüber früheren Generationen. In der Luft-Luft-Rolle kann die JAS 39 Sidewinder- oder IRIS-T-Kurzstrecken-IR-Lenkflugkörper (Bild rechts) tragen, während für den Kampf außerhalb der Sichtweite entweder AMRAAM- oder Meteor-Raketen mit größerer Reichweite zur Verfügung stehen. Der „Gripen“ war das Testflugzeug für die letztgenannte anglo-französische Waffe. Für Bodenangriffe können neben Paveway-II-Bomben auch die schwedische GPS-gesteuerte Gleitbombe BK 90 Mjölner, AGM-65 Maverick und Taurus-Luft-Luft-Marschflugkörper mitgeführt werden. Zur Steuerung der Letzteren wird der Litening-Zielbehälter auf der gegenüberliegenden Seite der integrierten 27-mm-Mauser-Kanone mitgeführt. Die RBS 15F-Anti-Schiffs-Rakete deckt die Rolle des Marineangriffs ab, während eine Reihe von Aufklärungsbehältern verwendet werden können, um den „Gripen“ zu befähigen, alle drei Rollen seiner JAS-Bezeichnung abzudecken.

Boeing F-15 „Strike Eagle“ (1988)

Die McDonnell Douglas F-15 „Eagle“ ist mit ihrem unübertroffenen Sieg-Verlust-Verhältnis von 104:0 der führende Luftüberlegenheitsjäger des Westens. Mit der F-15E „Strike Eagle“ wurde das Flugzeug unter Beibehaltung aller Luftkampf-kapazitäten zu einem allwetterfähigen Erdkampfflugzeug weiterentwickelt.

Radar
Diese Maschine wurde ursprünglich als F-15S gebaut und mit dem AN/APG-70-Radar ausgestattet. Im Rahmen der Aufrüstung auf den F-15SR-Standard wurde sie mit dem leistungsstärkeren AESA-Radar AN/APG-63(V)3 ausgerüstet. Die SR-Modelle werden in ihrer Leistungsfähigkeit weitgehend den neu gebauten F-15SA entsprechen.

Diese F-15S ist eines von 72 Exemplaren, die zwischen 1996 und 1998 für die Royal Saudi Air Force (RSAF) gebaut wurden.

Einst ein Produkt von McDonnell Douglas, fallen die F-15E „Strike Eagle“ und ihre Derivate nun in den Zuständigkeitsbereich von Boeing, die das Unternehmen übernommen haben. Der Erstflug der F-15A fand im Juli 1972 statt. Im November 1974 wurde die erste „Eagle“ an den 58th Tactical Fighter Training Wing auf der Luke Air Force Base in Arizona ausgeliefert. Im Januar 1976 kam dann die erste F-15, die für eine Kampfflugzeugstaffel bestimmt war, zum 1st Tactical Fighter Wing (TFW) auf die Langley AFB in Virginia.

Eine verbesserte einsitzige F-15C und eine zweisitzige F-15D wurden 1979 in den Bestand der U.S. Air Force (USAF) aufgenommen und zunächst an die Kadena Air Base in Japan geliefert. Diese Modelle waren mit den Verbesserungen des Eagle-Serienpakets ausgestattet, darunter zusätzliche Treibstoffkapazitäten, Vorrichtungen für den Transport von Conformal Fuel Tanks (CFTs) und ein erhöhtes maximales Startgewicht.

Ursprünglich sollte die F-15 „Eagle“ in der Lage sein, Luftüberlegenheits- und Luft-Boden-Einsätze mit gleicher Effizienz durchzuführen, doch die Angriffsfunktion wurde bald aus dem ursprünglichen Konzept gestrichen, und die nachfolgenden bei der US-Luftwaffe in Dienst gestellten Varianten F-15A bis -D wurden ausschließlich für Luft-Luft-Einsätze verwendet. Im Jahr 1982 begann McDonnell Douglas mit Tests einer Luft-Boden-„Eagle“, indem man den zweiten zweisitzigen TF-15A-Trainer privat finanziert zum „Strike Eagle“ modifizierte. Zu dieser Zeit suchte die USAF nach einem Nachfolger für ihre F-111 und führte eine Bewertung der „Strike Eagle“ im Vergleich zum Konkurrenten General Dynamics F-16XL durch, einer Weiterentwicklung der F-16 „Fighting Falcon“ mit gekröpften Tragflächen. Die Strike Eagle ging als Sieger hervor und wurde in Produktion gegeben. Die erste Serienmaschine der F-15E absolvierte ihren Jungfernflug im Dezember 1986.

Die F-15E „Strike Eagle“ läutete die „zweite Generation“ der F-15 ein. Ausgestattet mit neuer Avionik und Mehrzweckfähigkeiten werden diese Flugzeuge noch heute für Exportkunden produziert. Im vorderen Cockpit verfügte die F-15E der USAF über neu gestaltete Bedienelemente, ein Head-up-Display mit großem Sichtfeld und drei CRT-Displays, die dem Piloten Daten zu Navigation, Waffenabwurf und Systembetrieb liefern. Auf dem hinteren Sitz des Flugzeugs sitzt der Waffensystemoffizier, der über vier Mehrzweckterminals für Radar, Waffenauswahl und Überwachung der feindlichen Ortungssysteme verfügt.

Die primären Sensoren umfassen das Radar AN/APG-70 und das Navigations-/Angriffssystem LANTIRN, wobei Letzteres aus zwei separaten Pods mit einem an das Flugsteuerungssystem gekoppelten Geländefolgeradar und einer Zielerfassungsfunk-

Die „Eagle“ wurde 1981 auch in die japanischen Luftselbstverteidigungs-Streitkräfte (JASDF) aufgenommen und ist nach wie vor das wichtigste Luftverteidigungsflugzeug des Landes. Diese F-15J trägt das Emblem des in Gifu stationierten Air Development and Test Command auf ihren Heckflossen.

tion für den Einsatz lasergesteuerter Waffen besteht. Die F-15E wurde später mit den moderneren Zielbehältern Sniper und Litening ausgestattet.

Die ursprünglichen Pratt & Whitney-F100-PW-220-Turbofans der F-15E mit einem digitalen elektronischen Triebwerkssteuerungssystem wurden bald durch leistungsstärkere F100-PW-229 ersetzt, die ab 1991 in die Produktion aufgenommen und in früheren Flugzeugen nachgerüstet wurden. Die Produktionsserie für die USAF umfasste 236 Flugzeuge. Die Strike Eagle wurde 1988 beim 40th Tactical Training Wing auf der Luke AFB in Dienst gestellt, gefolgt von ersten operativen Auslieferungen an den 4th TFW auf der Seymour Johnson AFB in North Carolina. Die F-15E hatte ihr Kampfeinsatzdebüt während der Operation Desert Storm, wo ihre Hauptaufgabe darin bestand, mobile irakische Scud-Raketen aufzuspüren und zu zerstören. Seitdem war die F-15E an vorderster Front bei allen größeren Luftoperationen des US-Militärs im Einsatz.

Der erste Exportkunde für die „Strike Eagle“ war Saudi-Arabien, das 1995 zunächst 72 F-15S kaufte. Bei dieser Variante wurde die F-15E-Zelle beibehalten, sie verfügte jedoch nicht über die CFTs, und die Ausrüstung war abgespeckt. Israel erwarb unterdessen 25 F-15I Ra'am-(„Thunder"-)Versionen mit Ausrüstung aus eigener Produktion. Zudem hat Boeing 40 F-15K „Slam Eagles“ an die Republik Korea geliefert. Die F-15K wurde entwickelt, um die FX-Anforderungen des Landes zu erfüllen, und verfügt über General-Electric-F110-GE-12-A-Triebwerke, ein AN/APG-63(V)1-Radar mit aktiver elektronischer Strahlschwenkung (AESA), ein Joint Helmet-Mounted Cueing System (JHMCS), ein modernisiertes Cockpit mit sieben Multifunktionsdisplays, die Tiger-Eyes-Sensorlösung von Lockheed Martin mit einem Infrarot-Such- und Verfolgungssystem (IRST) und die AGM-4-SLAM-ER-Rakete. Singapur hat mindestens 24 F-15SG-Jets gekauft, die weitgehend der F-15K ähneln, jedoch mit einem APG-63(V)3-Radar ausgestattet sind.

Im Jahr 2011 gab Saudi-Arabien eine Bestellung für eine neue Version – die F-15SA – auf, die mit dem AN/APG-63(V)3-Radar, dem Joint Helmet-Mounted Cueing System, IRST, Sniper, einer Verteidigungslösung von BAE Systems, neuen Fly-by-Wire-Steuerungen und einer neu gestalteten Flügelstruktur mit einem zusätzlichen Hardpoint auf jeder Seite ausgestattet ist. Bekannt als „Advanced Eagle“, sollte dies die Grundlage für alle zukünftigen Entwicklungen bilden. Saudi-Arabien hat 84 neu gebaute F-15SA und Umrüstsätze geordert, um ihre 70 F-15S auf den gleichen Stand aufzurüsten.

Katar bestellte 2017 eine Stückzahl von 36 „Advanced Eagles“, die als F-15QA bezeichnet werden, während Israel 2020 insgesamt 25 neu gebaute F-15IA und 25 Umrüstsätze

Zwei F-15E des 90. Jagdgeschwaders der Elmendorf Air Force Base in Alaska feuern während einer Trainingsmission über dem Golf von Mexiko vor der Küste Floridas zwei AIM-7M ab.

orderte. Angesichts einer alternden Flotte von F-15C/D-Flugzeugen, einer begrenzten Anzahl von F-22 und Verzögerungen bei den F-35-Lieferungen bestellte die US-Luftwaffe 2020 die ersten von insgesamt 104 geplanten F-15EX. Neben der verbesserten Struktur des Exportmodells „Advanced Eagle“ verfügt die EX über die für den Rest der F-15-Flotte der US-Luftwaffe geplanten Avionik-Upgrades, darunter das AESA-Radar AN/APG-82(V)1, das kombinierte elektronische Kampfführungs- und Gegenmaßnahmensystem AN/ALQ-240 und das IRST-System AN/ASG-34(V)1. Diese Flugzeuge ersetzen ältere F-15-Modelle in Einheiten der Nationalgarde und sind in erster Linie für die Landesverteidigung, die Luftraumüberwachung sowie für Einsätze vorgesehen, bei denen Stealth-Eigenschaften keine Priorität haben.

Technische Daten (F-15E)

Typ: Allwetterfähiges taktisches Kampfflugzeug

Abmessungen: Länge: 19,43 m; Spannweite: 13,05 m; Höhe: 5,63 m

Gewicht: 36.741 kg max. Startmasse

Triebwerk(e): zwei Pratt & Whitney-F100-PW-220-Mantelstrom-Triebwerke (Turbofans) mit jeweils 106 kN Schub und Nachbrenner

Höchstgeschwindigkeit: mehr als 2.655 km/h in großer Höhe

Reichweite: 1.271 km Aktionsradar bei einer typischen Mission mit voller Bewaffnung

Dienstgipfelhöhe: 18.290 m

Besatzung: 2

Bewaffnung: eine 20-mm-Gatling-Kanone und bis zu 11.000 kg Waffenzuladung

Operation Enduring Freedom

Eine F-15E des 4. Fighter Wing der US-Luftwaffe flog im April 2006 über Afghanistan. Die US-Luftwaffe entsendete F-15E-Staffeln nach Südwestasien, von wo aus sie Luftunterstützungseinsätze für Bodentruppen durchführten, die damit beschäftigt waren, Rückzugsgebiete und Unterstützungsnetzwerke von Aufständischen auszuheben. Über Afghanistan trugen F-15E in der Regel eine Mischung aus 227-kg-GBU-12-Laser-Lenkbomben und 907-kg-GBU-31-GPS-Lenkbomben sowie bis zu 500 Schuss Munition für ihre 20-mm-Kanone M61A1. Zur Überwachung und Zielerfassung waren die „Strike Eagles“ mit dem Zielbehälter Lockheed Martin Sniper XR ausgestattet. Von Bagram in Afghanistan aus flogen F-15E zusammen mit F-16 Einsätze, um den gesamten Osten Afghanistans aus der Luft zu unterstützen. Zwei Geschwader schickten täglich den Großteil ihrer Flugzeuge in die Luft und flogen außerdem häufige „Show of Force“-Missionen ohne Waffen.

Eine F-15C überfliegt Afghanistan während der Operation Enduring Freedom im Jahr 2003.

Chengdu J-10 „Vigorous Dragon“ (1998)

Als ehrgeiziges Projekt einer Branche, die bislang hauptsächlich überarbeitete oder modifizierte sowjetische Konstruktionen hergestellt hatte, verschaffte die J-10 China nicht nur einen modernen Kampfflieger, sondern auch eine Luftfahrtindustrie, die mit ihrer Konkurrenz mithalten konnte.

Die Entwicklung des Jianjiji-10 (Jagdflugzeug-10) begann in den frühen 1980er-Jahren als Reaktion auf die Forderung der Luftstreitkräfte der Volksrepublik China (People's Liberation Army Air Force – PLAAF) nach einem Mehrzweck-Kampfflugzeug, welches den von der MiG-21 abgeleiteten Jäger J-7 sowie das auf der MiG-19 basierende Erdkampfflugzeug Q-5 ersetzen sollte. Es gingen Entwürfe von Hongdu, Shenyang und Chengdu ein, wobei die beiden Letzteren auf den Arbeiten für die eingestellten Muster J-13 und J-9 aufbauten. Der Entwurf von Chengdu wurde Anfang 1984 offiziell angenommen. Es handelte sich um ein Flugzeug mit Canard-Flügeln und einem Lufteinlass unter dem Rumpf – eine Konfiguration, die zu dieser Zeit in Mode war und auch beim Eurofighter „Typhoon“ und der IAI Lavi zum Einsatz kam. Es wird vermutet, dass Israel China bei der Entwicklung der J-10 auf der Grundlage der Arbeiten an der eingestellten Lavi unterstützt hat. Dies wurde von China jedoch stets vehement abgestritten. Obwohl die Entwicklung der J-10 im Vergleich zu früheren chinesischen Luftfahrtprojekten einen erheblichen Fortschritt in Sachen Komplexität darstellte, dauerte sie im Vergleich zu anderen gleichzeitig gestarteten Programmen nicht sehr lange. Auch wenn die J-10 nicht auf der Lavi selbst basiert, ist es somit wahrscheinlich, dass ein gewisses Maß an technischer Unterstützung aus Israel und anderen Ländern kam, auch wenn die Entwicklung geheim gehalten wurde und konkrete Anhaltspunkte schwer zu finden sind.

Der Prototyp J-10A wurde Mitte des Jahres 1997 fertiggestellt und hob im März 1998 zum ersten Mal ab, was den Beginn

Unten: Die Seriennummer 1035 steht für den fünften Prototyp der J-10B, der von Chengdu für Testzwecke zurückbehalten wurde. Die J-10B war mit einem neuen passiven X-Band-Radar mit elektronischer Abtastung ausgestattet, das beim endgültigen Modell J-10C durch ein Radar mit aktiver Strahlschwenkung ersetzt wurde.

Radar
Die frühen J-10-Modelle waren mit einem Impuls-Doppler-Radar vom Typ 1478 ausgestattet. Dies war ein Meilenstein, während China an der Entwicklung des passiven elektronisch gesteuerten Radars arbeitete, mit dem die J-10B ausgestattet werden sollte, gefolgt vom aktiv gesteuerten Radar der J-10C.

Lufteinlass
Die J-10B verfügt über einen Diverterless Supersonic Inlet (DSI) der das frühere Lufteinlass-Design mit herkömmlicher Splitter Plate ersetzte. Dies ermöglicht nicht nur eine leichtere Konstruktion, sondern reduziert auch die Radarsignatur, da einige der durch die Splitter Plate verursachten Reflexionen wegfallen.

Cockpit
Neben den LCD-Multifunktionsdisplays, die bei modernen Kampfflugzeugen fast schon Standard sind, verfügt die J-10 über ein in China entwickeltes HUD und ein Helmvisier. Der Pilot sitzt auf einem HTY-5-Schleudersitz, der ebenfalls in China entwickelt wurde und der auf dem Martin-Baker-Sitz basiert, der in den 1980er- und 1990er-Jahren nach China geliefert wurde.

Oben: Eine J-10CY, geflogen von der Kunstflugstaffel „1. August“ des PLAAF

Triebwerk
Ursprünglich wurde das Flugzeug von dem russischen Saturn-AL-31-Triebwerk angetrieben, das auch in der „Flanker“-Familie zum Einsatz kommt. Ziel war es jedoch immer, ein eigenes Triebwerk für diesen Typ zu entwickeln. Dies wurde schließlich Mitte der 2010er-Jahre verwirklicht, als das WS-10-Triebwerk in der J-10C zum Einsatz kam.

Heck
Die J-10B ist unter anderem an der abgerundeten Spitze des Seitenleitwerks zu erkennen. Die J-10C verfügt hingegen über eine zusätzliche Antenne auf jeder Seite der ECM-Verkleidung an der Heckflosse.

Tragfläche
Der gekürzte Deltaflügel der J-10 ist insofern etwas ungewöhnlich, als er an der inneren Vorderkante eine ausgeprägte negative V-Stellung aufweist, wodurch er insgesamt fast ein invertiertes Knickflügelprofil erhält.

Eine J-10AY der Kunstflugstaffel „1. August“ startet zu ihrer Vorführung auf der Zhuhai Airshow. Die AY ist eine spezielle Vorführversion der J-10A. Sie wurde inzwischen durch die C-Version J-10CY ersetzt, die sich durch einen markanten geraden Rumpf auszeichnet.

Technische Daten (Chengdu J-10)

Typ: Mehrzweck-Kampfflugzeug

Abmessungen: Länge: 16,9 m; Spannweite: 9,8 m; Höhe: 5,7 m

Gewicht: 19.227 kg max. Startmasse

Triebwerk(e): ein WS-10B-Mantelstrom-Triebwerk (Turbofan) mit 9.075 kg Trocken- bzw. 14.680 kg Nachbrennerschub

Höchstgeschwindigkeit: 2.330 km/h

Reichweite: 1.850 km

Dienstgipfelhöhe: 18.000 m

Besatzung: 1

Bewaffnung: eine doppelläufige 23-mm-Maschinenkanone vom Typ Grjasew-Schipunow GSch-23 und bis zu 5.600 kg Waffenzuladung, darunter PL-8-, PL-10- und PL-15-Luft-Luft-Raketen, YJ-91-Anti-Radar-Raketen und KD-88-Luft-Boden-Raketen

eines fünfjährigen Testprogramms markierte. Zu diesem Zeitpunkt hatte man sich auf ein Delta-Hauptflügelprofil mit einer etwas ungewöhnlichen geknickten Vorderkante festgelegt, wobei die innere Hälfte eine anhedrale Flügelneigung aufwies, während der äußere Teil gerade war. Ungewöhnlich ist auch die hoch angebrachte Canard-Konstruktion, die im Gegensatz zu den meisten anderen Flugzeugen mit Canards eine V-Stellung aufweist. Während die ersten Tests in der Anlage von Chengdu am Flughafen Wenjiang durchgeführt worden waren, fanden die 2002 begonnenen Einsatztests in der Wüste Gobi statt. Das Testprogramm wurde am 23. März 2003 nach genau fünf Jahren offiziell abgeschlossen, und die ersten Auslieferungen an die PLAAF erfolgten in der darauffolgenden Woche. Die erste Fronteinheit, das 131. Regiment der 44. Division, stationiert in der Provinz Yunnan in der Nähe des Werks in Chengdu, erhielt ihre Flugzeuge im Juli 2004.

Die nächste Entwicklungsstufe der J-10 war der kampffähige Zweisitzer mit der Bezeichnung J-10S. Um Platz für das zweite Cockpit zu schaffen, wurde der vordere Rumpf leicht verlängert, während die Avionikausrüstung in einem vergrößerten Rumpfrückenbereich untergebracht wurde. Der Erstflug erfolgte Ende 2003, die Auslieferung begann 2006. Es wird davon ausgegangen, dass jedes Regiment neben 20 bis 24 einsitzigen Flugzeugen über etwa vier J-10S verfügt. In dieser Zeit wurde auch an einer abnehmbaren Luft-Luft-Betankungssonde gearbeitet, die sowohl an der ein- als auch an den zweisitzigen J-10 angebracht wurde.

Seit ihrer Einführung hat die J-10 an zahlreichen Übungen mit der J-11 „Flanker“ der PLAAF teilgenommen und diese, Berichten zufolge, jedes Mal übertroffen. Dies steht jedoch nicht ganz im Einklang mit anderen Berichten, wonach die J-10 zwar eine bessere instantane Winkelgeschwindigkeit hat, solange die Wende beibehalten wird, die „Flanker“ jedoch aufgrund ihrer größeren Leistung und besseren Beschleunigung im Vorteil ist.

J-10B

Die Weiterentwicklung führte zur J-10B, die 2008 ihren Erstflug absolvierte. Bei dieser Variante wurden der kastenförmige Lufteinlass und die Splitter Plate des Vorgängermodells durch einen Diverterless Supersonic Inlet (DSI) ersetzt, der dem der F-35B ähnelt. Bei dieser Art von Einlass sorgt nicht eine Splitter Plate dafür, dass die Öffnung physisch von der langsam strömenden Luft der Grenzschicht getrennt bleibt, sondern die Ausbuchtung des Rumpfes erzeugt eine Druckwelle, die sich rund um die Einlassöffnung verteilt.

Gleichzeitig verlangsamt die durch die Ausbuchtung bei Überschallgeschwindigkeit erzeugte Schockwelle die Luft auf unter Mach 1, bevor sie das Triebwerk erreicht. Der DSI-Einlass ist strukturell leichter als herkömmliche Einlässe und sollte bei korrekter Konstruktion auch die Radarsignatur des Flugzeugs reduzieren, indem er die Vorderseite des Triebwerks verdeckt und die durch die Splitter Plate verursachten Radarreflexionen verhindert. Die J-10B erhielt außerdem ein in China entwickeltes passives Array-Radar in einer modifizierten Nase, ein Infrarot-Such- und Verfolgungssystem vor dem Cockpit und eine überarbeitete ECM-Ausstattung in einem verlängerten Gehäuse oben am Heck.

Bis zu diesem Zeitpunkt wurden alle Serien-J-10 mit dem russischen Triebwerk Saturn AL-31FN angetrieben. China hatte jedoch seit Beginn an einem eigenen Triebwerk für diesen Typ gearbeitet. Das Shenyang WS-10 war schließlich 2018 für einmotorige Anwendungen bereit und wird in der J-10C eingesetzt, wobei der einzige äußere Unterschied in der Länge des festen Abschnitts des Abgasaustritts besteht.

Die maximale Schubkraft ist höher als die des russischen Triebwerks, allerdings sind die Start- und Beschleunigungszeiten länger. Eine neue Version des WS-10 mit Schubvektorsteuerung wurde bereits vorgestellt, scheint aber derzeit noch nicht in Serie gegangen zu sein. Weitere Merkmale der J-10C sind ein AESA-Radar und eine bildgebende Infrarotkamera in der Sensorkuppel. Es wurden auch schon einige Exemplare der einsitzigen J-10D gesichtet. Diese Version verfügt über einen großen, geradkantigen Rumpfrücken, der möglicherweise für eine EW- oder SEAD-Rolle vorgesehen ist.

Bislang wurden über 600 J-10 produziert. Die PLAAF und die PLANAF (Marineflieger der Volksbefreiungsarmee – People's Liberation Army Navy Air Force) betreiben einige davon auch in einer rein landgestützten Rolle. Die pakistanische Luftwaffe verfügt über 36 J-10C, die ab 2022 ausgeliefert wurden. Diese Flugzeuge nahmen Anfang 2024 an Angriffen auf Terroristenlager im Iran teil, was zu Spannungen zwischen den beiden Ländern führte.

Ein Antrieb für den Drachen

Ursprünglich war beabsichtigt, die J-10 mit einem in China gefertigten Triebwerk auszustatten. Die Entwicklung dauerte jedoch wesentlich länger als geplant. Während einer Phase der chinesisch-amerikanischen Zusammenarbeit in den 1980er-Jahren, die aufgrund zunehmender politischer Spannungen beendet wurde, modernisierte man die Shenyang Aero-Engine Factory, um als Subunternehmer für den Bau von CF6- und CFM56-Turbofan-Triebwerken fungieren zu können. Obwohl diese Kooperation nie zustande kam, ermöglichten die Modernisierung der Fabrik und der Zugang zu CFM56-Triebwerken in Boeing 737 in der chinesischen Triebwerksentwicklung einen großen Sprung nach vorne. Die Entwicklung des WS-10 begann zufällig zeitgleich mit der der J-10 und basierte auf der Kerntechnologie des CFM56, die auch im F110 der damaligen amerikanischen Kampfflugzeuge zum Einsatz kam. Anfang der 1990er-Jahre war klar, dass das WS-10 nicht rechtzeitig als Antrieb der J-10 fertig werden würde, und so wurde als Übergangslösung das AL-31F beschafft. Mitte der 1990er-Jahre wurde daran gearbeitet, die Mängel des WS-10 zu beheben und sicherzustellen, dass es durch Anpassung der Außenabmessungen einfach als Nachrüstsatz für das AL-31 eingesetzt werden konnte. Obwohl das chinesische Triebwerk bald für die J-11 eingesetzt werden sollte, kam es zu weiteren Verzögerungen bei der Modifizierung für die einmotorige J-10, und erst Mitte der 2010er-Jahre wurde das WS-10 in Serienflugzeugen verbaut.

Boeing F/A-18 E/F „Super Hornet“ (1999)

Als letztes von McDonnell Douglas entwickeltes Flugzeug vor der Übernahme durch Boeing im Jahr 1997 sollte die Super Hornet eine Reihe von Mängeln ihrer Vorgänger beheben und gleichzeitig eine Plattform für die ersten Jahrzehnte des 21. Jahrhunderts bilden.

In den späten 1980er- und frühen 1990er-Jahren sah sich die US-Marine mit einer selbst verschuldeten Krise konfrontiert, wobei mehrere Flugzeugprogramme als Ersatz für bestehende Muster um Finanzmittel konkurrierten und teils schwere Rückschläge erlitten. Dies führte letztendlich zur Streichung der Modelle A-6F, A-12, AX und P-7A. Da bis zur vollständigen Indienststellung des Siegers der AX-Ausschreibung ein Übergangstyp benötigt wurde, hielt man eine Aktualisierung eines der bestehenden Modelle der Marine für die beste Lösung. Mit der Streichung des AX-Programms im Jahr 1993 würde dieser Übergangstyp jedoch die für das neue Muster vorgesehene Rolle für die kommenden Jahrzehnte übernehmen müssen. Zur Überraschung vieler wurde beschlossen, den Entwurf von McDonnell Douglas für eine neue Version der „Hornet“ weiterzuverfolgen, anstatt einen Vergleichstest mit der „Tomcat 21“ von Grumman durchzuführen. Dies war zumindest teilweise auf die zunehmende Frustration des Verteidigungsministers über die Verwaltung der Flugzeugprojekte durch die U.S. Navy zurückzuführen.

Das Hauptproblem der alten „Hornet“ war ihr unzureichendes Rückkehrgewicht – also im Wesentlichen die Menge an Ausrüstung, mit der sie zum Flugzeugträger zurückkehren konnte. Um die Grenzen des Fangvorrichtungssystems nicht zu überschreiten, konnten die F/A-18C- und -D-Piloten nur mit minimaler Ausrüstung zurückkehren, wenn sie eine ausreichende Treibstoffreserve

Cockpit
Das NVG-kompatible Cockpit der „Super Hornet“ verfügt über Touchscreen-Displays sowie ein am Helm montiertes Visier- und Sensorsystem. Der Martin-Baker-SJU-17/A-Schleudersitz wird auch in den früheren Hornet-Modellen verwendet.

Radar
Während in den ersten „Super Hornets“ das gleiche AN/APG-73-Radar wie in der ursprünglichen „Hornet“ aus dem Jahr 2005 zum Einsatz kam, wurden Erstere später mit dem AN/APG-79-AESA-Radar ausgerüstet. Dieses konnte in alle Flugzeuge ab Los 27 auch nachgerüstet werden.

LERX (Leading Edge Root Extension)
Die Wurzelverlängerungen an der Flügelvorderkante sorgen nicht nur für günstige Wirbel bei hohen Anstellwinkeln, sondern bieten auch Platz für die Montage einer EW-Antenne und -Avionik sowie für das Flüssigkeitskühlsystem.

Unten: Die F/A-18E BuNo 166434, die der USS Nimitz zugewiesen ist, erhielt 2009 diese Sonderlackierung zum 90-jährigen Jubiläum des Strike Fighter Squadron 14 (VFA-14) „Tophatters“. Die „Tophatters“ sind auf der Naval Air Station Lemoore in Kalifornien stationiert und das älteste aktive Geschwader der U.S. Navy. Es wurde 1919 gegründet und hat seitdem 23 verschiedene Flugzeugtypen geflogen.

Luftbremsen
Im Gegensatz zur ursprünglichen „Hornet“ verfügt die „Super Hornet“ über keine einzelne große Luftbremse am Rumpfrücken. Stattdessen ergänzen zwei kleinere Spoiler am hinteren Ende der LERX die Hauptsteuerflächen als Luftbremsen, wobei sie in erster Linie der Auslenkung der beiden Ruder entgegenwirken.

aufrechterhalten wollten. Angesichts der steigenden Kosten für intelligente Waffen wurde der traditionelle Ansatz, externe Ausrüstung abzuwerfen, um das Landegewicht zu reduzieren, immer weniger tragbar. Um dieses Problem zu lösen, sollte die „Super Hornet“ entgegen der Intuition größer sein als das Vorgängermodell. Das Flugzeug ist zwar um etwa sieben Prozent länger und bei maximalem Startgewicht bis zu 27 Prozent schwerer, aber die Flügelfläche ist über 25 Prozent größer als bei der F/A-18C, wodurch die Landegeschwindigkeit von 140 auf 128 Knoten sinkt. Da die kinetische Energie proportional zum Quadrat der Geschwindigkeit ist, wird die Belastung der Fangvorrichtung des Trägers dadurch erheblich reduziert. In Kombination mit einem verstärkten Fahrwerk kann die „Super Hornet“ damit eine Nutzlast von 4.491 kg aufnehmen, verglichen mit nur 2.495 kg beim Vorgängermodell. Insgesamt kann das neue Flugzeug 8.029 kg Waffenzuladung an elf Stationen transportieren (gegenüber 6.350 kg an neun Stationen beim Vorgängermodell).

Die ersten Serien-„Super Hornets“ verfügten aus Gründen der Risikominimierung noch über eine weitgehend ähnliche Avionik wie die späten F/A-18C/D. Hier war somit noch Luft nach oben. Ab 2005 wurden die Flugzeuge mit dem AN/APG-73-AESA-Radar ausgestattet, mit dem dann alle außer den frühesten Zellen nachgerüstet wurden. Bei der zweisitzigen F/A-18F ermöglicht dies dem Piloten und dem Waffensystemoperator, unabhängig voneinander Luft-Luft- und Luft-Boden-Missionen gleichzeitig durchzuführen. Das elektronische Gegenmaßnahmensystem wurde mit dem Bordstörsender AN/ALQ-214 und dem AN/ALE-55-Radarködersystem, das an einem etwa 91 m langen Glasfaserkabel hinter dem Flugzeug hergezogen wird, ebenfalls aufgerüstet. Während die Nachtangriffsversion der F/A-18C/D bereits mit einer Reihe von Stealth-Funktionen ausgestattet war, darunter radarabsorbierendes Material (RAM) und eine Metallschicht auf dem Cockpit, ging man bei der „Super Hornet“ noch einen Schritt weiter. Obwohl es sich nicht um ein vollwertiges Stealth-Flugzeug handelt, trägt die sorgfältige Konstruktion, einschließlich angepasster Winkel der Außenkanten, einer Einlassblende zum Schutz des Triebwerks vor Radar und neuem, leichterem RAM, weiter dazu bei, Radarreflexion zu reduzieren. Insgesamt hat die F/A-18E/F dadurch eine geringere Radarsignatur als das modernisierte Vorgängermodell, ohne dass dies zu einer wesentlichen Gewichtszunahme führt. Das Flugzeug ist zwar für Radar nicht unsichtbar, aber wie bei der B-2 wird die Reichweite, in der es verfolgt werden kann, verringert, was ihr einen operativen Vorteil verschafft.

Das VFA-115 war im September 2001 das erste einsatzfähige Super-Hornet-Geschwader. Ein Jahr später wurde es auf der USS Abraham Lincoln stationiert. Das letzte Geschwader, das von der F/A-18C umgestellt wurde, war das VFA-34, welches das alte Muster Anfang 2019 außer Dienst stellte. Während dieser Zeit war die „Super Hornet“ an allen größeren US-Operationen beteiligt, darunter im Irak und in Afghanistan, wobei sie im letzteren Fall von Flugzeugträgern im Arabischen Meer aus operierte und immer wieder den pakistanischen Luftraum durchquerte, oft mit Unterstützung von Tankflugzeugen der USAF.

In dieser Zeit wurde das Flugzeug kontinuierlich verbessert, beispielsweise durch den Einbau des Advanced Targeting Forward-Looking Infrared (ATFLIR) und des Joint Helmet-Mounted Cueing System (JHMCS), welches das Situationsbewusstsein verbessert und die Steuerung der AIM-9X-Sidewinder-Rakete ermöglicht. Eine der vielleicht bedeutendsten Verbesserungen betrifft jedoch das Flugsteuerungssystem und soll die Landung auf einem Flugzeugträger erheblich erleichtern. Das als MAGIC CARPET bezeichnete Software-Upgrade sorgt dafür, dass der Pilot während des Endanflugs auf das Deck nicht mehr ständig Korrekturen vornehmen muss, um den sekundären Effekten seiner Steuerbefehle entgegenzuwirken. Stattdessen gleicht das Flugsteuerungssystem diese automatisch aus, sodass der Pilot die Flugbahn mit nur einer Steuerbewegung korrigieren kann.

Ist das Flugzeug beispielsweise im Anflug zu hoch, drücken die Piloten einfach den Steuerknüppel nach vorne, um die Flugbahn zu korrigieren, und lassen ihn anschlie-

Technische Daten (Boeing F/A-18F)

Typ: Mehrzweck-Kampfflugzeug

Abmessungen: Länge: 18,31 m; Spannweite: 13,62 m; Höhe: 4,88 m

Gewicht: 29.940 kg max. Startmasse

Triebwerk(e): zwei General-Electric-F414-400-Mantelstrom-Triebwerke (Turbofans) mit jeweils 5.914 kg Trocken- bzw. 9.993 kg Nachbrennerschub

Höchstgeschwindigkeit: 1.915 km/h

Reichweite: 1.296 km

Dienstgipfelhöhe: 15.940 m

Besatzung: 2

Bewaffnung: eine 20-mm-Kanone M61A1/A2 Vulcan und bis zu 8.000 kg Waffenzuladung, darunter AIM-9-Sidewinder-, AIM-120-AMRAAM-, Harpoon-, Harm-, SLAM- und Maverick-Raketen; Joint Stand-Off Weapon (JSOW); Joint Direct Attack Munition (JDAM); Paveway LGB

Eine Boeing F/A-18B „Hornet“ der VFC-12 Fighting Omars der US-Marine landet hier 2005 auf dem Flugdeck der USS Ronald Reagan (CVN-76). Da es sich um ein gemischtes Luftkampf-Trainingsgeschwader handelt, ist es ungewöhnlich, ein Flugzeug der VFC-12 auf See zu sehen. Im Jahr 2021 stellte die VFC-12 auf die F/A-18E/F um.

ßend los. Das Steuerungssystem hält dann die neue Flugbahn aufrecht. In zahlreichen Versuchen lagen 66 Prozent der Landungen mit dem System innerhalb von 5,5 m vom Zielpunkt (gegenüber 12,2 m mit der alten Software). Dies sorgt nicht nur für sicherere Landungen, sondern verkürzt auch die Zeit, die der Träger für einen Recovery-Kurs aufwenden muss, bei dem seine Bewegungen vorhersehbar sind. Auch der Gesamtwartungsaufwand für die Flugzeuge dürfte verringert und deren Lebensdauer verlängert werden.

Trotz ihrer Fähigkeiten hat sich die „Super Hornet“ aufgrund der Verfügbarkeit der F-35 auf dem Exportmarkt gegenüber ihrem Vorgängermodell als weniger erfolgreich erwiesen. Bislang haben nur Australien und Kuwait das Muster bestellt, wobei Australien zusätzlich sechs EA-18G „Growler“ geordert hat.

Elektronischer Angriff

Bereits 1993 wurden Studien für eine Variante der „Super Hornet“ für die elektronische Kampfführung durchgeführt, die die veraltete EA-6B „Prowler“ ersetzen sollte. Allerdings wurde erst 2003 ein offizieller Vertrag für die Entwicklung und Demonstration durch die U.S. Navy unterzeichnet. Die daraus resultierende EA-18G weist eine Übereinstimmung von über 90 Prozent mit der F/A-18F auf und wird auf derselben Produktionslinie gebaut. In späteren Produktionschargen verfügen alle F-Modelle über die notwendigen Modifikationen, um zum G-Modell umgebaut werden zu können, jedoch ohne entsprechende Verkabelung und Avionik. Bei der „Growler“, wie sie genannt wird, fehlen die beiden Sidewinder-Aufhängungen an den Flügelspitzen zugunsten von ALQ-218-Empfängern und der Platz in der Nase für die Kanone beherbergt nun die elektronische Angriffsausrüstung. Die verbleibenden neun Aufhängepunkte ermöglichen jedoch den Transport einer Reihe von Waffen und Störbehälter. Die Growler wurde 2008 in Dienst gestellt und kam 2011 erstmals über Libyen zum Einsatz. Bis Mitte 2015 hatte die EA-18G die EA-6B in der US-Marine vollständig ersetzt, während beim U.S. Marine Corps (USMC) das ältere Modell bis 2019 im Einsatz blieb.

Mitsubishi F-2 (2000)

Auch wenn die Mitsubishi F-2 erkennbar auf der F-16 basiert, wurde sie speziell für die Anforderungen Japans entwickelt. Dieses kostspielige Unterfangen hat es dem Land ermöglicht, seine Luftfahrtindustrie auf das Niveau anderer führender Länder zu bringen.

Fly-by-wire
Die Steuerung der F-2 verfügt über einen entkoppelten Giermodus. Dadurch kann die Nase des Flugzeugs bewegt werden, ohne dass sich das Flugzeug neigt. Dies ist bei Bodenangriffen nützlich, bei denen der Pilot mit dem Geschütz oder mit Raketen auf ein Ziel feuert.

Radar
Das J/APG-1-Radar wurde von Mitsubishi Electric entwickelt und war das erste AESA-Radar, das in einem Kampfflugzeug zum Einsatz kam. Ab 2012 wurden die Flugzeuge auf den J/APG-2-Standard aufgerüstet, der auch die Kompatibilität mit AAM-4B umfasste.

Kanone
Die F-2 ist mit einer in Lizenz gebauten Version der M61A1-Maschinenkanone ausgestattet, die auch in der F-16 zum Einsatz kommt. Sie ist auch hier in der linken Tragflächenwurzel montiert und wird über ein 512-Schuss-Magazin mittels eines Systems ohne externe Verbindungen gespeist.

Die Mitsubishi F-2 erfüllt die euphemistisch als „Kampfflugzeugunterstützung" bezeichnete Rolle bei den japanischen Luftselbstverteidigungsstreitkräften (Japan Air Self-Defense Force – JASDF), da es für eine Selbstverteidigungsstreitkraft als unangemessen gilt, ein Angriffsflugzeug zu betreiben. Als Ersatz für die frühere F-1 konzipiert, wurde der Anforderungskatalog, der zur F-2 führte, 1982 bekannt gegeben – nur drei Jahre, nachdem der frühere Typ in Dienst gestellt worden war. In den folgenden Jahren wurden die Spezifikationen der JASDF verfeinert, bis man sich auf ein Flugzeug einigte, das bis zu vier Schiffsabwehrraketen, vier Kurzstrecken-Luft-Luft-Raketen und zwei bis vier Mittelstrecken-Luft-Luft-Raketen tragen können sollte. Das Flugzeug sollte zudem für den Allwetterbetrieb geeignet sein und in der Schiffsabwehrrolle eine Reichweite von 835 km haben.

Zwar wurden die F-16, die F/A-18 und die Tornado IDS für diese Rolle angeboten, doch konnte keines dieser Flugzeuge alle Anforderungen erfüllen. Die F-16 war nicht in der Lage, vier Anti-Schiffswaffen zu tragen, der Kampfradius der F/A-18 betrug nur etwa drei Viertel des erforderlichen Wertes, und die Tornado IDS konnte keine Mittelstrecken-Luft-Luft-Rakete mitführen, obwohl später eine von der ADV abgeleitete Variante vorgeschlagen wurde. Nach erheblichem Lobbying und Druck seitens der US-Regierung wurde schließlich beschlossen, gemeinsam eine Variante der F-16 zu entwickeln, wobei die Arbeiten zu 60 Prozent von Japan und zu 40 Prozent von den USA übernommen werden sollten. General Dynamics hatte bereits eine Studie zu einer vergrößerten Fighting Falcon auf Basis der Block-40-F-16C durchgeführt („Agile Falcon") – als Basis für das neue Flugzeug.

Ähnlich wie die „Super Hornet" hatte die „Agile Falcon" einen verlängerten Rumpf und eine 25 Prozent größere Tragfläche. Weitere Änderungen waren der verstärkte Einsatz von Verbundwerkstoffen zur Gewichtsreduzierung, fortschrittliche Avionik inklusive AESA-Radar, eine verstärkte dreiteilige Kabinenhaube, die Verwendung von radarabsorbierenden Materialien, ein Bremsschirm und Canards unterhalb des Lufteinlasses, die jedoch später wieder entfernt wurden.

Tragfläche
Der Flügel der F-2 hat eine deutlich größere Fläche als der der F-16, mit größerer Spannweite und Profilsehne. Die Vorderkantenpfeilung ist im Vergleich zum amerikanischen Vorbild reduziert, während die Hinterkante im Gegensatz zur F-16 eine geringe Vorwärtspfeilung aufweist.

Triebwerk
Die Leistung wird von einer in Lizenz gebauten Version des F110-GE-129 erbracht, die auch in der Block-50 F-16C/D zum Einsatz kommt. Das Triebwerk hat eine Schubkraft von fast 8 Tonnen und ist 4,62 m lang sowie 1,18 m breit.

Oben: Die zweisitzige F-2B, wie dieses Flugzeug mit der Seriennummer 33-8122, wird hauptsächlich für Ausbildungszwecke eingesetzt. Sie ist vor allem der 21. Hikotai zugeordnet, diese ist Teil des Luftwaffenausbildungskommandos der JASDF und in Matsushima stationiert. Die Produktionscharge der F-2B umfasst zwei XF-2B-Prototypen und 32 Serienmodelle.

Mitsubishi übernahm dabei die Rolle des Hauptauftragnehmers, aber auch Kawasaki und Fuji waren stark daran beteiligt. Kawasaki lieferte den mittleren Rumpf, Fuji das Radom, den Lufteinlass und alle Flugflächen mit Ausnahme des Backbordflügels, der von General Dynamics (heute Lockheed Martin) gebaut wurde.

Bis 1988 waren die Konstruktionsarbeiten im Gange, und vier Jahre später wurde ein Modell in Originalgröße vorgestellt, dem im Januar 1995 der erste Prototyp folgte. Diese einsitzige F-2A hob im Juli 1995 auf dem Flugplatz Komaki zum ersten Mal ab. Zusammen mit einem weiteren Einsitzer und zwei F-2B-Zweisitzern bildete sie die Test- und Evaluierungsflotte, die bis Ende 1999 ein Programm mit 1.000 Einsätzen absolvierte. Dieses wurde etwa acht Monate verlängert, nachdem Flügelflattern festgestellt worden war, das zu Rissen in der Verbundhaut führte. Eine Verstärkung der Flügel war unerlässlich. Trotzdem begann die Auslieferung an die JASDF im Jahr 2000, und die F1 wurde peu à peu durch die F2 ersetzt. Erstere wurde 2006 ausgemustert. Während ursprünglich 141 Flugzeuge geplant waren – darunter elf für das Kunstflugteam Blue Impulse – wurde die Stückzahl nach und nach auf 98 reduziert, einschließlich der vier Prototypen, die im Testprogramm eingesetzt worden waren. Diese Reduzierung war auf die immens gestiegenen Kosten des Programms zurückzuführen, die teilweise auf die Arbeitsaufteilungsvereinbarungen und die Lernkurve der japanischen Luftfahrtindustrie zurückging.

Unabhängig davon betrugen die Stückkosten für eine F-2 etwa das Vierfache einer Block 50 F-16C, wobei zu beachten ist, dass die Entwicklungskosten für Letztere auf eine viel größere Produktionsserie verteilt wurden.

Diese F-2A wurde 2019 auf dem Luftwaffenstützpunkt Gifu gesichtet und trägt die für diesen Typ übliche zweifarbige blaue Tarnlackierung der JASDF. In Gifu ist der Air Development and Test Wing stationiert, der maßgeblich an der Entwicklung der F-2 beteiligt war.

Technische Daten (Mitsubishi F-2A)

Typ: Mehrzweck-Kampfflugzeug

Abmessungen: Länge: 15,52 m; Spannweite: 11,12 m; Höhe: 4,69 m

Gewicht: 22.100 kg max. Startmasse

Triebwerk(e): ein General-Electric-F110-IHI-129-Mantelstrom-Triebwerk (Turbofan) mit 7.750 kg Trocken- bzw. 13.360 kg Nachbrennerschub

Höchstgeschwindigkeit: 2.124 km/h

Reichweite: 834 km in der Anti-Schiffsrolle

Dienstgipfelhöhe: 18.000 m

Besatzung: 1

Bewaffnung: eine 20-mm-Gatling-Maschinenkanone JM61A1 und bis zu 8.085 kg Waffenzuladung, darunter AAM-3-, AAM-4- und AAM-5-Luft-Luft-Raketen, ASM-2- und ASM-3-Anti-Schiffs-Raketen sowie JDAM- und AGM-65-Maverick-Raketen für Bodenangriffe

Darüber hinaus wurde die Flugsteuerungssoftware der F-16 nicht für den Export freigegeben, sodass Japan die Software für die F-2 selbst entwickeln musste, wobei ein Großteil der Arbeiten an einer modifizierten Mitsubishi T-2 durchgeführt wurde, was wiederum zu zusätzlichen Kosten führte.

Die JASDF verfügt über drei einsatzfähige F-2-Staffeln: die 3. Hikotai (Taktische Jagdstaffel) mit Sitz auf dem Luftwaffenstützpunkt Hyakuri in der Nähe von Tokio sowie die 6. und 8. Hikotai mit Sitz auf dem Luftwaffenstützpunkt Tsuiki am westlichen Ende des japanischen Archipels. Die 21. Hikotai führt unterdessen Umschulungen auf dem Luftwaffenstützpunkt Matsushima durch.

Mit ihren beiden Einsatzbasen ist die F-2-Flotte in der Lage, das Japanische Meer, das Gelbe Meer und das Ostchinesische Meer im Rahmen ihrer Anti-Schiffs-Aufgaben effektiv abzudecken. Sie verfügt außerdem über eine glaubwürdige Luftabwehrfähigkeit und wird regelmäßig eingesetzt, um russische Flugzeuge abzufangen, die sich dem japanischen Luftraum nähern. Die F-2 hat an Übungen im Pazifik teilgenommen, wobei der erste Einsatz im Juni 2007 in Guam stattfand, wo auch zum ersten Mal scharfe Munition abgefeuert wurde.

Von den ursprünglich 98 produzierten Flugzeugen wurden 18 der 21. Hikotai während des Tohoku-Erdbebens 2011 beschädigt, fünf davon waren nicht mehr reparierbar. Die 21. Hikotai zog während des Wiederaufbaus in Matsushima vorübergehend zur Misawa Air Base um. Die verbleibenden

Eine F-2 der 8. Taktischen Jagdstaffel über Fukuoka im Jahr 2017. Diese Staffel ist in Tsuiki auf Kyūshū stationiert, der südlichsten der vier Hauptinseln Japans.

Flugzeuge wurden modernisiert, wobei die wichtigste Verbesserung im Austausch des Mitsubishi-Electric-J/APG-1-Radars durch das leistungsstärkere J/APG-2 bestand, das auch das Mitführen der verbesserten Mittelstrecken-Luft-Luft-Rakete AAM-4B ermöglichte.

Auch wenn die Leistungssteigerung gegenüber der F-16C allein die Kosten des F-2-Programms nicht rechtfertigt, dürfte das Flugzeug eine hervorragende Investition in die japanische Luftfahrtindustrie gewesen sein. Die Beteiligung Japans am Global Combat Aircraft Programme als gleichberechtigtes Mitglied neben Großbritannien und Italien (wobei Japan den ersten CEO stellte) wäre ohne die industrielle und technologische Basis, die die F-2 geschaffen hat, wohl nicht möglich gewesen.

Samurai-Schwerter

Die F-2 kann eine breite Palette von Waffen mitführen, die fast alle aus heimischer Entwicklung stammen. In ihrer Rolle als Schiffsabwehrflugzeug wurde die Maschine mit der von Mitsubishi gebauten ASM-2 vom Typ 93 mit einer Reichweite von 170 km in Dienst gestellt. Diese wird derzeit durch die Überschallrakete ASM-3 ersetzt, die zunächst eine Reichweite von 200 km hat, wobei die 3A 400 km erreichen soll, um der Luftabwehr der chinesischen Marine Chinese People's Liberation Army Navy, PLAN) wirksam entgegentreten zu können.

In der Luft-Luft-Rolle ähnelt die Kurzstreckenrakete AAM-3 der AIM-9 „Sidewinder", verfügt jedoch über markante gekerbte Canards und eine bauchigere Nase. Diese beherbergt einen Dualband-Suchkopf, der im Infrarot- und Ultraviolettbereich arbeitet und eine höhere Genauigkeit und Flare-Abwehr ermöglicht. Die AAM-3 wird durch die AAM-5 ersetzt, die statt mit am Rumpf montierten Steuerflächen mit Schubvektorsteuerung manövriert. Sie kann während des Fluges mit Daten gefüttert werden, sodass die Rakete auch nach dem Start noch das Ziel erfassen kann. Die F-2 wurde mit der eher veralteten AIM-7-Sparrow-Mittelstreckenrakete in Dienst gestellt. Diese wurde später jedoch durch die Mitsubishi AAM-4 ersetzt. Dank aktiver Radarzielsuche muss das Trägerflugzeug das Ziel nicht mehr ständig anstrahlen, sondern die Rakete nutzt in der Endphase ihr eigenes Radar. Die verbesserte AAM-4B wurde 2010 eingeführt und verfügt über eine von 100 km auf 120 km erhöhte Reichweite sowie ein AESA-Radar – eine Premiere für eine Luft-Luft-Rakete.

Dassault „Rafale“ (2001)

Die vom Hersteller als „Allround-Kampfflugzeug“ bezeichnete „Rafale“ hat sich sowohl bei der französischen Luftwaffe als auch bei der Marine im Einsatz bewährt, und ihre unbestrittenen Fähigkeiten in allen Kampfszenarien haben das Interesse des Exportmarktes geweckt.

Die Ursprünge der „Rafale“ gehen auf das Programm Avion de Combat Experimentale (ACX) zurück, das von Dassault Anfang der 1980er-Jahre ins Leben gerufen worden war, bevor Frankreich 1985 aus dem multinationalen Projekt European Fighter Aircraft (EFA) ausschied. Einer der Gründe für den Ausstieg war die Forderung nach einem kleineren und leichteren Kampfflugzeug, das von Flugzeugträgern aus operieren konnte. Die ACX hatte ursprünglich die Form eines Technologiedemonstrators und flog erstmals im Juli 1986. Umbenannt in „Rafale A“, legte sie die primären Konstruktionsmerkmale der Serien-„Rafale“ fest, darunter die grundlegende aerodynamische Auslegung, das Fly-by-Wire-Steuerungssystem und die Struktur, bei der in großem Umfang Verbundwerkstoffe zum Einsatz kamen. In seiner ursprünglichen Form wurde der „Rafale A“-Demonstrator von zwei General-Electric-F404-GE-400-Turbofans mit einer Schubkraft von 68,6 kN angetrieben. Nachdem die ersten Flugtests – darunter Touch-and-go-Manöver auf Flugzeugträgern – mit diesem Triebwerk abgeschlossen waren, wurde eines der F404-Triebwerke durch ein Exemplar des geplanten SNECMA-M88-2-Turbofans ersetzt.

Die Erfahrungen mit der „Rafale A“ führten zur „Rafale C“, die ursprünglich die Bezeichnung Avion de Combat Tactique (ACT) trug und im Mai 1991 ihren Erstflug absolvierte. Für die französische Luftwaffe wurde ein einziger Prototyp des einsitzigen Modells „Rafale C“ fertiggestellt, gefolgt vom ersten Exemplar der zweisitzigen „Rafale B“ der französischen Luftwaffe, die im

Die erste „Rafale“ für die Marine – die „Rafale M01“ – wurde intensiv für Testzwecke eingesetzt. Diese fanden auf der NAS Lakehurst in New Jersey statt, die über landgestützte Katapult- und Fangseilsysteme verfügt, sowie an Bord des Kreuzers Foch der französischen Marine.

Radar
Das für die „Rafale“ entwickelte Radar RBE2 ist das erste Active Electronically Scanned Array (AESA), das in Europa entwickelt und gebaut wurde. Das Entwicklungsprogramm wurde durch die kleine Nase der „Rafale“ und die Anforderung, den Belastungen des Flugzeugträgerbetriebs standzuhalten, zusätzlich erschwert.

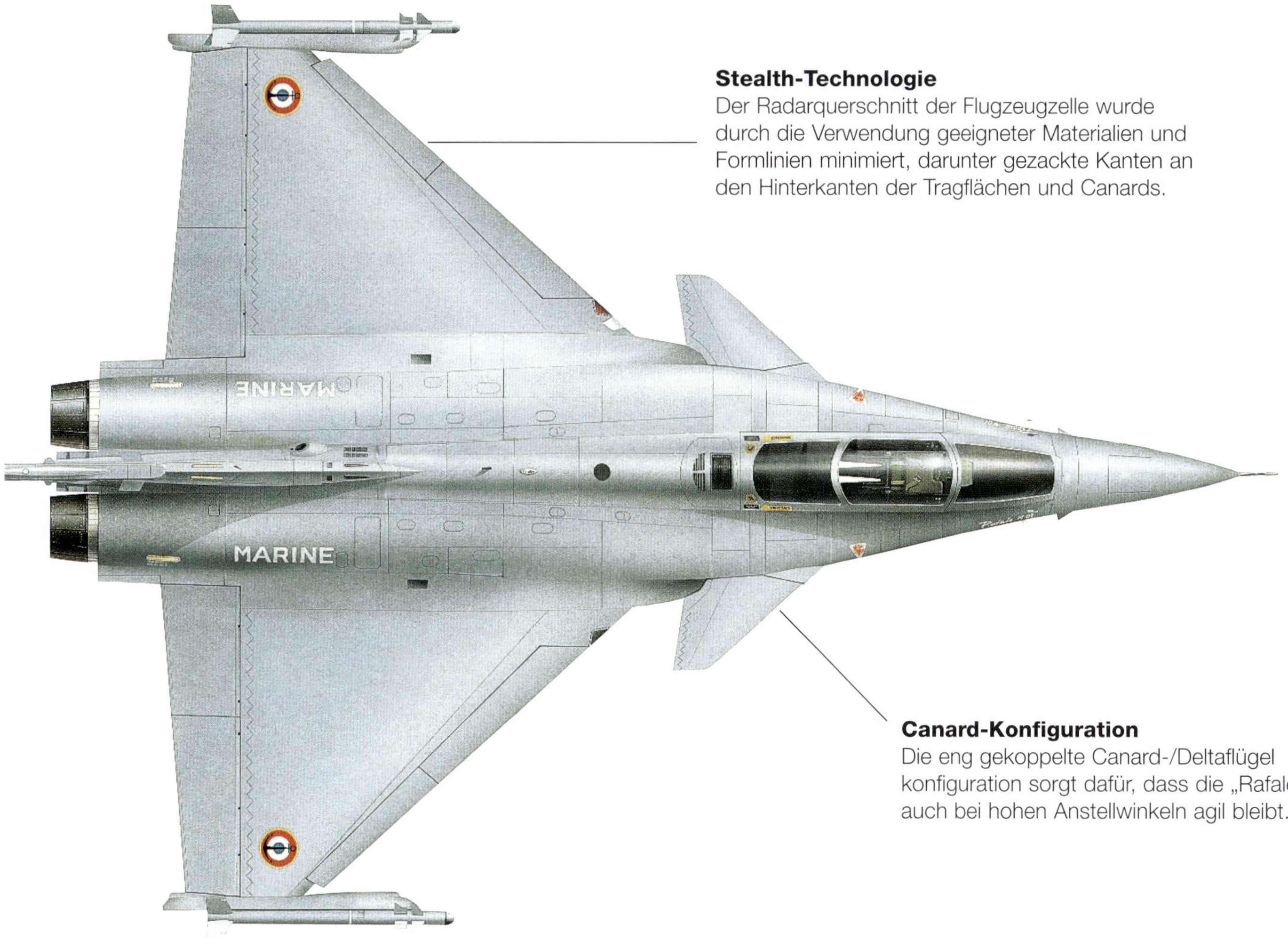

Stealth-Technologie
Der Radarquerschnitt der Flugzeugzelle wurde durch die Verwendung geeigneter Materialien und Formlinien minimiert, darunter gezackte Kanten an den Hinterkanten der Tragflächen und Canards.

Canard-Konfiguration
Die eng gekoppelte Canard-/Deltaflügel konfiguration sorgt dafür, dass die „Rafale“ auch bei hohen Anstellwinkeln agil bleibt.

Konstruktion
Etwa 24 Prozent des Gewichts der „Rafale“ entfallen auf Verbundwerkstoffe, die vor allem die Außenhaut des Flugzeugs bilden. Auch Titan kommt in Bereichen, in denen hohe Festigkeit erforderlich ist, wie beispielsweise bei den Canards, in großem Umfang zum Einsatz.

Triebwerke
Bei den M88-2-Triebwerken kommen fortschrittliche Technologien wie integrierte Rotorscheiben und Schaufeln („Blisks“) sowie eine emissionsarme Brennkammer mit rauchfreien Abgasen zum Einsatz.

April 1993 flog. In ihrer Grundausführung verfügte die Serien-„Rafale“ über das Multimode-Radar RBE2 mit einem Passive Electronically Scanned Array (PESA) und ein Spectra-Verteidigungspaket. Die Anforderungen der französischen Marine an ein Avion de Combat Marine (ACM) führten zur Entwicklung einer trägergestützten „Rafale M“, die im Dezember 1991 ihren Erstflug absolvierte. Im Vergleich zum landgestützten Flugzeug ist diese Version aufgrund ihres verstärkten Fahrwerks und der Vorrichtung für Katapultstart und Fanglandung etwas schwerer.

Stetige Verbesserung der Standards

Die „Rafale“ wird nach immer fortschrittlicheren Standards ausgeliefert. Die ersten Serienflugzeuge, die im Dezember 1998 zur Auslieferung kamen, entsprachen dem F1-Standard. Dieses Modell wurde für den Luft-Luft-Einsatz optimiert und 2004 bei der französischen Marine in Dienst gestellt, wo es im Rahmen der Operation Enduring Freedom von Flugzeugträgern der CHARLES-DE-GAULLE-Klasse aus eingesetzt wurde. Die F2, der erste „Omni-Role“-Standard, wurde 2006 bei der französischen Luftwaffe und Marine in Dienst gestellt. Das Flugzeug war nun in der Lage, sowohl Luft-Luft- als auch Luft-Boden-Missionen durchzuführen.

Beim endgültigen F3-Standard kommt optional das weiter verbesserte RBE2-Radar zum Einsatz, das nun um ein Active Electronically Scanned Array (AESA) ergänzt wurde. Die F3 ist außerdem mit einem Damoclès-Laserzielbehälter und dem Reco-NG-Aufklärungsbehälter (Pod de Reconnaissance de Nouvelle Génération) ausgestattet. Letzterer ist in der Lage, aus großer Entfernung extrem scharfe Bilder zu liefern, und alle aufgezeichneten Daten können in Echtzeit an die Basis zurückübertragen werden. Die F3 verfügt mit der AM.39-Exocet-Rakete nun auch über Anti-Schiffs-Fähigkeiten, zudem wurden Buddy-Buddy-Betankung und mit der ASMP-A-Marschflugrakete auch nukleare Fähigkeiten hinzugefügt. Eine konventionelle Stand-off-Angriffsfähigkeit wird durch die Marschflugkörper SCALP EG ermöglicht.

Dieser neueste Standard wurde 2008 vom französischen Verteidigungsministerium zertifiziert, das insgesamt 180 „Rafale“ bestellt hat, darunter 132 Flugzeuge für die französische Luftwaffe (63 „Rafale B“ und 69 „Rafale C“) sowie 48 „Rafale M“ für die französische Marine. Die Flottille 12F der französischen Marine stellte in Landivisiau auf die „Rafale“ um und wurde im Juni 2001 offiziell mit dem Standard F1 neu aufgestellt. Die erste einsatzfähige „Rafale“-Einheit der französischen Luftwaffe war das Escadron de Chasse (EC) 1/7 „Provence“, das seit 2006 auf dem Luftwaffenstützpunkt Saint-Dizier im Nordwesten Frankreichs stationiert ist.

Ab 2006 kam die „Rafale“ in Afghanistan zum Einsatz, und 2011 beteiligten sich Flugzeuge der französischen Luftwaffe sowie der Marine an Koalitionsoperationen über Libyen, wo sie Luftüberlegenheits-, Präzisionsangriffs- und Intelligence-Surveillance-Targeting-and-Reconaissance-(ISTAR-) sowie Strike-Coordination-and-Reconnaissance-(SCAR-)Missionen durchführte. In jüngerer Zeit haben „Rafale“ der französischen Luftwaffe eine führende Rolle in Mali übernommen, wo sie dabei helfen, feindliche Infrastruktur zu zerstören, und verbündete Truppen im Einsatz unterstützen. Die „Rafale“ war auch im Kampf gegen islamistische Aufständische im Irak im Einsatz, wobei sie von ihrem Stützpunkt in Al Dhafra in den Vereinigten Arabischen Emiraten aus startete.

Ägypten war der erste ausländische Kunde für die „Rafale“ und nahm diese im Juli 2015 in Empfang. Die ersten sechs Flugzeuge dieser Lieferung wurden aus einer Bestellung der französischen Luftwaffe umgeleitet, da der Vertrag erst im Februar desselben Jahres unterzeichnet worden war. Die ursprüngliche Bestellung von 24 Flugzeugen wurde inzwischen auf 54 erweitert, wobei 30 Flugzeuge des Standards F3R seit 2024 ausgeliefert werden. Katar wurde im Mai 2015 der zweite ausländische Betreiber und bestellte 36 Flugzeuge, von denen das erste im Februar 2019 ausgeliefert wurde. Diese Maschinen bilden drei Staffeln, die auf dem Luftwaffenstützpunkt Tamim im Westen des Landes stationiert sind.

Indien war bereits seit Januar 2012 daran interessiert, bis zu 126 „Rafales“ zu erwerben, die erste Bestellung über 36 Flugzeuge wurde jedoch aufgrund langwieriger Verhandlungen

Technische Daten („Rafale C“)

Typ: Mehrzweck-Kampfflugzeug

Abmessungen: Länge: 15,27 m;
Spannweite: 10,8 m; Höhe: 5,34 m

Gewicht: 24.500 kg max. Startmasse

Triebwerk(e): zwei SNECMA-M88-2-Mantelstrom-Triebwerke (Turbofans) mit Nachbrenner und jeweils 75 kN Schub

Höchstgeschwindigkeit: 1.913 km/h in 11.000 m Höhe

Reichweite: 1.055 km in niedriger Höhe mit voller Bewaffnung und Abwurftanks

Dienstgipfelhöhe: 16.765 m

Besatzung: 1

Bewaffnung: eine 30-mm-Kanone und bis zu 9.500 kg Waffenzuladung an insgesamt 14 Außenlaststationen unter dem Rumpf, unter den Tragflächen und an den Flügelspitzen

Eine „Rafale M“ der französischen Marine beim Start vom Luftwaffenstützpunkt Saragossa in Spanien. Die geringere Gewichtsanforderung von neun Tonnen für eine Trägervariante war ein entscheidender Faktor dafür, dass Frankreich aus dem Eurofighter-Programm ausstieg, da die anderen Partner ein Flugzeug der Zehn-Tonnen-Klasse bevorzugten.

erst im November 2019 ausgeliefert, und bis heute wurden keine weiteren Bestellungen aufgegeben, allerdings laufen Verhandlungen über bis zu 26 „Rafale M“ für den Einsatz auf Flugzeugträgern der indischen Marine. Diese werden für den Start eine Schanze nutzen, wobei die genauen Auswirkungen auf die Leistung noch nicht klar sind.

Die griechische Regierung bestellte 2022 insgesamt 18 „Rafale“, wobei es sich um einen Mix aus ehemaligen Flugzeugen der französischen Luftwaffe und neu gebauten Exemplaren handelt. Darauf folgte ebenfalls 2022 eine Bestellung über weitere sechs Flugzeuge. Die Maschinen, die 2023 offiziell in Dienst gestellt wurden, sind auf dem Luftwaffenstützpunkt Tanagra stationiert, wo sie die alten Mirage 2000 der griechischen Luftwaffe ersetzten. Der jüngste Betreiber der „Rafale“ ist die kroatische Luftwaffe, die im Oktober 2023 die ersten von zwölf Flugzeugen als Ersatz für ihre MiG-21 erhielt.

AASM „Hammer“

Die AASM (Armement Air-Sol Modulaire – modulare Luft-Boden-Waffe) ist eine kostengünstige Allwetterwaffe vom Typ „Fire-and-Forget“. Die Bombe wurde für den Angriff auf Ziele in großen Entfernungen entwickelt und ist auch unter dem Namen „Hammer“ bekannt. Die AASM ist motorisiert und kann Ziele in großen Abweichungswinkeln vom Visierpunkt angreifen. Mit dieser Art von Bombe muss die „Rafale“ das Ziel nicht überfliegen, um ihren Angriff durchzuführen, und kann sicher außerhalb der Reichweite bleiben. Je nach Ziel wählt die Flugzeugbesatzung einen vertikalen oder horizontalen Aufprall, um maximalen Schaden zu verursachen. Für Angriffe auf große Entfernungen ist die AASM mit einem anschraubbaren Heckteil/Reichweiten-Verlängerungskit ausgestattet, bei dem ein Feststoffraketenmotor mit ausklappbaren Flügeln kombiniert wird. Die Reichweite beträgt mehr als 50 km bei einem Abwurf aus großer Höhe und reduziert sich auf 15 km bei geringer Höhe. Eine einzelne „Rafale“ kann bis zu sechs AASMs tragen (unter den Tragflächen, wie hier zu sehen) und bis zu sechs weit voneinander entfernte Ziele in einem einzigen Anflug zerstören.

Eurofighter „Typhoon“ (2001)

Als europäisches Gemeinschaftsprojekt sollte der Eurofighter „Typhoon“ – ähnlich wie sein Vorgänger „Panavia Tornado“ – vier Luftstreitkräfte des Kontinents mit einem hochleistungsfähigen Luftverteidigungsjäger ausstatten, der den damals in Dienst gestellten sowjetischen Kampfflugzeugen der neuesten Generation in jeder Hinsicht überlegen sein sollte.

Das Eurofighter-Konsortium wurde im Juni 1986 gegründet und umfasste dieselben drei Länder, die auch den „Tornado“ entwickelt und gebaut hatten – Deutschland, Italien und Großbritannien. Zu diesen dreien gesellte sich später Spanien hinzu, während Frankreich, obwohl es an früheren Gesprächen über ein europäisches Kampfflugzeug (EFA) beteiligt gewesen war, beschloss, sein eigenes Kampfflugzeugprogramm weiterzuverfolgen.

In den frühen Arbeiten am EFA-Projekt wurden die Grundkonzepte für den zukünftigen Eurofighter „Typhoon“ definiert, darunter eine instabile aerodynamische Konfiguration mit Canard-Vorderflügeln, eine aktive digitale Fly-by-Wire-Steuerung, die umfangreiche Verwendung von Kohlefaser-Verbundwerkstoffen und anderen fortschrittlichen Materialien, ein HOTAS-(Hands-on Throttle-and-Stick-)Cockpit, fortschrittliche Avionik, multifunktionale Cockpit-Displays und direkte Sprachbefehlseingabe. Viele dieser Technologien waren im Rahmen des EAP (Experimental Aircraft Programme) von British Aerospace (BAe) bereits mit einem Demonstrator in Originalgröße getestet worden.

Das EFA-Programm, das später in Eurofighter 2000 und dann in Eurofighter „Typhoon“ umbenannt wurde, brachte insgesamt sieben Entwicklungsprototypen hervor, von denen der erste im März 1994 seinen Jungfernflug absolvierte.

Von diesen Flugzeugen wurden DA.1 und DA.5 in Deutschland, DA.2 und die zweisitzige DA.4 in Großbritannien, DA.3 und DA.7 in Italien und DA.6 (ebenfalls zweisitzig) in Spanien gebaut.

Die ersten Serienlieferungen des „Typhoon“ erfolgten 2003. Die Eurofighter werden in drei Tranchen oder Chargen gebaut. Tranche 1 umfasste 148 Flugzeuge: 33 für Deutschland, 28 für Italien,

Das Entwicklungsflugzeug 2 (DA.2) war eines von zwei Flugzeugen, die vom Vereinigten Königreich für das multinationale Testprogramm gebaut wurden. Es wurde in erster Linie für Arbeiten zur Erweiterung des Flugbereichs eingesetzt und nach seiner Ausmusterung an das RAF Museum in Hendon übergeben.

Flügelstruktur
Wie der Rumpf bestehen auch die Flügel größtenteils aus Verbundwerkstoffen. Kohlefaserrippen und -holme sind mit der Kohlefaserhaut verklebt. Metall wird nur für die Waffenaufhängungen, Flügelvorderkanten, Flügelspitzenbehälter und Querruder verwendet, um diese vor dem Abgasstrahl der Raketen zu schützen.

Hauptflügel
Während frühere Entwürfe und der EAP-Technologiedemonstrator noch einen gekröpften Hauptflügel aufwiesen, wurde im endgültigen Entwurf eine Vorderkante mit konstanter Pfeilung verwendet. Diese war zwar nicht optimal für die Manövrierfähigkeit, vereinfachte jedoch die Herstellung und reduzierte das Gewicht.

Flügelspitzenbehälter
Wenngleich der genaue Inhalt der Behälter an den Flügelspitzen vom jeweiligen Kunden festgelegt wird, beherbergen diese in den meisten Fällen Antennen für die elektronische Kampfführung und können gleichzeitig geschleppte Radar-Täuschkörper (Towed Radar Decoys – TRD) ausbringen. Diese analysieren und senden feindliche Radarsignale zurück, um Raketen vom Mutterflugzeug abzulenken.

Triebwerke
Die EJ.200-Triebwerke sind so konstruiert, dass nur halb so viele Teile wie bei den im Tornado verwendeten RB.199 notwendig sind. Gleichzeitig entwickeln sie 50 Prozent mehr Trockenschub.

19 für Spanien und 53 für Großbritannien sowie 15 für Österreich, das einige von Deutschland umgeleitete Flugzeuge erhielt. Tranche 2 umfasste weitere 299 Flugzeuge, davon 79 für Deutschland, 47 für Italien, 34 für Spanien und 67 für Großbritannien sowie 72 für Saudi-Arabien (Letztere umfassten 24 Flugzeuge, die von Großbritannien umgeleitet wurden).

Angesichts sinkender Verteidigungsausgaben und sich ändernder Anforderungen haben die Partnerländer die letzte Tranche 3 in zwei Teile aufgeteilt – 3A und 3B. Tranche 3A umfasst 30 Flugzeuge für Deutschland, 21 für Italien, 21 für Spanien und 40 für Großbritannien. Tranche 3B wurde hingegen vorerst auf Eis gelegt. Während die Tranchen die Produktionsverträge abdecken, werden zusätzliche Fähigkeiten durch Phase-Enhancements und Drop-Programme bereitgestellt.

Drop 1 für Tranche 1 umfasste Verbesserungen der Mensch-Maschine-Schnittstelle, das Link 16 MIDS (Multifunctional Information Distribution System) und Verbesserungen des Litening-Zielbehälters. Drop 1 wurde von der RAF während des Kampfeinsatzdebüts des Typhoon in der Operation Ellamy über Libyen im Jahr 2011 eingesetzt.

Im Rahmen von Drop 2 wurde das Situationsbewusstsein in der Luft-Luft-Rolle verbessert und das Defensive Aids Sub-System (DASS) erweitert. Drop 3 brachte Verbesserungen für MIDS, DASS und Radar mit sich.

Die Flugzeuge der Tranche 2 sind die ersten mit voller Mehrzweckfähigkeit, wobei die ersten Modelle weiterhin nur Luft-Luft-fähig waren. Luft-Boden-Fähigkeiten wurden im Rahmen des Phase 1 Enhancement (P1E) hinzugefügt.

Verbesserungen

P1E beinhaltete den Litening-III-Zielbehälter und die Lenkbomben Paveway IV oder GBU-4 Enhanced Paveway II. In ihrer endgültigen Form erhielten die P1E-Modelle eine vollständige „Swing-Role“-Fähigkeit, die es dem Typhoon ermöglicht, gleichzeitig Luft-Luft- und Luft-Boden-Rollen zu übernehmen.

Die nächste Phase der Verbesserungen erfolgte im Rahmen von P2E und umfasste die Integration der konventionellen Marschflugkörper Storm Shadow, einer Panzerabwehrrakete vom Typ Brimstone, der Luft-Luft-Rakete Meteor mit einer Reichweite über die Sichtweite hinaus und des CAPTOR-E-Scan-Radars mit einem aktiven elektronisch gesteuerten Phased-Array.

Die Flugzeuge der Tranche 3, deren Auslieferung Anfang 2014 begann, sind von Anfang an für das E-Scan-Radar konfiguriert; sie sind außerdem für die Installation von Conformal Fuel Tanks (CFTs) vorbereitet. Der „Typhoon“ ist bei vier Taktischen Luftwaffengeschwadern in Neuburg, Laage, Norvenich und Wittmund im Einsatz. Pläne zum Kauf von weiteren 20 Flugzeugen für die Luftwaffe wurden 2024 bekannt gegeben. In Italien fliegen „Typhoons“ in der Luftverteidigung, wobei sechs Staffeln auf den Luftwaffenstützpunkten Grosseto, Gioia del Collo, Trapani und Istrana stationiert sind. Auch die spanischen „Typhoons“ werden ausschließlich zur Luftverteidigung eingesetzt und dienen in zwei Flügeln in Moron und Albacete. Wie Deutschland hat auch die spanische Regierung kürzlich zusätzliche „Typhoons“ bestellt: Im Rahmen des Projekts Halcon werden 45 Flugzeuge beschafft, um die EF-18A/Bs zu ersetzen. In Großbritannien umfasst die „Typhoon“-Flotte der RAF vier Staffeln in Coningsby sowie eine fünfte gemeinsame Staffel Großbritanniens und Katars, vier Staffeln in Lossiemouth und eine Flugstaffel auf den Falklandinseln. Die österreichische „Typhoons“ sind beim Überwachungsgeschwader in Zeltweg im Einsatz. Saudi-Arabien, das seine Flugzeuge im Rahmen des Projekts Salam beschafft hat, verfügt über drei Staffeln auf der King Fahad Air Base in Taif. Oman betreibt eine Flotte von zwölf „Typhoons“ in der RAFO, die auf der Adam Air Base im Zentrum des Landes stationiert sind. Diese Flugzeuge wurden alle bis 2018 ausgeliefert. Katar hat 24 Flugzeuge bestellt und betreibt zur Unterstützung ihrer Einführung in den Dienst eine gemeinsame Staffel mit der RAF in Großbritannien. In Katar sind sie neben der „Rafale“-Flotte auf der Tamim Air Base stationiert.

Der jüngste Betreiber dieses Typs ist Kuwait, das 28 Stück bestellt hat, von denen knapp die Hälfte bis 2023 ausgeliefert wurden.

Technische Daten (Eurofighter „Typhoon“ – 2001)

Typ: Mehrzweck-Kampfflugzeug

Abmessungen: Länge: 15,96 m; Spannweite: 10,95 m; Höhe: 5,28 m

Gewicht: 23.500 kg max. Startmasse

Triebwerk(e): zwei Eurojet-EJ200-Mantelstrom-Triebwerke (Turbofans) mit Nachbrenner und jeweils 90 kN Schub

Höchstgeschwindigkeit: 2.125 km/h in 11.000 m Höhe

Reichweite: 1.390 km Radius bei Luftüberlegenheitsmissionen mit drei Abwurftanks

Dienstgipfelhöhe: 14.500 m

Besatzung: 1 oder 2

Bewaffnung: eine 27-mm-Kanone und bis zu 8.000 kg Waffenzuladung an insgesamt 13 Außenlaststationen unter dem Rumpf und unter den Tragflächen

Ein Eurofighter der italienischen Luftwaffe während eines Vorführungsflugs. Die Raketenattrappen an den Außenflügelstationen enthalten Rauchgeneratoren, um die Leistung zu demonstrieren.

Neben Einsätzen in Libyen wurden RAF-„Typhoons“ auch bei Operationen in Syrien eingesetzt, wo eine der Maschinen eine Drohne mit ASRAAM zerstörte – der erste Luft-Luft-Einsatz der RAF mit diesem Typ. Im Jahr 2024 wurden „Typhoons“ der RAF eingesetzt, um mit Paveway-IV-Bomben Einrichtungen der Huthi im Jemen anzugreifen, während sie später im selben Jahr iranische Drohnen abfingen, die gegen Israel gestartet waren. Neben der RAF setzen die deutsche und italienische Luftwaffe „Typhoons“ über der Ostsee ein, um an der Luftraumüberwachung der NATO teilzunehmen, wo sie regelmäßig russische Flugzeuge abfangen. Saudi-Arabien setzt den „Typhoon“ unterdessen in großem Umfang bei seinen laufenden Operationen gegen die Huthi zur Unterstützung der jemenitischen Regierung ein.

Captor-Radar

In der Erstauslieferungsvariante ist der „Typhoon“ mit dem mechanisch gesteuerten Captor-M-Radar als Primärsensor ausgestattet. Dabei handelt es sich um ein Multifunktionsradar, das ein für Geräte dieser Art hervorragendes Sichtfeld bietet. Bei Luft-Luft-Einsätzen sucht das Captor-Radar nach Zielen in den Modi „Range While Search“ (RWS), „Velocity Search“ (VS) und „Track While Scan“ (TWS) für mehrere Ziele. Die Lock-follow-Modi sind jeweils auf die Verfolgung über große bzw. kurze Entfernungen zugeschnitten, um eine visuelle Identifizierung oder einen Beschuss zu ermöglichen. Schließlich bieten die Luftkampf-Erfassungsmodi dem Piloten die Wahl zwischen Boresight, vertikalem Scan-HUD-Sichtfeld oder Slaved Acquisition. In Zukunft wird der „Typhoon“ mit der Variante Captor-E, einem AESA-Radar, ausgestattet. Dieses bietet ein Sichtfeld, das etwa 50 Prozent größer ist als bei herkömmlichen Fixed-Plate-Systemen.

CAC/PAC JF-17 „Thunder“ (2003)

Die JF-17 ist ein chinesisch-pakistanisches leichtes Mehrzweck-Kampfflugzeug, das ursprünglich als Upgrade der Chengdu F-7 in Zusammenarbeit mit Grumman realisiert werden sollte. Trotz ihrer geringen Produktionskosten und ihrer kompakten Bauweise bietet die „Thunder“ eine Vielzahl von Fähigkeiten.

Die Entwicklung der JF-17 „Thunder“ begann Anfang der 1990er-Jahre, nachdem sowohl Pakistan als auch China bei geplanten Projekten unter Beteiligung der USA mit Sanktionen belegt worden waren. Für Pakistan hatte sein Atomwaffenprogramm zur Einstellung des Projekts Sabre II geführt, einer Modernisierung der Chengdu F-7 unter Beteiligung von Grumman, sowie zu einem Embargo für die Lieferung von 71 der 111 General Dynamics F-16A/B, die Anfang der 1980er-Jahre bestellt worden waren. Unterdessen führten Sanktionen nach den Protesten auf dem Tiananmen-Platz dazu, dass sich Grumman aus der chinesischen Entwicklung der F-7, auch bekannt als „Super 7“, zurückzog. Daher war es für Pakistan und China ein naheliegender Schritt, an einem gemeinsamen Programm für einen leichten Mehrzweck-Kampfflieger zu arbeiten, und 1995 wurde eine entsprechende Absichtserklärung unterzeichnet. Im Juni desselben Jahres schloss sich MiG dem Projekt an, um Unterstützung bei der Konstruktion zu leisten.

Es überrascht nicht, dass die Konstruktion dem Projekt Sabre II und der „Super 7“ nicht unähnlich war, mit einem gekürzten Delta-Hauptflügel, einem konventionellen Heck und einer Nase, die den Einbau eines leistungsstärkeren Radars ermöglichte.

Die Lufteinlässe befanden sich auf beiden Seiten des Rumpfes, direkt hinter dem Cockpit, und hatten bei den ersten Prototypen ein konventionelles Design mit einer Trennplatte, um zu verhindern, dass langsam strömende Grenzschichtluft in das Triebwerk gelangt. Die Vorstellung des ersten Prototyps erfolgte

Rechts: Der erste Exportbetreiber, der die JF-17 erhalten hat, ist Myanmar, wobei nur wenige Details über die Flotte bekannt sind. Eine Bestellung über eine nicht näher bezeichnete Anzahl von „Thunders“ wurde im November 2016 bestätigt, und die ersten Exemplare wurden vor der Auslieferung im Juni 2017 gesichtet. Der Typ wurde offenbar Ende 2018 bei der myanmarischen Luftwaffe in Dienst gestellt.

Avionik
CAC/PAC hat eine offene Architektur für die Avionik-Software entwickelt, die die einfache Integration neuer Systeme ermöglicht, sobald diese entwickelt werden. Wie viele moderne Flugzeuge verfügt auch die JF-17 über ein Zustands- und Nutzungsüberwachungssystem (Health and Usage Monitoring System – HUMS), das durch die Vorhersage von Ausfällen den Wartungsaufwand verringern kann.

Radar
In der JF-17 wird eine Version des mechanisch abtastenden Puls-Doppler-Radars vom Typ 1478 verwendet, das die Bezeichnung KLJ7-V1 trägt. In der J-10 kommt das KLJ7-V2 zum Einsatz, das über ein aktives elektronisch abtastendes Array verfügt.

Lufteinlässe
Nachdem bei der ursprünglichen Konstruktion der Lufteinlässe Schwierigkeiten auftraten, da das Triebwerk nicht ausreichend mit Luft versorgt wurde, nahm man die Neukonstruktion zum Anlass, Diverterless Supersonic Inlets (DSI) zu integrieren.

Cockpit
Die JF-17 verfügt über ein modernes Cockpit mit drei Multifunktionsdisplays, einem HUD mit einem Sichtfeld von 25 Grad und HOTAS-Steuerelementen.

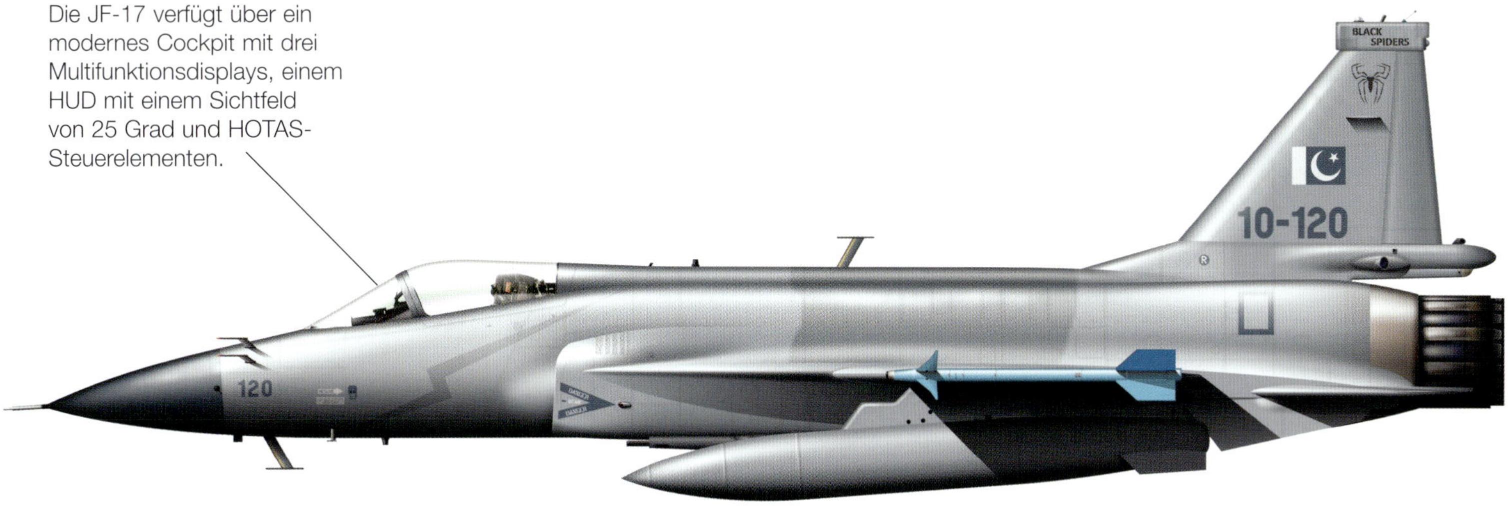

Oben: Diese Block-I-„Thunder“ wird von der Combat Commander School (CCS) der pakistanischen Luftwaffe (PAF) betrieben, zu der auch eine JF-17-Staffel auf der PAF-Basis Mushaf gehört. Die PAF hatte bis Mitte März 2008 acht Vorserienmodelle erhalten, doch die „Thunder“ wurde erst Anfang 2010 offiziell in Dienst gestellt, als die 26. Staffel auf der PAF-Basis Kamra mit diesem Typ neu ausgerüstet wurde.

Rumpf
Der hintere Rumpf ist der einzige Bereich, der darauf hindeutet, dass die JF-17 auf der Chengdu J-7 basiert, die wiederum eine Weiterentwicklung der MiG-21 war.

Antrieb
Die „Thunder“ wird von dem russischen Turbofan-Triebwerk RD-93 angetrieben. China hat mittlerweile ein eigenes, leistungsstärkeres Triebwerk für die JF-17 entwickelt – das WS-13 –, bislang wurde jedoch noch kein Flugzeug mit diesem Triebwerk bestellt.

im Mai 2003, der Jungfernflug fand im August im Flugtestzentrum von Chengdu statt. Bei den ersten Tests wurden Probleme mit den Einlässen festgestellt, die nicht genügend Luft für das von Russland gelieferte RD-93-Triebwerk lieferten. Zudem gab es kleinere Probleme mit der Steuerung, die durch eine Neukonstruktion der LERX gelöst wurden, wobei diese eine Verbreiterung erfuhren. Die Probleme mit dem Luftstrom wurden durch vergrößerte und besser abgeschirmte Diverterless Supersonic Inlets (DSI) gelöst. Diese Änderungen wurden ab dem vierten Prototyp eingeführt, der im April 2006 erstmals flog und intensiv für Avionik-Versuche genutzt wurde. Die Einführung hatte sich aufgrund von Sanktionen und politischen Erwägungen verzögert, wodurch sich der Auswahlprozess verlängerte.

Die Produktion der JF-17 durch die Chengdu Aircraft Corporation (CAC) begann Mitte 2006 in China, und bis 2009 wurden zehn Exemplare nach Pakistan geliefert. Der Pakistan Aeronautical Complex (PAC) begann im November desselben Jahres mit der Auslieferung eigener Exemplare. Die 26. Staffel (Black Spiders) wurde im Februar 2010 mit diesen Block I JF-17A neu ausgerüstet und war damit der erste operative Nutzer. Im April des folgenden Jahres folgte die 16. Staffel (Black Panthers).

Der erste Kampfeinsatz der JF-17 erfolgte wahrscheinlich im Jahr 2014, als pakistanische Streitkräfte eine Reihe von Angriffen und Überfällen gegen terroristische Kräfte entlang der afghanisch-pakistanischen Grenze durchführten. Der erste Luft-Luft-Abschuss erfolgte im Juni 2017, als eine iranische Drohne 45 km innerhalb des pakistanischen Hoheitsgebiets abgeschossen wurde, während es zu verstärkten Spannungen entlang der 900 km langen Grenze zwischen den beiden Ländern kam. Unterdessen wurden 2015 zwei Staffeln auf die JF-17A zur Bekämpfung maritimer Ziele umgerüstet. In dieser Rolle kann das Flugzeug mit einer Vielzahl von Anti-Schiffs-Raketen ausgerüstet werden.

Technische Daten (CAC/PAC JF-17)

Typ: Mehrzweck-Kampfflugzeug

Abmessungen: Länge: 14,33 m; Spannweite: 9,44 m; Höhe: 4,57 m

Gewicht: 13.500 kg max. Startmasse

Triebwerk(e): ein Klimow-RD-93-Mantelstrom-Triebwerk (Turbofan) mit 5.037 kg Trocken- und 8.606 kg Nachbrennerschub

Höchstgeschwindigkeit: 1.900 km/h

Reichweite: 1.800 km

Dienstgipfelhöhe: 16.900 m

Besatzung: 1

Bewaffnung: eine doppelläufige 23-mm-GSch-23M-Maschinenkanone und bis zu 4000 kg Waffenzuladung, darunter PL-9-, PL-12- und PL-15-Luft-Luft-Raketen, LD-10-Anti-Radar-Raketen, Ra'ad-II-Landangriffsraketen und C-802K-Anti-Schiffs-Raketen

Block II

Die Produktion der Block-II-JF-17A begann Ende 2013 nach dem Bau von 50 Flugzeugen des Blocks I. Die erste Block II wurde im Dezember 2015 an die PAF ausgeliefert. Diese Flugzeuge zeichnen sich durch einen erhöhten Einsatz von Verbundwerkstoffen zur Gewichtsreduzierung, eine Luft-Luft-Betankungsfähigkeit und verbesserte Avionik aus. Ihre Auslieferung ermöglichte die Bildung des vierten JF-17-Geschwaders, Nr. 14, den „Tail Choppers“, wobei 2018 mit dem 28. Geschwader noch ein fünftes Geschwader gebildet wurde. Im folgenden Jahr nahmen JF-17 an Vergeltungsschlägen gegen Indien in der Region Kaschmir teil. Die indische Luftwaffe hatte nach einem Angriff auf einen Konvoi auf der Autobahn zwischen Jammu und Srinagar ein mutmaßliches Terroristenlager in Pakistan bombardiert. Am 27. Februar startete die PAF als Reaktion darauf Angriffe auf sechs Ziele in Indien. Die JF-17 wurden für Bodenangriffe mit Mk.83-Bomben mit Range Extension Kits (REK) und als Begleitflugzeuge eingesetzt. Während erste Berichte behaupteten, dass eine MiG-21 der IAF von einer der JF-17 abgeschossen worden sei, ist inzwischen klar, dass dieser Abschuss auf das Konto einer mit AMRAAM ausgerüsteten F-16D geht. Im Jahr 2019 wurde das erste Block-III-Flugzeug mit zahlreichen Verbesserungen vorgestellt. Die erste Charge von zehn Block-III-Maschinen wurde 2022 an die PAF ausgeliefert, wobei die ursprüngliche Bestellung 50 Stück umfasste. Für den Einsatz als Erdangriffsflugzeug verfügte das Muster nun über einen zusätzlichen Hardpoint unter dem vorderen rechten Rumpf für einen Zielbehälter oder einen Pod für die elektronische Kampfführung. Staffel Nr. 8, die „Haiders“, wurde Anfang 2024 speziell für diesen Flugzeugtyp gegründet und ist ausschließlich mit Block-III-Flugzeugen ausgerüstet.

Im Januar 2024 kamen die JF-17 der PAF erneut gegen terroristische Ziele im Iran zum Einsatz. Durch den Einsatz der Mk.83 mit REK konnten sie Ziele in 80 km Entfernung jenseits der Grenze treffen, ohne den pakistanischen Luftraum zu verlassen. Trotz dieses kontinuierlichen Einsatzes seit ihrer Einführung ist bisher keine einzige Thunder im Kampf verloren gegangen.

Mit der JF-17 hat Pakistan ein relativ kleines, leichtes Kampfflugzeug erhalten, das kostengünstig und gleichzeitig vergleichsweise fortschrittlich ist. Mit ihm kann das Land seine Luftwaffe

Bei einer Übung in der Türkei im August 2019 rollt diese JF-17 der 28. Staffel der pakistanischen Luftwaffe zur Startbahn.

modernisieren und dabei seine Truppenstärke aufrechterhalten. Obwohl all diese Eigenschaften das Flugzeug auf dem Exportmarkt attraktiv machen sollten, hat die breite Verfügbarkeit von gebrauchten F-16 zu einem harten Wettbewerb geführt. Infolgedessen gingen die einzigen Exportverkäufe bisher nach Myanmar, das 2018 die ersten von insgesamt elf Flugzeugen erhielt, sowie nach Nigeria, das seit 2021 drei Flugzeuge betreibt und möglicherweise bis zu 40 weitere bestellen wird. Aserbaidschan und Irak sollen Berichten zufolge ebenfalls im Begriff sein, JF-17 zu bestellen.

Block III

Die Block-III-Flugzeuge sind äußerlich fast identisch mit den früheren Modellen, haben jedoch eine erhebliche Leistungssteigerung erfahren. Die modifizierte Nase beherbergt ein AESA-Radarsystem, das gleichzeitige Scans in mehreren Modi ermöglicht – beispielsweise die Verfolgung von Luft- und Bodenzielen. Das HUD wurde durch ein weitwinkliges, rahmenloses System ersetzt, das auch in der J-10C zum Einsatz kommt. Ein am Helm montiertes Visier ermöglicht Schüsse außerhalb der Visierlinie mit der PL-10E IR AAM, wodurch die Kampffähigkeiten des Flugzeugs innerhalb der Sichtweite verbessert werden. Um das Situationsbewusstsein des Piloten zu verbessern, ist die Block-III-JF-17 mit einer im Inland hergestellten taktischen Datenverbindung ausgestattet, welche die Bezeichnung Link 17 trägt, wobei jedoch unklar ist, mit welchen anderen Plattformen diese kompatibel ist. Bei der Flugzeugzelle selbst wurden verstärkt Verbundwerkstoffe verwendet, um das Leergewicht zu reduzieren. Dank dieser Verbesserungen kann die JF-17 nun die PL-15E BVRAAM mit einer Reichweite von 145 km, die Überschall-Marschflugkörper CM-400AKG und die Anti-Schiffs-Rakete C-802K mitführen.

Mikojan MiG-29K & MiG-29M „Fulcrum“ (2005)

Die neuesten Varianten der „Fulcrum“ stellen eine bedeutende Weiterentwicklung ihrer Vorgängermodelle aus der Zeit des Kalten Krieges dar, verfügen über fortschrittliche Avionik und können eine Vielzahl von Waffentypen transportieren. Dennoch wurden sie bislang nur in begrenzter Stückzahl bestellt.

Radom
Die MiG-29M2 verfügt dank der Flachantennenkonstruktion des Phazotron-N-010-Radars über ein überarbeitetes, weniger gewölbtes Radom. Das System bietet eine um 25 Prozent größere Erfassungsreichweite als das Radarsystem der früheren „Fulcrum“-Modelle und verfügt darüber hinaus über neue Luft-Boden-Modi, darunter Terrain Avoidance and Mapping.

Cockpit
Die analogen Anzeigen der ersten „Fulcrum“-Generation wurden durch Multifunktionsdisplays ersetzt, wodurch die Maschine nun mit anderen modernen Kampfflugzeugen gleichzieht. Die Kabinenhaube wurde ebenfalls überarbeitet, ist nun etwas höher und verfügt über eine Antenne.

LERX
Die LERX wurden ebenfalls neu gestaltet, mit einer scharfen Flügelvorderkante. Durch den Wegfall der Hilfslufteinlässe kann zusätzlicher Treibstoff in den Flügelwurzeln mitgeführt werden.

Ägypten unterzeichnete 2015 einen Vertrag über einen Mix aus 46 MiG29M- und M2, die bis 2020 ausgeliefert wurden. Allerdings scheint Ägypten bereits nach Ersatz zu suchen, da diese Flugzeuge nur begrenzt mit den im Westen entwickelten Maschinen der ägyptischen Luftwaffe kompatibel sind und sich aufgrund der Sanktionen gegen Russland nach dem Einmarsch in die Ukraine als schwer zu warten erwiesen haben.

Nach dem Ende des Kalten Krieges und dem Zusammenbruch der Sowjetunion geriet die Entwicklung der MiG-29-Familie Anfang der 1990er-Jahre in eine Sackgasse. Dies wurde durch die Konzentration auf die Su-27-Familie für den zukünftigen Bedarf der russischen Luftwaffe noch verschärft. Das erneute Interesse zu Beginn des 21. Jahrhunderts ermöglichte es MiG jedoch, ein deutlich verbessertes Flugzeug in begrenzter Stückzahl zu produzieren. Die Arbeiten an den späteren Modellen MiG-29M und -K hatten bereits 1982 mit einer überarbeiteten Tragfläche mit breiteren Querrudern und einer Verstärkung begonnen, die vier Aufhängepunkte auf jeder Seite ermöglichte. Eine neue Tragflächenwurzelverlängerung an der Flügelvorderkante (LERX) wurde entwickelt, um Flüge mit höheren Anstellwinkeln zu ermöglichen. Dies erforderte auch ein größeres Leitwerk mit einer Kerbe in der Mitte.

Die aerodynamischen Änderungen verringerten die Stabilität des Flugzeugs, verbesserten die Manövrierfähigkeit und erforderten die Ablösung der mechanischen Steuerungen durch ein digitales Fly-by-Wire-System. Die ursprüngliche „Fulcrum“-Familie verfügte über ein System zur Minimierung von Schäden durch Fremdkörper (FOD). Dazu zählten Türen, die die Hauptlufteinlässe verschlossen, wenn das Fahrwerk ausgefahren wurde, und Lüftungsschlitze oben an der LERX-Öffnung, um für Luftstrom zu sorgen. Bei der MiG-29M verzichtete man darauf und verwendet stattdessen einen viel einfacheren Grill, um zu verhindern, dass FOD in den Lufteinlass gelangen.

Krügerklappen
Zur Verbesserung der Landeeigenschaften auf Flugzeugträgern wurde die MiG-29K mit Krügerklappen ausgestattet, die sich durch Drehung um die Vorderkante aus der Unterseite der LERX herausklappen lassen. In Kombination mit Verbesserungen am FCS ermöglicht dies Änderungen der Flugbahn bei minimalen Abweichungen in der Neigung.

Heck
Neben neuen, größeren Höhenflossen verfügt das Heck des Flugzeugs nun über eine einzige große Luftbremse, welche die zuvor verwendeten geteilten oberen und unteren Bremsen ersetzt. Gleichzeitig beherbergt der verlängerte „Biberschwanz“ nun die Bremsfallschirme.

Dadurch können die LERX als Treibstofftanks genutzt werden. Zusammen mit einem flacheren, breiteren Rücken und einem kleineren Munitionskasten für die Kanone erhöht sich dadurch die Treibstoffkapazität auf 5.800 l bis 1.500 l mehr als beim Vorgängermodell.

Obwohl die ersten Flugtests vielversprechend waren, wurde die Entwicklung nicht fortgeführt, nachdem die sowjetische Luftwaffe 1991 den Kauf von MiG-29 eingestellt hatte. Erst Anfang der 2000er-Jahre sollte er wieder aufgenommen werden.

MiG-29K

Der Anstoß für die Wiederaufnahme der Entwicklung war ein Vertrag mit der indischen Marine über einen Trägerjäger für den Flugzeugträger Admiral Gorschkow im Jahr 2004. Diese Variante trug die Bezeichnung MiG-29K, die verwirrenderweise bereits für die ursprüngliche Trägerversion verwendet worden war, welche Anfang der 1990er-Jahre das Rennen gegen die Su-33 verloren hatte. MiG entwickelte vier Varianten der Basisflugzeugzelle für ein- und zweisitzige Land- und Trägeroperationen. Während der Entwicklung der MiG-29K wurde das Design um Krügerklappen an den LERX erweitert, um die Wirbelbildung positiv zu beeinflussen. In Kombination mit Verbesserungen am Flugsteuerungssystem (Flight Control System – FCS) ermöglichte dies langsamere Geschwindigkeiten und eine stabilere Flugbahn beim Landeanflug, wobei das Flugsteuerungssystem die Klappen, Querruder und Vorflügel automatisch nach Bedarf einstellte und das Flugzeug neu austrimmte.

Für Marineeinsätze lassen sich die Flügel der MiG-29K auf ein Drittel ihrer Spannweite einklappen, und zusätzlich zum Fang-

MiG-35

Basierend auf der MiG-29M wurde die MiG-35 entwickelt, die äußerlich mit der 29M identisch ist, jedoch eine weitere Avionik-Aufrüstung erfahren hat. Sie ist mit einem passiven elektronisch gesteuerten Zhuk-A-Radar ausgestattet, das auf ein aktiv gesteuertes Modell aufgerüstet werden kann. Die Selbstverteidigungsausrüstung umfasst den Radarwarnempfänger L-150 Pastel, sechs UV-Sensoren (zur Rundumerkennung sich nähernder Raketen) und Lasersensoren an den Flügelspitzen. Der Störsender MSP-418K bietet zusätzlichen Schutz. Unter dem rechten Triebwerk ist ein Zielbehälter angebracht, der die gleichen Sensoren und Laser-Zielbeleuchtungssysteme wie die Kuppel vor dem Cockpit enthält. Die MiG-35 soll über Stealth-Eigenschaften verfügen, bei denen es sich vermutlich um IR- und radarsignaturreduzierende Beschichtungen handelt. Nach der ersten öffentlichen Vorstellung im Januar 2017 wurden von der russischen Luftwaffe sechs Flugzeuge zur Bewertung bestellt und ab 2019 ausgeliefert. Es wird davon ausgegangen, dass anschließend ein Auftrag zur Serienfertigung erteilt wurde. Russische Medien berichten, dass die Flugzeuge im Krieg gegen die Ukraine zum Einsatz kommen.

Eine MiG-35 „154 Blue“ wird auf dem Flugplatz Schukowski in Russland getestet.

Technische Daten (MiG-29K)

Typ: Trägergestütztes Mehrzweck-Kampfflugzeug

Abmessungen: Länge: 17,3 m; Spannweite: 11,99 m; Höhe: 4,4 m

Gewicht: 24.500 kg max. Startmasse

Triebwerk(e): zwei Klimow-RD-33-Mantelstrom-Triebwerke (Turbofans) mit jeweils 5.394 kg Trocken- und 9.004 kg Nachbrennerschub

Höchstgeschwindigkeit: 2.200 km/h

Reichweite: 3.000 km mit drei Abwurftanks

Dienstgipfelhöhe: 17.500 m

Besatzung: 1

Bewaffnung: eine Grjazew-Schipunow-30-mm-GSch-30-1-Maschinenkanone und bis zu 4.500 kg Waffenzuladung, darunter Luft-Luft-Raketen vom Typ AA-11 und AA-12, Anti-Radar-Raketen vom Typ AS-17 und Anti-Schiffs-Raketen vom Typ AS-20

haken wurden das Fahrwerk und der mittlere Rumpf verstärkt. Außerdem verfügt die Maschine über eine erhöhte Gesamtkraftstoffkapazität von 6.666 l. Die ersten Exemplare flogen Anfang des Jahres 2007, die ersten Serienmodelle folgten im nächsten Jahr. Die Avionik wurde gegenüber der Vorgängergeneration „Fulcrum“ erheblich verbessert: Das Zhuk-ME-Puls-Doppler-Radar verfügt über mehrere Betriebsmodi, darunter Air-to-Air- und Ground-Mapping. Das ursprüngliche Infrarot-Such- und Verfolgungssystem vor dem Cockpit wurde durch ein Multimode-System ersetzt, das über TV- sowie Laserfunktionen verfügt und unter geeigneten Bedingungen Flugzeuge bis zu einer Entfernung von 24 Seemeilen verfolgen kann. Die indischen Maschinen sind mit einem von Thales entwickelten Helmvisier ausgestattet, während die für die russische Marine bestimmten Flugzeuge über ein einheimisches System verfügen. Das Cockpit ist außerdem mit einem Weitwinkel-Head-up-Display und drei multifunktionalen LCD-Displays ausgestattet.

Sowohl die ein- als auch die zweisitzige MiG-29K und -M verfügen bemerkenswerterweise über die gleiche Kabinenhau-

be, wobei der hintere Cockpitbereich im einsitzigen Flugzeug verschlossen ist und ein Treibstofftank den größten Teil des Platzes einnimmt.

Exporterfolg

Die Auslieferungen an die indische Marine begannen 2011, und bis 2016 wurden insgesamt 45 Flugzeuge geliefert. Diese sind bei den Trainingsstaffeln 300 INAS (White Tigers) und 303 INAS (Black Panthers) im Einsatz. Letztere operieren von der ehemaligen ADMIRAL GORSCHKOW (heute: INS VIKRAMADITYA) und der in Indien entworfenen und gebauten INS VIKRANT aus. Der Erfolg des indischen Deals führte zu einem Auftrag der russischen Marine über 20 ein- und vier zweisitzige MiG-29K, die zur Unterscheidung von den indischen Varianten als 29KR bzw. KUB bezeichnet werden. Diese Flugzeuge ergänzen die Su-33 der russischen Marine und waren 2016 auch an Operationen über Syrien beteiligt, wobei sie von der ADMIRAL KUSNEZOW und von Land aus operierten. Nachdem die KUSNEZOW 2017 zur Überholung ins Dock ging, wurde die MiG-29-Flotte 2021 auf den Nowaja-Semlja-Archipel verlegt, um die russische Präsenz in der Arktis zu verstärken.

Der erste Verkauf der landgestützten MiG-29M ging an Ägypten, das Mitte 2015 insgesamt 46 Stück bestellte, gefolgt von Algerien im Jahr 2019, das 2020 die erste seiner 14 bestellten Maschinen erhielt. Ursprünglich war Syrien als Erstkunde vorgesehen, doch aufgrund des Bürgerkriegs wurde die Bestellung 2012 storniert. Abgesehen vom Fehlen eines Fanghakens und klappbarer Tragflächen sind diese Flugzeuge äußerlich mit der trägergestützten Version identisch. Im Vergleich zu den älteren „Fulcrums“ können die neuesten Flugzeuge eine weitaus größere Bandbreite an Waffen tragen (darunter Luft-Boden-Raketen und Lenkbomben) und ihre Ziele selbst anvisieren. Außerdem sind sie alle mit einer ausfahrbaren Betankungssonde auf der linken Seite des Rumpfes direkt vor dem Cockpit ausgestattet.

Die MiG-29K und -M sind vielseitige Kampfflugzeuge und eine erhebliche Verbesserung gegenüber den „Fulcrums“ aus der Zeit des Kalten Krieges. Ihre relativ geringen Verkaufszahlen sind auf den begrenzten Markt für die trägerfähige Variante und das Ausbleiben von Bestellungen für die landgestützte Version durch die russische Luftwaffe zurückzuführen, die sich auf die „Flanker“-Familie konzentriert hat.

Lockheed Martin F-22 „Raptor“

(2005)

Die F-22A gilt weithin als der leistungsfähigste Luftüberlegenheitsjäger weltweit. Sie ist sowohl für Luft-Luft- als auch für Luft-Boden-Einsätze geeignet, und bei ihrer Entwicklung wurden Stealth-Eigenschaften, Leistung, Agilität und integrierte Avionik in einer einzigen Zelle zusammengeführt.

Die „Raptor“ wird von ihren Betreibern als „Quantensprung in der Kriegsführungsfähigkeit“ beschrieben. Entstanden ist die F-22A aus dem Programm „Advanced Tactical Fighter“ (ATF), das 1986 in die Demonstrations- und Validierungsphase eintrat. Die US-Luftwaffe wählte sieben Unternehmen als Bewerber für das ATF-Programm aus; Lockheed und Northrop waren die Hauptauftragnehmer für die Flugzeugzelle. Lockheed tat sich mit Boeing und General Dynamics zusammen, während Northrop von McDonnell Douglas unterstützt wurde. Die daraus resultierenden Prototypen YF-22 und YF-23 wurden für einen Flugwettbewerb gebaut, bei dem auch konkurrierende Triebwerke von Pratt & Whitney und General Electric (YF119 bzw. YF120) getestet wurden. Die YF-22 absolvierte ihren ersten Flug im September 1990. Die USAF wählte die YF-22 und YF119 als die vielversprechendsten Kandidaten aus und startete 1991 mit der technischen Entwicklung und Fertigung (Engineering and Manufacturing Development – EMD). Die Entwicklungsaufträge wurden an Lockheed/Boeing (Flugzeugzelle) und Pratt & Whitney (Triebwerke) vergeben. Die EMD umfasste umfangreiche Tests von Systemen und Subsystemen sowie Flugtests mit neun Flugzeugen auf der Edwards Air Force Base in Kalifornien. Ein erster EMD-Flug wurde 1997 aufgezeichnet.

Im Jahr 2001 erhielt das Programm die Genehmigung für den Start der Kleinserienfertigung. Es folgte eine erste Betriebs- und Testbewertung durch das Air Force Operational Test and

Diese F-22A „Raptor“ gehört zum 422. Test- und Evaluierungsgeschwader „Green Bats“, das Teil der 53. Test- und Evaluierungsgruppe ist.

Radar
Obwohl die F-22 über ausreichend Platz, Gewicht und Kühlkapazität für seitlich ausgerichtete Radarantennen im vorderen Rumpf verfügt, die das Sichtfeld vergrößern würden, entschied man sich während der Demonstrations- und Validierungsphase gegen eine solche Auslegung.

Datenverbindung
Jeder Raptor-Pilot kann Informationen von anderen F-22 erhalten, was einen radarstillen Angriff ermöglicht. Eine „Raptor“, die sich außerhalb der Raketenreichweite befindet, kann so ein Ziel verfolgen und die Zieldaten an eine näher gelegene „Raptor“ senden, die dann den stillen Abschuss durchführt.

Aerodynamik
Fortschrittliche Aerodynamik in Kombination mit Schubvektorsteuerung und modernsten Flugsteuerungssystemen sorgen für eine „Supermanövrierfähigkeit“ (Super Manoeuvrability).

Evaluation Center, die 2004 erfolgreich abgeschlossen wurde. Die Genehmigung für die Serienproduktion wurde 2005 erteilt. Nachdem das Flugzeug aufgrund seiner Angriffsfähigkeiten kurzzeitig die Bezeichnung F/A-22 erhalten hatte, wurde es im Dezember 2005 in F-22A umbenannt. Gleichzeitig demonstrierte die Maschine die erste Einsatzfähigkeit beim 27. Jagdgeschwader der US-Luftwaffe.

Ursprünglich plante die US-Luftwaffe die Anschaffung von mindestens 750 ATFs, doch mit dem Ende des Kalten Krieges wurde dieses Vorhaben zurückgefahren, sodass schließlich nur 187 Flugzeuge zu einem Stückpreis von 143 Millionen US-Dollar erworben wurden.

Heck
Die beiden Seitenleitwerke sind nach außen geneigt, wodurch die Radarsignatur reduziert wird, da zwischen ihnen und dem Rumpf bzw. den Tragflächen keine Radarreflexionen entstehen.

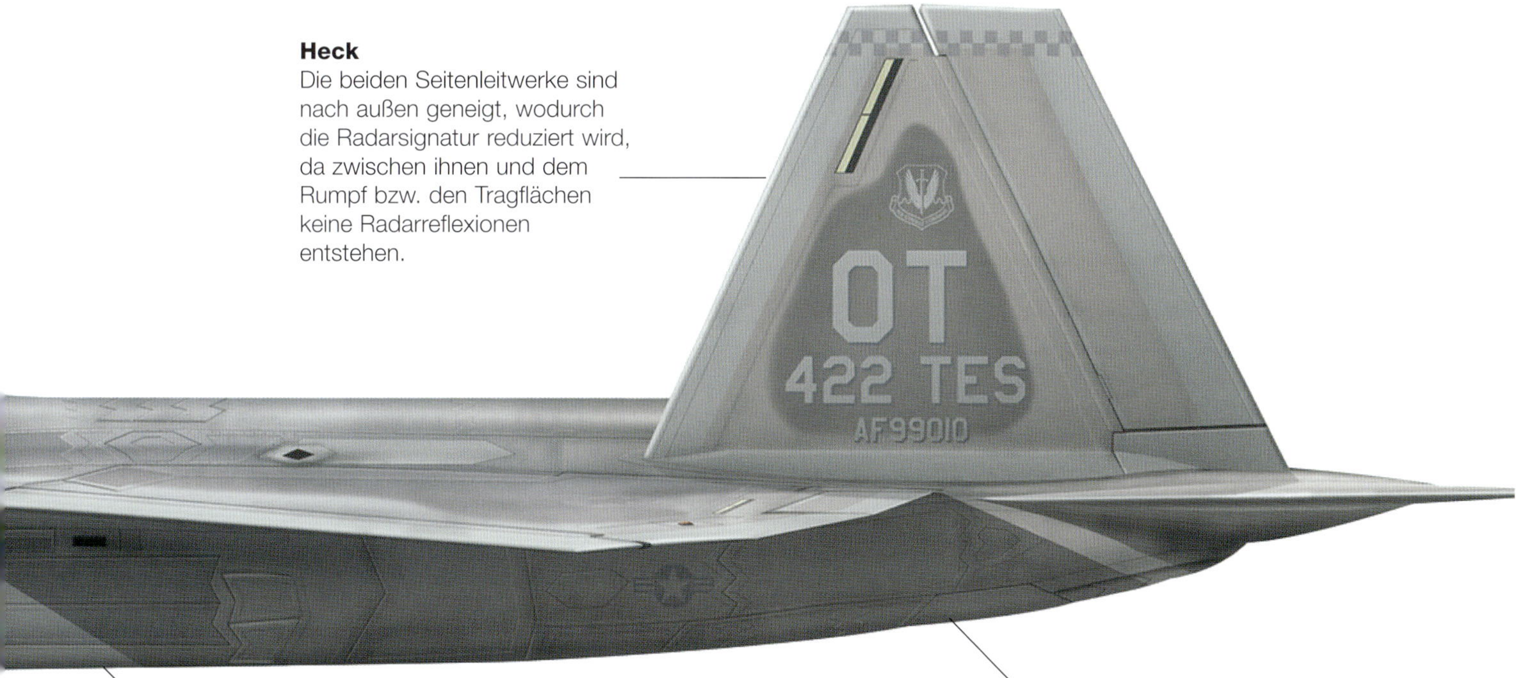

Innenliegende Raketen
Die primären Luft-Luft-Raketen der F-22 sind die AIM-9M Sidewinder und die AIM-120C AMRAAM. Die Raketen werden in den internen Waffenbuchten mitgeführt, die sich öffnen, unmittelbar bevor die „Raptor“ ihre Tarnung aufgibt.

Triebwerke
Die beiden Pratt & Whitney-F119-Triebwerke ermöglichen es der „Raptor“, ohne Nachbrenner auf eine Geschwindigkeit von etwa Mach 1,8 zu beschleunigen und diese zu halten.

Angriffsrolle

Ursprünglich als Luftüberlegenheitsjäger konzipiert, hat sich die F-22 zu einem leistungsstarken Angriffsflugzeug entwickelt. In der Luft-Boden-Konfiguration kann sie intern zwei 453 kg schwere GBU-32 Joint Direct Attack Munitions (JDAM) mitführen. Derzeit wird das Luft-Boden-Potenzial optimiert, indem Radarmodifikationen vorgenommen und die Fähigkeit zum Transport von acht Small Diameter Bombs hinzugefügt werden. Unabhängig davon, ob die Maschine mit JDAMs oder SDBs ausgerüstet ist, kann sie zusätzlich zwei AIM-120 und zwei AIM-9 zur Selbstverteidigung mitführen. In dieser Rolle hatte die F-22A ihr Kampfeinsatzdebüt, als sie im September 2014 im Rahmen der Operation Inherent Resolve Ziele in Syrien angriff. Die F-22, die regelmäßig zur Luftnahunterstützung eingesetzt wurden, fungierten mit ihren fortschrittlichen Sensoren auch als Plattform für Intelligence-Surveillance-Targeting-and-Reconaissance-(ISTAR-) Aufgaben. „Raptors“ waren zudem an der Schlacht von Khasham 2018 beteiligt, bei der syrische Regierungstruppen zusammen mit der russischen Wagner-Gruppe bei einem Angriff auf eine Basis der Syrischen Demokratischen Kräfte besiegt wurden. Das Muster wurde auch in Afghanistan eingesetzt, wo die F-22 zusammen mit B-52-Bombern Opiumproduktionsanlagen der Taliban angriffen. Zudem erzielte die „Raptor“ ihren ersten Luft-Luft-Sieg gegen einen chinesischen Spionageballon, der im Februar 2023 über die USA getrieben war. Auch zwei weitere Ballons wurden von F-22 abgeschossen.

Technische Daten (Lockheed Martin F-22)

Typ: Mehrzweck-Luftüberlegenheitsjäger

Abmessungen: Länge: 18,9 m; Spannweite: 13,6 m; Höhe: 5,1 m

Gewicht: 38.000 kg max. Startmasse

Triebwerk(e): zwei Pratt & Whitney-F119-PW-100-Mantelstrom-Triebwerke (Turbofans) mit Nachbrenner und jeweils 155,69 kN Schub

Höchstgeschwindigkeit: ca. 2.410 km/h in großer Höhe

Reichweite: mehr als 2.977 km bei einem Überführungsflug mit zwei externen Tanks unter den Tragflächen

Dienstgipfelhöhe: 15.240 m

Besatzung: 1

Bewaffnung: eine 20-mm-Gatling-Maschinenkanone sowie zwei AIM-9-Luft-Luft-Raketen und sechs AIM-120-Luft-Luft-Raketen oder (für Bodenangriffe) zwei GBU-32-JDAM-Bomben und zwei AIM-120-Raketen

Die Leistungsfähigkeit der „Raptor“ im Luft-Luft-Bereich wird durch eine Kombination aus Sensorik, integrierter Avionik, Situationsbewusstsein und Bewaffnung gewährleistet. In Kombination mit ihren Stealth-Eigenschaften und ihrer Leistungsfähigkeit soll die Sensorausstattung es dem F-22-Piloten ermöglichen, Luft-Luft-Bedrohungen zu verfolgen, zu identifizieren, anzugreifen und zu zerstören, bevor er selbst entdeckt wird. Die primären Sensoren sind das AESA-Radar AN/APG-77 und das passive Empfangssystem AN/ALR-94. Ein hohes Maß an Situationsbewusstsein wird durch ein fortschrittliches Cockpit-Design und Sensorfusion gewährleistet. In der typischen Luft-Luft-Konfiguration ist die „Raptor“ mit sechs AIM-120C AMRAAMs und zwei AIM-9M-Sidewinder-Raketen bewaffnet.

Um ihren eigenen Schutz während des Fluges zu gewährleisten, hat man bei der F-22A auch auf schwer ortbare Stealth-Technologien gesetzt. Das Flugzeug kann zudem seine herausragende Leistung ausspielen, um Luft-Luft- und Boden-Luft-Bedrohungen auszuweichen. Die Leistung wird von zwei Pratt & Whitney-F119-PW-100-Turbofan-Triebwerken geliefert, die mehr Schub erzeugen als jedes andere aktuelle Kampfflugzeug-Triebwerk. Die F-22A ist in der Lage, ohne Nachbrenner mit Überschallgeschwindigkeit zu fliegen – eine Eigenschaft, die als Supercruise bezeichnet wird. Diese bietet außerdem den Vorteil, dass Treibstoff gespart wird, was zu einer Erhöhung der Ausdauer und Reichweite führt. Die Triebwerke sind mit Schubvektorsteuerung ausgestattet, kombiniert mit fortschrittlicher Aerodynamik und Flugsteuerung sowie einem hohen Schub-Gewichts-Verhältnis, was alles zusammen eine hervorragende Manövrierfähigkeit gewährleistet. Da in den 2030er-Jahren der Kampfflugzeugtyp Next Generation Air Dominance (NGAD) in Dienst gestellt werden soll, sind die Tage der Raptor gezählt. Aufgrund der begrenzten Produktionszahl wird die Wartung der F-22 immer teurer, und derzeit ist nicht geplant, sie neben den neueren Flugzeugen im Dienst zu behalten. Tatsächlich hat die USAF bereits versucht, sich von 33 F-22 aus der frühen Produktion zu trennen, die sie als Kampfflugzeuge für nicht mehr einsetzbar hält.

Oben rechts: Dieser F-22-Demonstrator verschwindet in einer selbst erzeugten Wolke, während er bei der von hoher Luftfeuchtigkeit geprägten Singapore Airshow 2020 seine Kunststücke vorführt.

Unten rechts: „Raptor“ der 1st und 192nd Fighter Wings nehmen an einer Massenbereitschaftsübung auf der Joint Base Langley-Eustis in Virginia teil. Im Gegensatz zur F-35 kann die F-22 mit externen Tanks ausgestattet werden, die hier deutlich zu sehen sind.

Lockheed Martin F-35 „Lightning II“ (2015)

Die F-35 entstammt einem bemerkenswerten und ehrgeizigen Programm, das Stealth-Technologie, Sensorfusion und netzwerkgestützte Operationen in einem einzigen Flugzeug vereint hat. Sie wird in drei Varianten gebaut, um vier Frontmuster der US-Luftwaffe, der Marine und des Marine Corps sowie eine Vielzahl von Kampfflugzeugen für mindestens zehn weitere Länder zu ersetzen.

Neben Boeing wurde Lockheed Martin 1997 für die Teilnahme an der Konzeptdemonstrationsphase des Joint Strike Fighter (JSF) ausgewählt. Bei der Bewertung der Prototypen Boeing X-32 und Lockheed Martin X-35 ging das Design von Lockheed Martin im Oktober 2001 als Sieger hervor. Das Unternehmen schloss sich daraufhin mit Northrop Grumman und BAE Systems zusammen und begann die Produktionsphase.

Ein erstes Serienmodell der F-35A mit konventionellen Start- und Landeeigenschaften (Conventional Take-off and Landing – CTOL) wurde im Februar 2006 in Fort Worth, Texas, fertiggestellt. Später im selben Jahr bekam der Joint Strike Fighter den Namen Lightning II. Neben der F-35A für die U.S. Air Force und die meisten ausländischen Betreiber baut Lockheed Martin die F-35B-Variante mit Kurzstart- und Senkrechtlandefähigkeit (Short Take-off/Vertical Landing – STOVL) für das U.S. Marine Corps (USMC), Großbritannien und Italien sowie die F-35C-Trägervariante (CV) für die U.S. Navy.

Die F-35A ist die einzige Version, die mit einer internen Kanone – der 25-mm-GAU-22/A – ausgestattet ist. Sie wird das produktivste Modell sein, die A-10 und F-16 bei der USAF ersetzen und bei den meisten verbündeten Luftstreitkräften zum Einsatz kommen, die die „Lightning II“ in ihre Flotte aufnehmen. Die F-35B, die die AV-8B und F/A-18 beim USMC ersetzt, kann dank ihres Rolls-Royce-Lift-Fan-Antriebssystems und einem Triebwerk, das im Kurzstart-/Senkrechtlandemodus um 90 Grad schwenkbar ist, vertikal starten und landen.

DAS
Das Distributed Aperture System (DAS) gewährleistet mit sechs Infrarotsensoren, die um die Zelle angebracht sind, eine uneingeschränkte Abdeckung rund um das Flugzeug. Die Erhebung direkt vor der Kabinenhaube enthält einen dieser Sensoren.

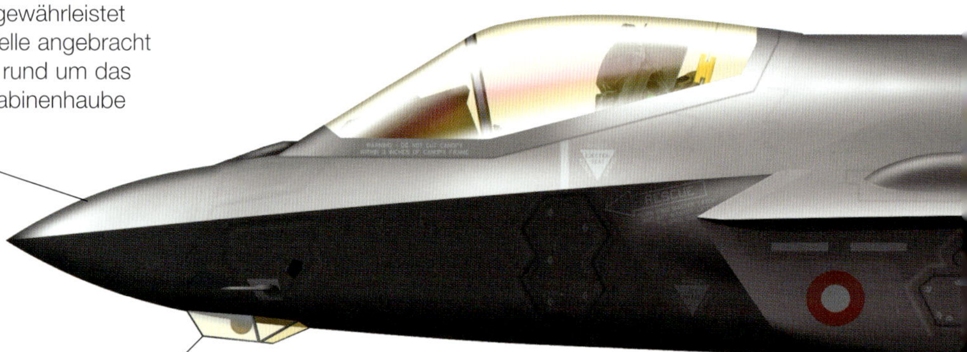

EOTS
Unterhalb der Nase befindet sich das elektrooptische Zielsystem (Electro-Optical Targeting System – EOTS) hinter Saphirglasfenstern. Derzeit bietet die F-35 ab Block 4 Infrarot-Bildgebung sowie Such- und Verfolgungsfunktionen. Künftig wird sie mit einem fortschrittlichen EOTS ausgestattet sein, das um hochauflösende TV- und Infrarot-Markierungsfunktionen erweitert wird.

Lift Fan
Der Lift Fan der F-35B ist hinter dem Cockpit angebracht, wobei die geschlossene Klappe des Lufteinlasskanals auf diesem Foto deutlich zu erkennen ist. Dahinter befindet sich eine zweite Klappe, die sich bei niedrigen Geschwindigkeiten öffnet, um das Triebwerk mit Luft zu versorgen.

Die F-35B verfügt im Vergleich zur F-35A über einen kleineren internen Waffenschacht und eine geringere interne Treibstoffkapazität. Sie ist außerdem für die Luftbetankung nach dem Probe-and-Drogue-Verfahren ausgerüstet. Die F-35C wird die „alte“ F/A-18 bei der U.S. Navy ersetzen und verfügt über größere Tragflächen sowie ein verstärktes Fahrwerk, mit dem sie Katapultstarts und Fanglandungen bewältigen kann.

Das CV-Modell verfügt über klappbare Flügelspitzen und die größte interne Treibstoffkapazität der drei F-35-Varianten. Es kann knapp 9.072 kg Treibstoff mitführen, was eine größere

Unten: Ein Kernpunkt des F-35-Joint-Strike-Fighter-Programms besteht darin, eine beträchtliche Anzahl bestehender Kampfflugzeuge, hauptsächlich F-16, bei einer wachsenden Zahl von Exportkunden zu ersetzen, um eine gemeinsame Basis zu schaffen und Kosten zu senken. Zu diesen Kunden gehört auch Dänemark, dessen erste F-35A hier zu sehen ist.

Triebwerk
Das Pratt & Whitney-F-135-Triebwerk der F-35 ist das leistungsstärkste Triebwerk, das je für ein Kampfflugzeug gebaut wurde. Gleichzeitig ist die F-35 mit einem maximalen Startgewicht von 31.750 kg das schwerste und größte jemals gebaute einmotorige Kampfflugzeug. Der bisherige Rekordhalter war die F-105 mit „nur“ 23.967 kg.

Eine F-35A des F-35 Heritage Flight Teams führt während der Bell Fort Worth Alliance Air Show 2018 einen Steigflug durch.

Technische Daten (F-35A)

Typ: CTOL-Luftüberlegenheits- und Kampfflugzeug

Abmessungen: Länge: 15,7 m; Spannweite: 10,7 m; Höhe: 4,38 m

Gewicht: ca. 31.750 kg max. Startmasse

Triebwerk(e): ein Pratt & Whitney-F135-PW-100-Mantelstrom-Triebwerk (Turbofan) mit Nachbrenner und 178 kN Schub

Höchstgeschwindigkeit: ca. 1.931 km/h mit voller interner Bewaffnung

Reichweite: 2.200 km mit vollem internem Treibstoffvorrat

Dienstgipfelhöhe: unveröffentlicht

Besatzung: 1

Bewaffnung: eine 25-mm-Gatling-Maschinenkanone, zwei AIM-120C-Luft-Luft-Raketen, zwei 907-kg-GBU-31-JDAMs

Reichweite ermöglicht. Auch die F-35C kann mittels Sonde und Fangtrichter betankt werden.

Das Herzstück der „Lightning II“ bilden die verschiedenen Missionssysteme, zu denen elektronische Sensoren, Anzeigen und Kommunikationssysteme gehören, die Daten sammeln und an den Piloten sowie befreundete Flugzeuge weitergeben. Zu den einzelnen Komponenten gehören das AESA-Radar AN/APG-81, das AAQ-37 Distributed Aperture System (DAS) mit 360-Grad-Lageerfassung, das Electro-Optical Targeting System (EOTS), das Forward-Looking-Infrared-(FLIR-) sowie Infrared-Search-and-Track-(IRST-)Funktionen kombiniert, das Helmet-Mounted Display System (HMD) und das Communications, Navigation and Identification System (CNI).

Die Daten all dieser Sensoren werden im Rahmen des Sensor-Fusion-Konzepts zusammengeführt und liefern dem Piloten ein einheitliches Gesamtbild des Gefechtsfelds. Die Informationen können auch über Datenverbindungen wie den Multifunction Advanced Data Link (MADL) mit anderen Piloten oder Stationen geteilt werden.

Zu den Merkmalen der F-35, die ihre Ortbarkeit verringern (Stealth-Eigenschaften), gehören das integrierte Zellendesign, die Verwendung fortschrittlicher Materialien, ausgefeilte Gegenmaßnahmen und die Bereitstellung elektronischer Angriffsfähigkeiten an Bord. Durch die Form der F-35 können Waffen intern transportiert werden, und die Sensoren der Missionssysteme sind sorgfältig in die Zelle eingebettet.

Das AN/APG-81 ist so konzipiert, dass es andere Flugzeuge aus der Ferne elektromagnetisch stören kann – angeblich mit einer zehnmal höheren effektiven Strahlungsleistung als frühere Kampfflugzeuge – und es ist zu erwarten, dass die Tarnkappeneigenschaften und Überlebensfähigkeiten der F-35 genutzt werden, um näher an einer Bedrohung operieren zu können, von wo aus dann ein leistungsstarkes Stand-in-Jamming (Nahbereichsstörung) durchgeführt werden kann.

Indienststellung

Im Dezember 2006 absolvierte die F-35 ihren ersten Flug und in den folgenden Jahren schloss Lockheed Martin die Flug- und Bodentests aller drei Varianten ab. Die erste Serien-F-35 absolvierte ihren Jungfernflug im Februar 2011, und noch im selben Jahr begann die Auslieferung.

Die erste von insgesamt 1.763 für die U.S. Air Force geplanten F-35A wurde im Mai 2011 auf der Edwards Air Force Base in Kalifornien abgenommen. Im Januar 2012 wurden dann die ersten beiden Exemplare der Variante F-35B an das Marine Fighter/Attack Training Squadron (VMFAT) 501 des U.S. Marine Corps auf der Eglin Air Force Base in Florida ausgeliefert. Insgesamt plant das USMC die Anschaffung von 353 F-35B und 867 F-35C. Die erste internationale Auslieferung der „Lightning II“ erfolgte im Juli 2012 an das Vereinigte Königreich. Die F-35B wurde zur Erprobung und Bewertung sowie zur Ausbildung zur Eglin AFB geflogen. Die erste von insgesamt 273 geplanten F-35C wurde im Juni 2013 an das Strike Fighter Squadron (VFA) 101 der U.S. Navy in Eglin ausgeliefert. Neben dem Vereinigten Königreich gehören nun auch Australien, Belgien, Dänemark, Israel, Italien, Japan, die Niederlande, Norwegen und Südkorea zu den internationalen Betreibern. Inzwischen sind zudem Bestellungen aus Kanada, Finnland, Deutschland, Griechenland, Polen, Singapur und der Schweiz eingegangen.

Die ersten Kampfeinsätze der F-35 wurden 2018 durch B-Modelle des USMC ausgeführt, die von der USS Essex aus operierten und Angriffe auf Taliban-Ziele in Afghanistan flogen. Im folgenden Jahr führten F-35A der USAF, die von den Vereinigten Arabischen Emiraten aus operierten, Angriffe auf Einrichtungen des Islamischen Staates im Irak durch. Einige Monate später absolvierten britische F-35B, die von Zypern aus starteten, Aufklärungsflüge über Syrien und dem Irak, um dort Ziele des Islamischen Staates zu suchen. Im Jahr 2021 sollten die ersten Offensivmissionen von Flugzeugen durchgeführt werden, die von der HMS Queen Elizabeth der Royal Navy aus operierten, wobei F-35B der 617. Staffel und VMFA 211 des USMC DAESH-Ziele in Syrien angriffen, während der Flugzeugträger das Mittelmeer durchquerte.

Gemeinsames Programm

Die F-35 auf dieser Abbildung absolviert am 15. Dezember 2006 ihren Erstflug über Fort Worth, Texas. Das Muster wird derzeit von den Vereinigten Staaten und acht weiteren Ländern weiterentwickelt: Australien, Kanada, Dänemark, Italien, den Niederlanden, Norwegen, der Türkei und dem Vereinigten Königreich. Zulieferer in allen Partnerländern produzieren F-35-Komponenten für alle Flugzeuge, nicht nur für die ihres Landes. Darüber hinaus haben Israel, Japan und Südkorea sich im Rahmen des Foreign-Military-Sales-(FMS-)Verfahrens ebenfalls für die F-35A entschieden. Unternehmen in FMS-Kundenländern konkurrieren um industrielle Beteiligungsmöglichkeiten am F-35-Programm. Von den F-35-Partnerländern erhielt das Vereinigte Königreich im Juli 2012 als Erstes ein Flugzeug, gefolgt von den Niederlanden, die im Juli 2013 das erste von zwei Testflugzeugen bekamen, was die erste internationale Auslieferung der F-35A markierte. Die erste australische F-35A traf im Dezember 2014 auf der Luke Air Force Base in Arizona ein, wo sie für die Pilotenausbildung innerhalb der 56th Fighter Wing der USAF eingesetzt werden soll.

HAL „Tejas“ (2015)

Die HAL „Tejas“, Indiens zweiter im Inland entwickelter und produzierter Kampfjet, hat eine langwierige Entwicklungsphase hinter sich. Auch wenn sie erst jetzt ihr volles Potenzial entfaltet, bietet sie der indischen Luftwaffe einen kostengünstigen Ersatz für deren veraltete sowjetische Flugzeuge.

In den 1980er-Jahren initiierte die indische Regierung angesichts ihrer großen Flotte alternder MiG-21-Kampfflugzeuge ein Projekt zur Entwicklung eines eigenen Ersatzmodells. Das Programm sollte aber nicht nur einen Ersatz für die MiG-21 liefern, sondern zugleich die gesamte indische Luftfahrtindustrie durch die Entwicklung eines Fly-by-Wire-Steuerungssystems, eines Multimode-Radars, eines Turbofan-Triebwerks sowie die Herstellung von Kohlefaserstrukturen und eines Glascockpits aus eigener Produktion auf ein neues Level heben. Mit dem Unternehmen Dassault-Breguet als Berater entwickelte die indische Aeronautical Development Agency (ADA) einen Entwurf für ein kleines Fly-by-Wire-Flugzeug mit einem Verbund-Deltaflügel. Dieser ermöglichte es den Konstrukteuren, eine größere Flügelfläche zu verwenden sowie gleichzeitig den Auftriebsschwerpunkt in der gewünschten Position zu halten und den erforderlichen Vorderkantenwinkel beizubehalten. Die Vorderkante des inneren Abschnitts lässt sich außerdem nach oben und unten auslenken, wodurch eine Vorderkanten-Wirbelkontrolle (Leading-Edge Vortex Control – LEVCON) ermöglicht wird. Die Auslenkung nach unten verringert den Luftwiderstand und erhöht die Wendegeschwindigkeit, während die Auslenkung nach oben Wirbel erzeugt, die den Auftrieb bei geringeren Anstellwinkeln als bei einem herkömmlichen festen LERX verbessern. Dadurch können Anflüge mit einem geringeren Anstellwinkel als bei einem herkömmlichen Deltaflügel durchgeführt werden. Dies war besonders wichtig für die geplante Marinevariante.

Obwohl die Konfiguration des Flugzeugs bereits 1990 fertiggestellt wurde, flog die erste Maschine, die eher als Technologiedemonstrator denn als Prototyp bezeichnet werden kann, erst im Januar 2001, und man konzentrierte sich beim Erstflug auf den Nachweis der Funktionsfähigkeit des Flugsteuerungssystems. Darauf folgten im Laufe der nächsten zehn Jahre ein

Rechts: Die Maschine mit der Seriennummer LA-5018 war die erste „Tejas“ Mk.1 der indischen Luftwaffe, die gemäß dem Standard „Final Operational Clearance“ (FOC) fertiggestellt wurde. Sie wurde im Mai 2020 an die 18. Staffel „Flying Bullets“ auf dem Luftwaffenstützpunkt Sulur ausgeliefert.

Cockpit
Während die „Tejas“ Mk.1 über ein nach modernen Standards relativ normales Cockpit mit Multifunktionsdisplays und einem Weitwinkel-HUD verfügt, soll die Mk.2 mit einem einzigen Widescreen-Display, ähnlich dem der F-35, ausgestattet werden.

Radar
In der „Tejas“ kommt das Elta-EL/M-2032 Puls-Doppler-Multimode-Radar zum Einsatz. Es wurde im Rahmen des israelischen Lavi-Programms entwickelt und anschließend in einer Vielzahl von Flugzeugen eingesetzt, darunter auch in den Sea Harriers Indiens.

Oben: Vor dem Start auf der Aero India 2017. Dies ist das vierte Flugzeug der limitierten Serie (LSP4) und das erste, das an die indische Luftwaffe ausgeliefert wurde.

APU
Bei der markanten Ausbuchtung vor dem Heck handelt es sich um den Einlass und das Gehäuse für das Hilfstriebwerk (Auxiliary Power Unit – APU). Die Abgasrohre befinden sich auf beiden Seiten des Rumpfs, direkt hinter der Ausbuchtung.

Oben und gegenüber: Im März 2019 besuchen zwei der ersten „Tejas“ Mk.1 der indischen Luftwaffe, die nach den IOC-Standards gebaut wurden, Langkawi in Malaysia.

weiterer Technologiedemonstrator, fünf Prototypen und drei Marineprototypen.

Diese waren Teil eines umfangreichen Entwicklungsprogramms, in dessen Rahmen das eigenständig entwickelte Fly-by-Wire-System, das Glascockpit und die Verbundwerkstoffstrukturen getestet wurden. Die Entwicklung des indischen Radars verlief nicht so reibungslos wie erhofft, sodass dieses in den ersten Serienflugzeugen durch ein von Elta gebautes Gerät ersetzt wurde. Das Triebwerk erwies sich darüber hinaus als zu ambitioniert, weshalb alle bis dato produzierten „Tejas“ mit einem General Electric F404 ausgestattet wurden.

Zwischen 2007 und 2013 nahmen sieben Flugzeuge aus einer limitierten Serie an dem Testprogramm teil, das sich auf Avionik und Waffen konzentrierte. Diese Flugzeuge wurden in zunehmend weiterentwickelten Zuständen ausgeliefert, wobei die letzte Maschine den vollständigen Produktionsstandard repräsentierte. Die Auslieferung von Flugzeugen nach Produktionsstandard an die Indian Air Force (IAF) begann kurz darauf, wobei die 45. Staffel (Flying Daggers) im Juli 2016 mit diesem Typ den Betrieb aufnahm. Diese Staffel war mit Flugzeugen ausgestattet, die nur über Initial Operation Capability (IOC) verfügten und denen die BVRAAM-Fähigkeit, die Luft-Luft-Betankung sowie die Möglichkeit zur Nutzung des gesamten Flugbereichs fehlten. Diese Fähigkeiten wurden erst mit den Flugzeugen eingeführt, die im Mai 2020 bei der 18. Staffel (Flying Bullets) zum Einsatz kamen und die nun über Full Operational Capability (FOC) verfügten. Diese sogenannten FOC-Flugzeuge wurden außerdem mit einem am Helm montierten Visier ausgestattet, das das Abfeuern der Python-5- und R-73-IR-Raketen in einem abgeschrägten Winkel ermöglichte. Ein weiterer Unterschied bestand im Flugsteuerungssystem, das es dem Piloten nun ermöglichte, bis zu 8 g statt wie bei den IOC-Flugzeugen nur 6 g zu erreichen. Das Steuerungssystem verhindert außerdem, dass der Pilot den zugelassenen Flugbereich überschreitet oder vom kontrollierten Flug abweicht, was die Sicherheit erhöht und gleichzeitig die maximale Leistung aus der „Tejas“ herausholt.

Die Marinevariante wurde zwar einem umfangreichen Testprogramm unterzogen, einschließlich Landungen auf beiden Flugzeugträgern der indischen Marine, dennoch beschloss man 2016, diesen Typ nicht weiterzuverfolgen. Dies lag in erster Linie an der Gewichtszunahme durch die Umrüstung des Flugzeugs

Technische Daten (HAL „Tejas“ Mk.1A)

Typ: Leichtes Mehrzweck-Kampfflugzeug

Abmessungen: Länge: 13,2 m; Spannweite: 8,2 m; Höhe: 4,4 m

Gewicht: ca. 13.500 kg max. Startmasse

Triebwerk(e): ein General-Electric-F404-GE-IN20-Mantelstrom-Triebwerk (Turbofan) mit 4.990 kg Trocken- und 8.666 kg Nachbrennerschub

Höchstgeschwindigkeit: 2.200 km/h

Reichweite: 739 km

Dienstgipfelhöhe: 15.240 m

für den Marineeinsatz, wodurch seine Gesamtleistung stark beeinträchtigt wurde.

Stattdessen wurden die drei Prototypen genutzt, um Erfahrungen zu sammeln, die in das Programm „Twin Engine Deck-Based Fighter“ (TEDBF) einfließen werden, das die bestehenden MiG-29K ersetzen soll.

Bei der Einführung der Mk.1 „Tejas“ in der IAF wurde eine Reihe von Mängeln festgestellt, die behoben werden mussten. Infolgedessen wurde nach der Auslieferung der ersten 40 Flugzeuge die Produktion auf die Mk.1A umgestellt, mit einer Erstbestellung von 83 Stück. Zu den Verbesserungen gehören das in Indien entwickelte Uttam-AESA-Radar, das elektronische Kampfführungssystem DARE und die Möglichkeit zur Anbringung eines externen Störbehälters. Die Ausdauer wird durch ein bordeigenes Sauerstofferzeugungssystem verbessert, während die Waffenausstattung die indische Astra BVRAAM und die ASRAAM von MBDA umfasst. Neben zahlreichen Verbesserungen der Avionik werden auch verstärkt Verbundwerkstoffe eingesetzt, um das Gewicht des Flugzeugs weiter zu reduzieren. Der Erstflug einer „Tejas“ Mk.1A fand im Mai 2022 statt, das erste Serienflugzeug flog im März 2024, und die Auslieferung wird für 2026 erwartet. Die 3. Staffel, die derzeit mit MiG-21Bis fliegt, soll in naher Zukunft als erste Einheit auf die Mk.1A umgestellt werden. Insgesamt wurden bisher 170 Einsitzer und zehn Zweisitzer der neueren Variante bestellt, die alle bis 2034 ausgeliefert werden sollen.

Obwohl die „Tejas“ seit fast einem Jahrzehnt im Einsatz ist, wurde sie im Gegensatz zur pakistanischen JF-17 noch nicht im Kampf eingesetzt. Gleichzeitig hat sich die ursprüngliche Absicht Indiens, seine riesige MiG-21-Flotte zu ersetzen, zu einer allgemeineren Anforderung gewandelt, die Teil der Modernisierung der gesamten indischen Luftwaffe ist und in deren Rahmen bereits die Su-30MKI und die „Rafale“ eingeführt wurden. Die „Tejas“ wird aufgrund ihrer wachsenden Leistungsfähigkeit zunehmend bei Übungen der IAF und im Ausland eingesetzt. Aufgrund der langsamen Entwicklung wurde jedoch eine Reihe von Exportchancen verpasst, und bis heute ist Indien der einzige Betreiber.

„Tejas“ Mk.2

Um die Mängel sowohl der „Tejas“ Mk.1 als auch der 1A zu beheben, wird aktuell an einer größeren Variante, der Mk.2, gearbeitet. Diese verfügt über einen 1,5 m längeren Rumpf, wobei der größte Teil der zusätzlichen Länge dem Zweck geschuldet ist, das Cockpit von der Flügelvorderkante weiter nach vorne zu verlegen. Gleichzeitig wurde hinter dem Cockpit eine stark gepfeilte Canard-Flügelkonstruktion angefügt, deren Hinterkante den Hauptflügel überlappt. Neben Verbesserungen an der vorhandenen Avionik wurde vor dem Cockpit eine IRST-Kuppel installiert, und eine taktische Datenverbindung befindet sich derzeit in Entwicklung. Maßnahmen zur Verringerung der Radarrückstrahlfläche, wie radarabsorbierendes Material und ein überarbeiteter Lufteinlass, wurden ebenfalls ergriffen, allerdings ohne das bei vielen anderen Modellen verwendete Diverterless-Intake-Design. Die Leistung wird von einem GE-414-Turbofan-Triebwerk geliefert, das eine zusätzliche Schubkraft von 907 kg im Trockenbetrieb und 1.361 kg im Vollnachbrennerbetrieb bietet. Verzögerungen bei der Freigabe des Triebwerks für den Export nach Indien führten Ende 2023 zu einer kurzen Unterbrechung des Programms, sodass der Erstflug nun erst 2028 erwartet wird. Dennoch sind über 200 „Tejas“ Mk.2 für die Ausrüstung von zehn Staffeln geplant.

Chengdu J-20 „Mighty Dragon“ (2017)

Die J-20 ist der erste in Dienst gestellte Stealth-Fighter, der nicht aus den USA stammt. Es handelt sich um ein großes Langstreckenflugzeug mit Konstruktionsmerkmalen, die im Westen weitgehend unbekannt sind. Da die Produktion noch läuft, wäre die J-20 ein wichtiger Trumpf bei einer möglichen Invasion Taiwans.

Die Entwicklung der Chengdu J-20 lässt sich bis in die späten 1990er-Jahre zurückverfolgen, als eine Reihe von Konstruktionsstudien zur Herstellung eines in China gebauten Kampfflugzeugs der fünften Generation durchgeführt wurden. Dies führte 2008 zur Auswahl des Projekts 718 von Chengdu durch die PLAAF und zur Produktion des Prototyps bis Dezember 2010, als im Westen die ersten unscharfen Bilder des Typs zu sehen waren, auf denen er Rollversuche durchlief. Der Erstflug folgte im März 2011, ein zweites Flugzeug wurde 2012 in das Testprogramm aufgenommen.

Die aus dem Werk in Chengdu hervorgegangene Maschine war für ein Stealth-Flugzeug ungewöhnlich, da sie einen langen Rumpf mit einem großen, abgeschnittenen Delta-Hauptflügel und lang gekoppelten Canards aufwies. Die meisten zeitgenössischen Flugzeuge haben entweder ein konventionelles Leitwerk oder eng gekoppelte Canards, die sogar den Flügel überlappen können. Die Konstruktion der J-20 ermöglicht einen großen internen Waffenschacht zwischen Cockpit und Hauptflügel, ohne dass Kompromisse hinsichtlich der Anordnung um die Lufteinlässe und Triebwerke eingegangen werden müssen. Außerdem lässt sie ein größeres internes Treibstoffvolumen als westliche Stealth-Konstruktionen zu. Zusammen machen diese Faktoren die J-20 zu einem langstreckentauglichen Stealth-Abfangjäger. Der lange, schlanke Rumpf dürfte einen Supercruise-Flug mit einer Geschwindigkeit von über Mach 1 ohne Nachbrenner und eine Höchstgeschwindigkeit im Bereich von Mach 2 ermöglichen. Allerdings wird sich der hohe transsonische Luftwiderstand des Designs negativ auswirken, da die Maschine bei Manövern schnell an Geschwindigkeit verliert. Die bisher von westlichen Beobachtern gesehenen Demonstrationsflüge scheinen dies zu bestätigen, allerdings wurden die frühen J-20 von russischen Saturn-AL-31-Triebwerken angetrieben. Sie wurden in den ersten Serienflugzeugen durch das Shenyang-WS-10 ersetzt, das auch in der J-10 und den in China hergestellten „Flanker“-Varianten zum Einsatz kommt. Ab 2019 wurde eine leistungsgesteigerte

Hauptflügel
Wenngleich die J-20 eine ähnliche Canard- und Cropped-Delta-Hauptflügelkonstruktion wie die „Typhoon“, „Gripen“ und „Rafale“ aufweist, sind diese Flächen bei der J-20 viel weiter auseinander angeordnet. Im Gegensatz zu anderen Flugzeugen mit Canards verfügt der Hauptflügel zudem über eine Verlängerung der Vorderkante (LERX), um das Handling bei hohen Anstellwinkeln zu verbessern.

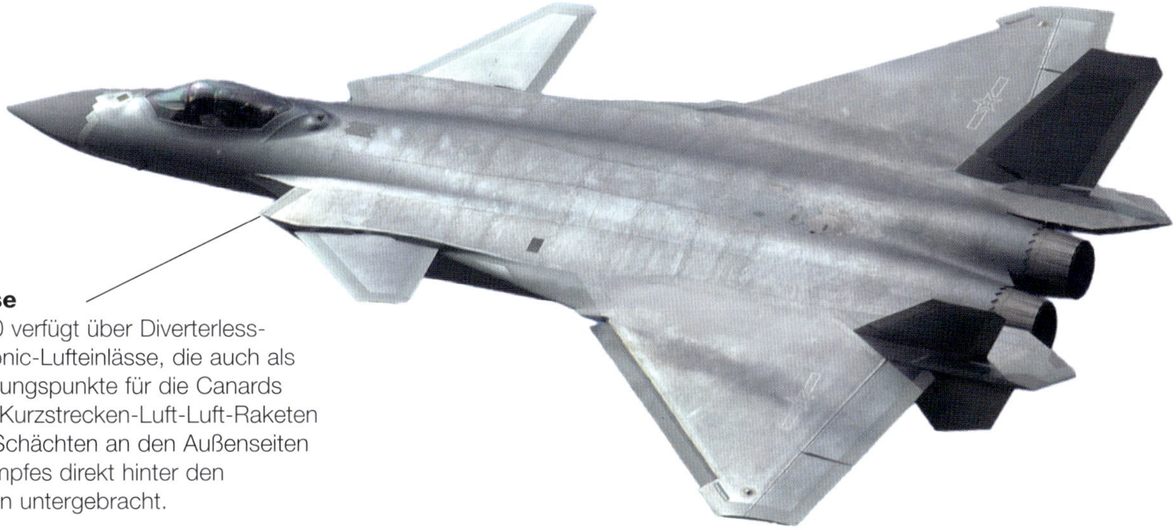

Einlässe
Die J-20 verfügt über Diverterless-Supersonic-Lufteinlässe, die auch als Befestigungspunkte für die Canards dienen. Kurzstrecken-Luft-Luft-Raketen sind in Schächten an den Außenseiten des Rumpfes direkt hinter den Einlässen untergebracht.

Version des WS-10 mit mehr Schub eingebaut, die der J-20 einen Supercruise-Flug ermöglicht. Hinzu kam ein getarnter Auslass mit gezackten Kanten an der Triebwerksdüse.

Die Maschinen mit diesen Triebwerken bildeten den ersten Kern der J-20A, die 2017/18 bei den 176. und 172. Luftwaffenregimentern der PLAAF in Dienst gestellt wurden. Die ersten J-20-Einheiten wurden vor allem in Zentralchina und in der Nähe der chinesisch-indischen Grenze stationiert, was eine Beobachtung durch den Westen erschwerte. Zu diesem Zeitpunkt berichteten chinesische Medien, dass es noch Probleme mit dem Flugsteuerungssystem, den Stealth-Beschichtungen und dem Infrarotsensor zu lösen gebe, und es ist wahrscheinlich, dass diese frühen Serienflugzeuge an Arbeiten zur Beseitigung jener Probleme genutzt wurden.

Die J-20A ist mit einem AESA-Radar und einem ähnlichen elektrooptischen Zielsystem wie die F-35 ausgestattet, wodurch sie andere Flugzeuge erkennen, verfolgen und identifizieren kann, ohne selbst Radarstrahlen auszusenden. Das Design der Heckausleger auf beiden Seiten der Triebwerke wurde während der Entwicklung optimiert, wahrscheinlich enthalten sie nach hinten gerichtete Sensoren oder ECM-Ausrüstung. Obwohl es sich um ein Stealth-Flugzeug handelt, ist es eher unwahr-

Unten: Diese J-20A dient in der 172. Luftwaffenbrigade der PLAAF; sie ist Teil der Flugtest- und Ausbildungsbasis, die von Cangzhou aus operiert. Dabei handelt es sich um eine von zwei Test- und Ausbildungseinheiten, die die J-20 einsetzen.

Heck
Statt eines hinteren Höhenleitwerks verfügt die J-20 über einen breiten „Biberschwanz“ auf beiden Seiten der Triebwerke, während die Seitenleitwerke und die Bauchflossen nach außen geneigt sind, was für eine gewisse Nickstabilität sorgt.

Oben: Diese Chengdu J-20 fliegen am 19. Juni 2021 während der Probe für eine Veranstaltung im Juli zur Feier des 100-jährigen Bestehens der Kommunistischen Partei Chinas über Peking.

Technische Daten (Chengdu J-20A)

Typ: Langstrecken- Mehrzweck-Kampfflugzeug

Abmessungen: Länge: 21,2 m; Spannweite: 13,01 m; Höhe: 4,69 m

Gewicht: 37.000 kg max. Startmasse

Triebwerk(e): zwei Shenyang WS-10C-Mantelstrom-Triebwerke (Turbofans) mit je 14.800 kg Nachbrennerschub

Höchstgeschwindigkeit: 2.200 km/h

Reichweite: 2.000 km

Dienstgipfelhöhe: 20.000 m

Besatzung: 1

Bewaffnung: bis zu 11.000 kg Waffenzuladung, darunter PL-10-, PL-12- und PL-15-Luft-Luft-Raketen sowie gelenkte LS-6 Small Diameter Bombs (SDB) und Anti-Radar-Raketen

scheinlich, dass die J-20 das gleiche Maß an Rundumtarnung wie die F-22A aufweist. Das Design lässt vermuten, dass es primär darum ging, den Radarquerschnitt im vorderen Bereich zu minimieren.

Der Hauptwaffenschacht kann vier PL-15-Langstrecken-Luft-Luft-Raketen aufnehmen, deren Reichweite angeblich die der AIM-120D AMRAAM übertrifft, während zwei kleinere Schächte an den Seiten des Rumpfes jeweils Platz für eine PL-10-Kurzstreckenrakete bieten. Die beiden letztgenannten Schächte sind insofern ungewöhnlich, als die Türen geschlossen werden können, während die Raketenabschussschienen in ausgefahrener Position bleiben, wodurch ein gewisses Maß an Tarnung erhalten bleibt und gleichzeitig die Verzögerung beim Abschuss der Raketen minimiert wird. Es wird davon ausgegangen, dass das Flugzeug auch Small Diameter Bombs (SDB) sowie Schiffsabwehr- und Radarabwehrraketen transportieren kann, konkrete Details dazu sind jedoch noch nicht bekannt. Außerdem gibt es vier Flügelaufhängungspunkte, an denen bisher nur Zusatztanks zu sehen waren. Diese Fähigkeiten deuten darauf hin, dass die J-20A als Langstrecken-Abwehrplattform konzipiert ist, die AWACS- und Tankflugzeuge angreifen und potenziell auch hochwertige Landziele bekämpfen kann.

Weitere Überarbeitungen mündeten in die J-20B, die 2022 vorgestellt wurde. Dazu gehören ein erhöhtes Cockpit, ein neu geformter Nasenkonus und vergrößerte Lufteinlässe. Letztere stehen wahrscheinlich im Zusammenhang mit dem Einbau des

chinesischen WS-15-Triebwerks, das mit 18.000 kg Schubkraft gegenüber den 14.700 kg des WS-10 eine deutliche Leistungssteigerung erfahren hat. Dies gleicht den Energieverlust beim Manövrieren aus, verbessert die Luftkampftauglichkeit und erhöht die maximale Supercruise-Geschwindigkeit. Während man im Westen davon ausging, dass das WS-15 über eine Schubvektorsteuerung verfügen würde, ist diese bei Serienflugzeugen bislang noch nicht zu finden. Neben einer weiteren Verbesserung der Manövrierfähigkeit würde die Schubvektorsteuerung es ermöglichen, das Flugzeug mithilfe der Triebwerksdüsen zu trimmen, sodass die Canards während des Fluges in ihrem optimalen Stealth-Winkel positioniert werden könnten. Diese Steuerung ist daher mit großer Wahrscheinlichkeit eine Priorität für die zukünftige Entwicklung.

Oben: Eine J-20 auf der Zhuhai Airshow 2022. Solche Vorführungen bieten westlichen Beobachtern eine gute Gelegenheit, die Leistungsfähigkeit chinesischer Kampfflugzeuge zu beurteilen.

Westliche Schätzungen gehen davon aus, dass bis 2024 etwa 250 J-20 produziert worden sind, wobei es sich überwiegend um J-20A mit WS-10-Triebwerken handelt. Mit einer aktiven Produktionslinie dürfte die J-20B jedoch in naher Zukunft zur dominierenden Variante werden. Bis 2021 wurde dieser Typ im Ostchinesischen Meer und in der Taiwanstraße eingesetzt, wo er auf F-35A der U.S. Air Force traf, und im folgenden Jahr berichteten chinesische Medien, dass er im Südchinesischen Meer aktiv sei. Auch wenn noch nicht klar ist, wie die PLAAF die J-20 als Langstrecken-Stealth-Kampfflugzeug einsetzen will, liegen ihre Fähigkeiten eher darin, im Falle einer Invasion Taiwans den Zugang zum Luftraum abzuriegeln und zu verhindern, dass Verstärkung die Insel erreicht.

„Zweisitziger Drache“

Die J-20S wurde erstmals 2021 gesichtet und ist der weltweit erste zweisitzige Stealth-Jäger, dessen verlängertes Cockpit den hinteren Sitz zwischen den beiden Canards beherbergt. Der zweite Sitz dürfte die interne Treibstoffkapazität verringert haben, scheint jedoch keinen Einfluss auf die Waffenschächte zu haben. Für die Rolle des zweiten Besatzungsmitglieds wurden verschiedene Optionen vorgeschlagen, darunter das Management des Kampfraums und die Verwaltung der von den Sensoren der J-20 gesammelten Daten. Chinesische Medienberichte deuten unterdessen darauf hin, dass eine der Aufgaben darin besteht, unbemannte Flugzeuge wie die Stealth-Maschine Hongdu GJ-11 zu steuern. Computergenerierte Bilder zeigen drei Flugzeuge in Formation, wobei eine J-20S im Oktober 2022 zum Einsatz kam. Mit ihren internen Bombenschächten könnten die GJ-11 unter der Kontrolle des bemannten Flugzeugs einen Angriff durchführen, während dieses sich sicher außerhalb der Reichweite der feindlichen Luftabwehr befindet. Dies ähnelt dem Loyal-Wingman-Konzept der US-Luftwaffe, obwohl die Einführung eines zweisitzigen Flugzeugs zur Steuerung der UAVs darauf hindeutet, dass China der Verwirklichung dieses Konzepts näher sein könnte.

Suchoi Su-57 „Felon“ (2021)

Die Su-57 ist ein einzigartiger russischer Ansatz für ein Kampfflugzeug der fünften Generation. Sie ist weniger getarnt als ihre westlichen Pendants, punktet aber stattdessen mit Geschwindigkeit und Manövrierfähigkeit. Obwohl der Produktionsauftrag bereits 2019 erteilt wurde, nähert sich die „Felon“ erst jetzt der Einsatzreife.

IRST
Der Infrarot-Such- und Verfolgungssensor (Infrared Search and Track Sensor – IRST), eine Standardausstattung sowjetischer und russischer Kampfflugzeuge, hat an Bedeutung gewonnen, seit die Konstrukteure bestrebt sind, die Radarsignaturen ihrer Flugzeuge zu reduzieren.

Radar
Während die F-22 nicht wie ursprünglich geplant mit seitlich montierten Radar-Arrays in Produktion ging, verfügt die Su-57 über solche Arrays auf beiden Seiten des Cockpits. Dadurch hat das Radar ein breiteres Sichtfeld und ermöglicht die Steuerung von Raketen, während diese senkrecht zur Flugbahn des Ziels fliegen.

Die Auflösung der Sowjetunion und steigende Kosten führten zum Scheitern der ersten Versuche, die Su-27 und die MiG-29 zu ersetzen. Lediglich eine MiG 1.44 wurde fertiggestellt, bevor die konkurrierenden Programme um die Jahrhundertwende eingestellt wurden. Im April 2001 wurde ein neues Programm ins Leben gerufen: PAK-FA (Perspektivnyi Aviatsionnyi Kompleks Frontovoi Aviatsy – Zukünftiger Luftkomplex der taktischen Luftfahrt) sollte ein Flugzeug der fünften Generation hervorbringen, dessen Größe zwischen der der „Flanker“ und der „Fulcrum“ liegen sollte. Auf der Grundlage der Erfahrungen mit der Entwicklung der „Flanker“-Familie in den 1990er-Jahren entschied sich das russische Verteidigungsministerium im folgenden Jahr für den Entwurf von Suchoi.

Der Hersteller verwendete die intern als T-50 bezeichneten Flugzeuge Su-47 und Su-27M als Testplattformen für die Triebwerke, das Flugsteuerungssystem und die Avionik. Probleme mit dem Triebwerk verzögerten die Vorstellung des ersten Prototyps, der den geplanten Erstflugtermin 2007 somit nicht einhalten konnte und erst 2009 vorgestellt wurde, wobei die Rolltests am Ende des Jahres stattfanden. Während der Erstflug Ende Januar 2010 erfolgte, verliefen die Fortschritte weiterhin langsam, wobei die ersten fünf Flugzeugzellen frühzeitig Risse entwickelten, die eine strukturelle Neukonstruktion erforderten. Eines dieser Flugzeuge wurde durch einen Triebwerksbrand schwer beschädigt und mit Teilen des geplanten sechsten Prototyps kombiniert, was sich weiter auf das Testprogramm auswirkte. Die nachfolgenden Flugzeugzellen wurden nach Produktionsstandards gebaut, jedoch wurde die erste Auslieferung von 2015 auf 2020 verschoben, wobei die Bezeichnung Su-57 erstmals 2017 verwendet wurde.

Kampfflugzeug der fünften Generation

Das Design der Su-57 zeigt deutlich, dass Russland andere Prioritäten für ein Kampfflugzeug der fünften Generation setzt als westliche Nationen. Wenngleich Stealth-Technologien im Design Anwendung finden, beschränken sich diese auf den vorderen Bereich der Flächen. Im hinteren Bereich sind die Triebwerke

Oben: Obwohl dieses Flugzeug die Seriennummer 01 trägt, handelt es sich hierbei tatsächlich um die zweite Serienmaschine, die nach dem Absturz des ersten Exemplars beim Auslieferungsflug im Dezember 2019 neu nummeriert wurde. Das Flugzeug trägt das Emblem des 929. Staatlichen Flugtestzentrums Tschkalow, für das es im Einsatz ist.

offen sichtbar, und die Triebwerksdüsen weisen keine der von anderen Ländern verwendeten Maßnahmen zur Verringerung der Erkennbarkeit auf. Zudem ist bei der Su-57 nicht die für Stealth-Flugzeuge typische Oberflächenbeschaffenheit erkennbar – zwischen den Verkleidungen sind Schraubenköpfe und Spalten sichtbar, die beide in erheblichem Maß als Radarreflektoren wirken. Die „Felon" ist darüber hinaus eines der wenigen modernen Flugzeuge, das nicht über Diverterless Supersonic Inlets (DSI) verfügt. Dies dürfte die Radarsignatur weiter negativ beeinflussen, ermöglicht jedoch die Verwendung von Einlässen mit variabler Fläche zur Optimierung des Luftstroms bei hohen Mach-Werten, wodurch die Supercruise-Fähigkeit verbessert wird. Während die Tarnkappeneigenschaften der Su-57 insgesamt also eher bescheiden sind, hat sich Suchoi darauf konzentriert, ein Flugzeug mit ausgezeichneter Manövrierfähigkeit nach einem Strömungsabriss für Nahkämpfe zu entwickeln. Die Seiten- und Höhenleitwerke sind alle beweglich, und zusätzlich zu den Querrudern, Flaperons und Vorflügeln verfügt die Su-57 auch über Leading Edge Vortex Controls (LEVCON). Diese werden durch den Abschnitt der LERX vor den Einlässen gebildet, die bei hohen Anstellwinkeln nach unten abgelenkt werden, um die Kontrolle zu behalten. Die Manövrierfähigkeit wird durch die 3-D-Schubvektorsteuerung weiter verbessert, die es den Triebwerken ermöglicht, Nick-, Roll- und Gierkräfte zu erzeugen.

Auch die Radaranlage der Su-57 weicht von der Norm ab. Zusätzlich zum Haupt-AESA-Radargerät in der Nase, das im X-Band arbeitet, sind kleinere Geräte seitlich angebracht, die den abgedeckten Azimut erweitern.

Ein in den LERX montiertes L-Band-System bietet IFF-Fähigkeiten sowie eine verbesserte Erkennung von Stealth-Flugzeugen. Während diese für die Umgehung von X-Band-Radargeräten optimiert sind, können L-Band-Systeme mit niedrigerer Frequenz sie in größerer Entfernung erkennen, allerdings mit einer geringeren Genauigkeit. Diese Früherkennung hilft, das weniger getarnte Design der Su-57 im Einsatz gegen Flugzeuge wie die F-22 und F-35 auszugleichen. Waffen können in vier internen Waffenschächten gelagert werden, zwei Schächte zwischen den Triebwerken können jeweils zwei AA-12-Adder-BVR-Raketen aufnehmen, während eine einzelne Kurzstrecken-AA-11-Archer-AAM in jeweils einem Schacht in jeder Unterflügelverkleidung gelagert werden kann. Es gibt außerdem vier Unterflügel- und zwei Unterrumpf-Hardpoints, die verwendet werden können, wenn der Stealth-Modus nicht erforderlich ist, sodass eine große Bandbreite an Luft-Luft- und Luft-Boden-Waffen mitgeführt werden kann.

Da die langwierige Entwicklung das Vertrauen in die Su-57 stark beeinträchtigte, wurden die Pläne für eine Bestellung von zunächst 52 Flugzeugen im Jahr 2015 auf zwölf reduziert, wobei die tatsächliche Bestellung im Jahr 2018 nur zwei Flugzeuge umfasste. Die erste dieser beiden Maschinen stürzte 2019 während eines Testflugs ab. Einige Monate zuvor hatte Präsident Putin jedoch die Bestellung von 76 Flugzeugen angeordnet und damit dem Programm neuen Schwung verliehen. Mit diesen Maschinen werden sechs Staffeln in drei Regimentern ausgerüstet. Die ersten Flugzeuge werden durch das Mantelstromtriebwerk AL-41 angetrieben – einer Weiterentwicklung des in der „Flanker" verwendeten AL-31 –, während für spätere Flugzeuge der Einsatz des AL-51 geplant ist. Dieses Triebwerk verspricht elf Tonnen Trockenschub und 17 Tonnen im Nachbrennerbetrieb, was eine deutliche Verbesserung gegenüber den neun Tonnen bzw. 14,5 Tonnen (16 Tonnen) des AL-41 darstellt.

Oben: Auf diesem Bild ist die Su-57 2017 in Schukowski zu sehen. Aufgrund des langsamen Fortschritts des Su-57-Programms sollen Berichten zufolge bislang nur 14 Flugzeuge im aktiven Dienst sein.

Technische Daten (Su-57 „Felon")

Typ: Mehrzweckkampf-Flugzeug

Abmessungen: Länge: 20,1 m; Spannweite: 14,1 m; Höhe: 4,6 m

Gewicht: 35.000 kg max. Startmasse

Triebwerk(e): zwei Saturn-AL41F1-Mantelstrom-Triebwerke (Turbofans) mit je 9.000 kg Trocken- bzw. 14.500 kg Nachbrennerschub

Höchstgeschwindigkeit: 2.135 km/h

Reichweite: 3.500 km mit zwei Abwurftanks

Dienstgipfelhöhe: 20.000 m

Besatzung: 1

Bewaffnung: eine 30-mm-GSch-30-1-Maschinenkanone und bis zu 10.000 kg Waffenzuladung, darunter Luft-Luft-Raketen vom Typ AA-8, AA-12 und AA-13, Anti-Radar-Raketen vom Typ AS-11und Luft-Boden-Raketen vom Typ AS-13

Während zunächst große Hoffnungen auf einen Auftrag über rund 200 Su-57 aus Indien mit eigener Produktion gesetzt wurden, kam es schließlich zu keinem Ergebnis, da Indien seine Pläne 2018 unter Verweis auf Bedenken hinsichtlich der Tarnkappentechnologie und der Avionik aufgab. Algerien, die Türkei und Vietnam wurden ebenfalls als potenzielle Kunden gehandelt. Diese Pläne könnten jedoch durch den Einmarsch in die Ukraine und die anschließenden Sanktionen gegen Russland beeinträchtigt worden sein. Die langwierige Entwicklung der Su-57 hat dazu geführt, dass Russland in einem selbst gewählten Konflikt über keinen voll einsatzfähigen Kampfflieger der fünften Generation verfügt. Auch wenn es sich theoretisch um ein hochleistungsfähiges Flugzeug handelt, bleiben die wahren Fähigkeiten der „Felon" aufgrund der begrenzten Anzahl im Einsatz und der Zurückhaltung, sie zu riskieren, unbekannt.

Einsatz im Kampf

Eine Su-57 zeigt ihre Pixeltarnung während eines Testflugs auf der Luftfahrtmesse MAKS 2019.

Erste Kampferfahrungen mit der Su-57 wurden 2018 und 2019 in Syrien gesammelt, als zwei Prototypen für kurze Zeit auf den Luftwaffenstützpunkt Khmeimim verlegt wurden und Berichten zufolge Luft-Boden-Raketen abschossen. Während das erste Su-57-Regiment voraussichtlich erst 2026 einsatzbereit sein wird, setzt Russland es bereits bei der Invasion der Ukraine ein. Nur wenige Monate nach Beginn des Konflikts behaupteten russische Staatsmedien, dass „Felons“ bei Angriffen auf Bodenziele eingesetzt worden seien. Es wird angenommen, dass diese von der Luftwaffenbasis Achtubinsk aus operieren, die nur 500 km von der Ukraine entfernt liegt und Sitz des 929. Flugtestzentrums ist, das derzeit der Hauptbetreiber dieses Typs ist. Aus offensichtlicher Sorge um den Verlust eines ihrer prestigeträchtigsten Flugzeuge setzt die russische Luftwaffe diese hauptsächlich in ihrem eigenen Luftraum ein, um AS-13 Kingbolt-Marschflugkörper auf die Ukraine abzufeuern. In den Medien hat es auch Berichte über den Abschuss einer ukrainischen Su-27 durch eine Su-57 mit einer AA-13 Axehead gegeben – einer hyperschallfähigen Langstrecken-Luft-Luft-Rakete. Angesichts der bevorstehenden Umrüstung der ukrainischen Luftwaffe mit westlichen Kampfflugzeugen der vierten Generation bleibt abzuwarten, ob die begrenzte Anzahl von „Felons“ einen wesentlichen Einfluss auf den Konflikt haben wird.

Bomber & Erdkampfflugzeuge

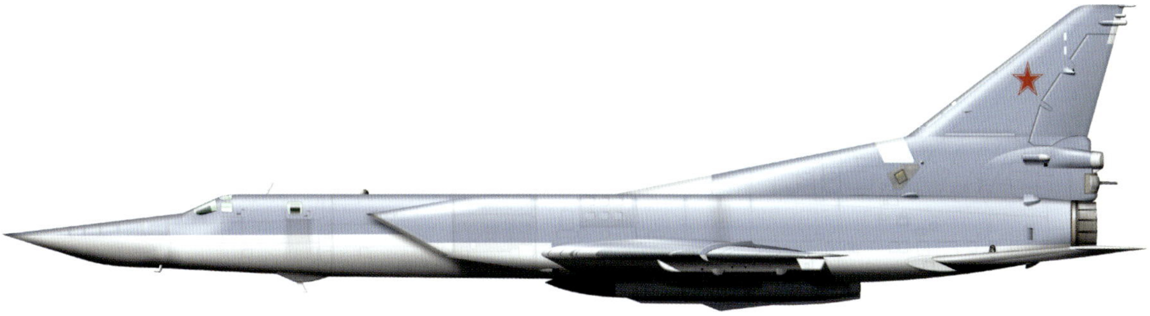

Bomber und Erdkampfflugzeuge lassen sich unterteilen in strategische Bomber, die Luftangriffe über große Entfernungen durchführen können und ausschließlich von den USA, China und Russland eingesetzt werden, und kleinere taktische Flugzeuge. Letztere finden vorwiegend über dem Gefechtsfeld oder unmittelbar hinter der Front Anwendung. Da Konflikte zwischen den Großmächten bislang vermieden werden konnten, werden die strategischen Bomber fast wie fliegende Arsenale eingesetzt, in jüngster Zeit über Syrien, dem Irak und Afghanistan. Hier können sie präzise Schläge mit Lenkwaffen ausführen, während sie im Gegensatz zu ihren taktischen Verwandten in der Lage sind, stundenlang über einem Gebiet zu kreisen. Die kleineren Flugzeuge haben jedoch einen Vorteil, wenn sie gegen gleichwertige Gegner eingesetzt werden – aufgrund ihrer geringeren Größe und niedrigeren Flughöhe sind sie schwerer zu erkennen.

Gegenüber: Eine AV-8B „Harrier II“ des U.S. Marine Corps, das dem Marine Attack Squadron (VMA) 542 zugeordnet ist, bereitet sich auf die Landung an Bord der USS Peleliu (LHA 5) im Ostchinesischen Meer vor.

Boeing B-52H „Stratofortress“ (1961)

Als eines der Flugzeuge mit der längsten Einsatzgeschichte der Luftfahrt steht der leistungsfähige strategische Bomber B-52 seit fast 70 Jahren im Dienst der U.S. Air Force. Dank zahlreicher Upgrades ist er auch heute noch einsatzfähig, sodass einige Exemplare möglicherweise sogar ihr 100-jähriges Jubiläum erreichen, bevor sie außer Dienst gestellt werden.

Die ursprünglichen Spezifikationen der B-52 stammen aus dem November 1945 und sahen einen Langstreckenbomber vor, der strategische Bombenangriffe durchführen konnte, ohne auf von anderen Ländern kontrollierte Stützpunkte angewiesen zu sein. Im Februar 1946 wurden Ausschreibungen veröffentlicht, und im Juni desselben Jahres wurde das von Boeing eingereichte Angebot zum Sieger erklärt. Zu diesem Zeitpunkt umfasste der Entwurf ein gerades Tragflächenprofil, sechs Turboprop-Triebwerke und eine Reichweite von etwas mehr als 4.989 km. In späteren Überarbeitungen aufgrund von Anforderungen der USAF wurden die Größe und Geschwindigkeit des vorgeschlagenen Flugzeugs schrittweise erhöht. Um die geforderte Höchstgeschwindigkeit von 805 km/h zu erreichen, wurde die Tragfläche gepfeilt, und 1948 forderte die USAF Boeing auf, ein Flugzeug mit Strahltriebwerk zu entwickeln. Dies führte schließlich zu einem akzeptablen Entwurf, und im Februar 1951, nachdem die Bedenken hinsichtlich der Reichweite der treibstoffhungrigen frühen Düsentriebwerke ausgeräumt worden waren, wurde der erste Auftrag über 13 B-52A erteilt.

Eine letzte Änderung betraf den Ersatz der Tandemsitze im Stil eines Kampfflugzeugs für den Piloten und Copiloten durch ein konventionelleres Cockpit, wobei in den ersten beiden Flugzeugen das ursprüngliche Design beibehalten wurde. Die ersten drei Flugzeuge wurden von Boeing im Rahmen eines Testprogramms eingesetzt, während die anderen zehn als B-52B nachbestellt wurden und praktisch die erste Serienversion darstellten. Diese wurden 1955 an die USAF ausgeliefert und im Juni desselben Jahres beim 93rd Heavy Bombardment Wing in Dienst gestellt. In den folgenden acht Jahren lieferte Boeing insgesamt 742 B-52 in acht Varianten aus, darunter die drei A-Modelle. Diese wiesen Verbesserungen in Bezug auf Treibstoffkapazität, Avionik und Schubkraft auf, und schließlich boten die TF-33-Turbofan-Triebwerke des G-Modells eine bessere Treibstoffwirtschaftlichkeit und Leistung als die ursprünglichen J57-Turbostrahltriebwerke. Der Rumpf der B-52 verfügt über einen zweistöckigen Besatzungsbereich im vorderen Teil, wobei sich der Pilot, der Copilot und der Electronic Warfare Operator (EWO) auf dem Oberdeck befinden.

Cockpit
Das Cockpit beherbergt derzeit eine fünfköpfige Besatzung auf zwei Ebenen, die in der modernisierten B-52J auf vier reduziert wird. Die B-52J wird mit einem umfassenden Upgrade der Instrumentierung und Steuerung ausgestattet sein.

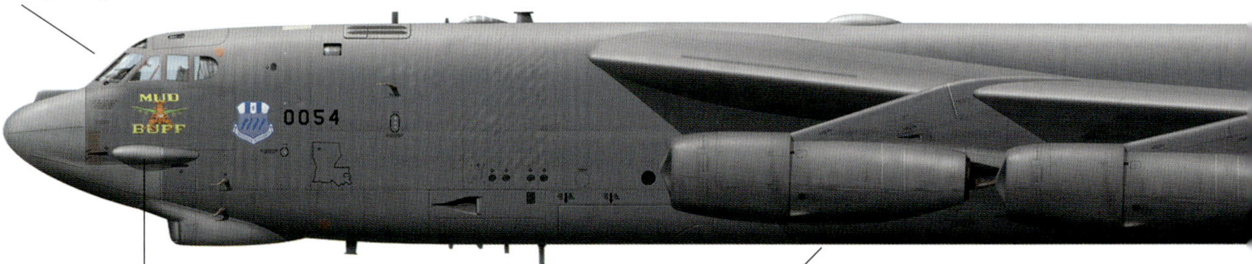

EVS
Das elektrooptische Sichtgerät (Electro-Optical Viewing System – EVS) AN/ASQ-151 ist seit 1972 fester Bestandteil der B-52 und umfasst ein Infrarot- sowie ein Schwachlicht-Fernsehsystem, die in Blistern unter beiden Seiten der Nase untergebracht sind.

Bombenschacht
Ursprünglich konnten (beispielsweise während des Vietnamkriegs) 27 Bomben mit einem Gewicht von jeweils 227 kg transportiert werden. Mehrere B-52D wurden jedoch umgebaut, wobei der Treibstofftank über dem Bombenschacht entfernt wurde, sodass nun bis zu 84 Bomben mit einem Gewicht von jeweils 227 kg transportiert werden konnten.

Triebwerke
Im Rahmen eines Triebwerk-Austauschprogramms sollen die acht TF-33-Turbofan-Triebwerke ab Anfang der 2030er-Jahre durch die effizienteren Rolls-Royce F130 ersetzt werden. Obwohl es technisch auch möglich wäre, die B-52 mit nur vier größeren Triebwerken auszustatten, würde dies weitere Modifikationen erfordern, um die höheren Gierkräfte bei Triebwerksausfällen auszugleichen.

Unten: Die Boeing B-52H mit der Seriennummer 60-0054 ist hier mit den Emblemen des 11. Bombengeschwaders des 2. Bomb Wing auf der Barksdale Air Force Base in Louisiana zu sehen. Dieses Flugzeug wurde inzwischen zum 20. Bombengeschwader „Buccaneers” am selben Standort verlegt.

Heck
Allgemein gilt das Heck als entscheidend für die Aufrechterhaltung der Richtungsstabilität. Im Jahr 1964 kam es bei einer B-52H jedoch zu einem strukturellen Versagen und zum Verlust der gesamten Heckeinheit in geringer Höhe. Dennoch gelang es der Besatzung, die Kontrolle fünf Stunden lang aufrechtzuerhalten, bevor sie erfolgreich landete. In der Folge wurde die Konstruktion des Heckteils verstärkt.

Treibstoff
Im Jahr 2006 flog die B-52 erstmals mit einer 50/50-Mischung aus synthetischem und konventionellem Jet Fuel; seit 2007 ist sie für den Betrieb mit dieser Mischung zertifiziert, wodurch die Abhängigkeit der USAF von konventionellen Treibstoffquellen verringert wird.

Verteidigungssysteme
Ursprünglich war die B-52 mit einem Heckgeschütz ausgestattet, wobei der Schütze bis zur Einführung der Modelle G und H in einem eigenen Mannschaftsraum im Heck des Flugzeugs saß. Ab 1991 wurde das Geschütz entfernt, und an seiner Stelle wurden EW-Sensoren angebracht.

Boeing B-52H „Stratofortress“

Start einer B-52 „Stratofortress“ im Jahr 2006 von einem vorgeschobenen Einsatzort in Südwestasien

Auf dem unteren Deck befinden sich der Navigator und der Waffensystemoperator (WSO); bei den Modellen G und H sitzt dort auch der Heckschütze, während frühere Flugzeuge über ein separates Abteil im Heck verfügten. Ab 1991 wurde die Heckkanone entfernt, wodurch die Besatzung auf fünf Personen reduziert werden konnte. Hinter dem Besatzungsbereich befindet sich unter dem gepfeilten Hauptflügel der Bombenschacht. Der Flügel selbst ist sehr flexibel, sodass er Manövrierbelastungen und Windböen absorbieren kann, was zu einem ruhigeren Flug führt und die Ermüdung verringert. An jeder Flügelspitze ist ein Auslegerfahrwerk befestigt, und an jeder Vorderkante hängen zwei Pods, die jeweils zwei der insgesamt acht Triebwerke enthalten. Das Hauptfahrwerk verfügt über vier Radsätze, zwei vorne und zwei hinten, die um bis zu 20 Grad nach links oder rechts geschwenkt werden können, um auch Landungen bei starkem Seitenwind zu ermöglichen. Die früheren Modelle, die im Vietnamkrieg intensiv eingesetzt wurden, wurden Ende der 1960er- und Anfang der 1970er-Jahre ausgemustert, da sie das Ende ihrer Lebensdauer erreicht hatten. Ab 1983 blieben nur noch die Modelle G und H im Einsatz; sie wurden für den Transport von AGM-69-Kurzstreckenraketen (SRAM) aufgerüstet, um Angriffe außerhalb der Reichweite der Verteidigungsanlagen des Ziels zu ermöglichen.

Außerdem wurden sie mit verbesserten ECM-Systemen und dem elektrooptischen System AN/AQS-151 ausgestattet, um Angriffe in geringer Höhe und bei schlechter Sicht zu ermöglichen. Dabei wurden ein Low-Light-TV- und ein Infrarot-Kamerasystem in zwei Verkleidungen unter der Nase kombiniert.

Technische Daten (B-52H)

Typ: Strategischer Bomber

Abmessungen: Länge: 48,5 m; Spannweite: 56,4 m; Höhe: 12,4 m

Gewicht: 221.323 kg max. Startmasse

Triebwerk(e): acht Pratt & Whitney-TF33-P-3/103-Mantelstrom-Triebwerke (Turbofans) mit je 7.750 kg Schub

Höchstgeschwindigkeit: 1.050 km/h

Reichweite: 14.200 km

Dienstgipfelhöhe: 15.000 m

Besatzung: 5

Bewaffnung: bis zu 32 000 kg Waffenzuladung, darunter AGM-84-, AGM-142- und AGM-86C-Raketen sowie JSOW- und JDAM-Bomben

B-52G-Bomber führten einige der ersten Angriffe im Ersten Golfkrieg durch, wobei sie von der Barksdale Air Force Base aus starteten und AGM-86C-Marschflugkörper auf Ziele im Irak abfeuerten. Diese mit 454 kg schweren Sprengköpfen bestückten Raketen waren gerade erst eingeführt worden und verfügten als Erste über eine GPS-Steuerung. B-52-Bomber warfen letztendlich rund 40 Prozent aller von den Koalitionsstreitkräften eingesetzten Bomben ab. Dennoch wurden die G-Modelle im Rahmen des 1991 ratifizierten Vertrags über die Reduzierung strategischer Waffen (START) aus dem Dienst genommen und schließlich in einem Prozess, der bis weit in die 2010er-Jahre hinein andauerte, unbrauchbar gemacht. Seit Mai 1994 ist die B-52H somit das einzige Modell im operativen Einsatz, wobei die NASA bis 2007 eine B-52B als Luftstartfahrzeug für experimentelle Projekte behielt.

Die Fähigkeiten der B-52H werden ständig erweitert, sodass sie mit intelligenten Waffen nun auch Luftnahunterstützungsmissionen durchführen kann, die zuvor in den Zuständigkeitsbereich taktischer Flugzeuge fielen. Dies wurde erfolgreich in Afghanistan eingesetzt, wo das Flugzeug dank seiner Ausdauer und Nutzlast über längere Zeiträume in der Luft bleiben konnte. Es war auch an der Invasion des Irak 2003 beteiligt, wo es erneut Marschflugkörper abfeuerte, um bestimmte hochrangige Ziele auszuschalten. In den 2010er-Jahren wurden B-52 gegen den Islamischen Staat und Daesh in Syrien sowie im Irak eingesetzt, wobei sie von Katar aus operierten, während sie 2021 erneut gegen die Taliban in Afghanistan zum Einsatz kamen.

Obwohl sie nicht so schnell wie die B-1B und nicht so gut getarnt wie die B-2 ist, bleibt die B-52H ein wichtiger Bestandteil der Bomberflotte der USAF. Sie ist relativ kostengünstig im Betrieb und hat eine höhere Einsatzbereitschaft, was ihr eine Zuverlässigkeit verleiht, die sie für die Planer der Luftwaffe nahezu unverzichtbar macht. Als kostengünstige Möglichkeit, eine kritische Masse an strategischen Bombern aufrechtzuerhalten, gibt es nun Pläne, die 76 einsatzfähigen B-52 mit dem Rolls-Royce-F130-High-Bypass-Turbofan-Triebwerk auszustatten, wodurch der Treibstoffverbrauch um 30 Prozent gesenkt werden soll. Die Flugzeuge werden außerdem mit dem AN/APG-79-AESA-Radar ausgestattet, das das schwer zu wartende AN/APQ-166 ersetzen soll. Mit diesen Modifikationen wird das erste neue B-52-Modell seit über 60 Jahren eingeführt. Es wird die Bezeichnung B-52J erhalten. Derzeit ist geplant, diese Flugzeuge bis 2060 im Einsatz zu halten, fast 100 Jahre nachdem das letzte neu gebaute Flugzeug vom Band gelaufen ist.

Eine B-52 „Stratofortress“ des 5th Bomb Wing, Minot Air Force Base, wird auf das Auftanken durch einen KC-135E Stratotanker vorbereitet.

Flugzeugfriedhof

Als im Januar 2014 ein Brand den Besatzungsraum einer B-52H zerstörte, entschied die U.S. Air Force, dass eine Reparatur unwirtschaftlich sei. Stattdessen wurde zum ersten Mal ein Flugzeug aus dem Lager in Davis-Monthan in Arizona reaktiviert. Die Wiederherstellung der Flugtauglichkeit des als „Ghost Rider“ bekannten Flugzeugs war kein einfacher Prozess, da Teile, die ausgebaut worden waren, und verrottete Gummikomponenten ersetzt werden mussten. Nachdem das Flugzeug wieder flugtauglich war, wurde es zur Tinker Air Force Base geflogen, wo die 76th Aircraft Maintenance Group das Flugzeug einer gründlichen Wartung unterzog, um die Maschine, die zuletzt 2007 im Einsatz gewesen war, auf den neuesten Stand zu bringen. Dieser Prozess dauerte 272 Tage, doch im September 2016 kehrte sie schließlich in den aktiven Dienst zurück. Im Jahr 2019 wurde der Prozess bei einer zweiten B-52H, der „Wise Guy“, wiederholt, die als Ersatz für ein Flugzeug benötigt wurde, das beim Start von Guam aus abgestürzt war. In diesem Fall musste das hintere Fahrwerk repariert werden, und es mussten zwei Triebwerke gefunden werden, bevor das Flugzeug Arizona überhaupt verlassen konnte. Die anschließende Wiederherstellung der Einsatzfähigkeit umfasste den Bau eines Ersatzkabelbaums, der allein vier Monate in Anspruch nahm.

Suchoi Su-24 „Fencer“ (1974)

Die Su-24 wurde für den Einsatz in niedrigen Höhen entwickelt und ist zudem in der Lage, in diesen Höhenlagen automatisch gesteuert zu fliegen, was die Arbeitsbelastung der Besatzung verringert. Auch 50 Jahre nach ihrer Indienststellung ist die „Fencer“ noch immer im Einsatz und bleibt eine potente Waffe.

Externer Treibstoff
Im Vergleich zu der ihr ähnlichen amerikanischen F-111 hat die Su-24 eine deutlich geringere Reichweite. Mit 3.000 kg an Waffenzuladung und externen Tanks beträgt der Kampfradius in geringer Höhe nur 615 km.

Die Su-24 wurde 1961 konzipiert und war ursprünglich als Allwetter-Angriffsflugzeug auf Basis der Su-7 Fitter gedacht. Um der feindlichen Luftabwehr entgehen zu können, sollte sie mit hoher Geschwindigkeit und in geringer Höhe fliegen können. Es stellte sich jedoch schnell heraus, dass die Technologie, die für die präzise Ausführung dieser Aufgabe erforderlich war, nicht in eine Flugzeugzelle von der Größe der Fitter eingebaut werden konnte – allein die Waffensysteme würden letztlich 1,5 Tonnen wiegen. Suchoi begann daher mit einer kompletten Neukonzeption, wobei die Entwicklung des General Dynamics F-111 als Ansporn diente, eine weitgehend gleichwertige Leistung zu erreichen. In den ersten Entwürfen wurde ein fester Doppeldeltaflügel favorisiert, um die geforderte Höchstgeschwindigkeit von 1.400 km/h auf Meereshöhe zu erreichen. Dies erforderte jedoch vier RD36-35-Hubtriebwerke im vorderen Rumpf, um die gewünschten Start- und Landestrecken zu erreichen, wodurch wertvoller Platz für den internen Treibstoff verloren ging. Obwohl ein Prototyp in dieser Konfiguration gebaut wurde und auch erfolgreich flog, führten Änderungen an den Anforderungen, in deren Rahmen die Zielkampfauslastung erhöht wurde, das Projekt in eine Sackgasse. Ende 1967 wurde die Entscheidung getroffen, auf eine Konfiguration mit Schwenkflügeln umzusteigen.

Das daraus resultierende Flugzeug verfügte über ein breites Radom, in dem ein Orion-A-Navigations- und Angriffsradar so-

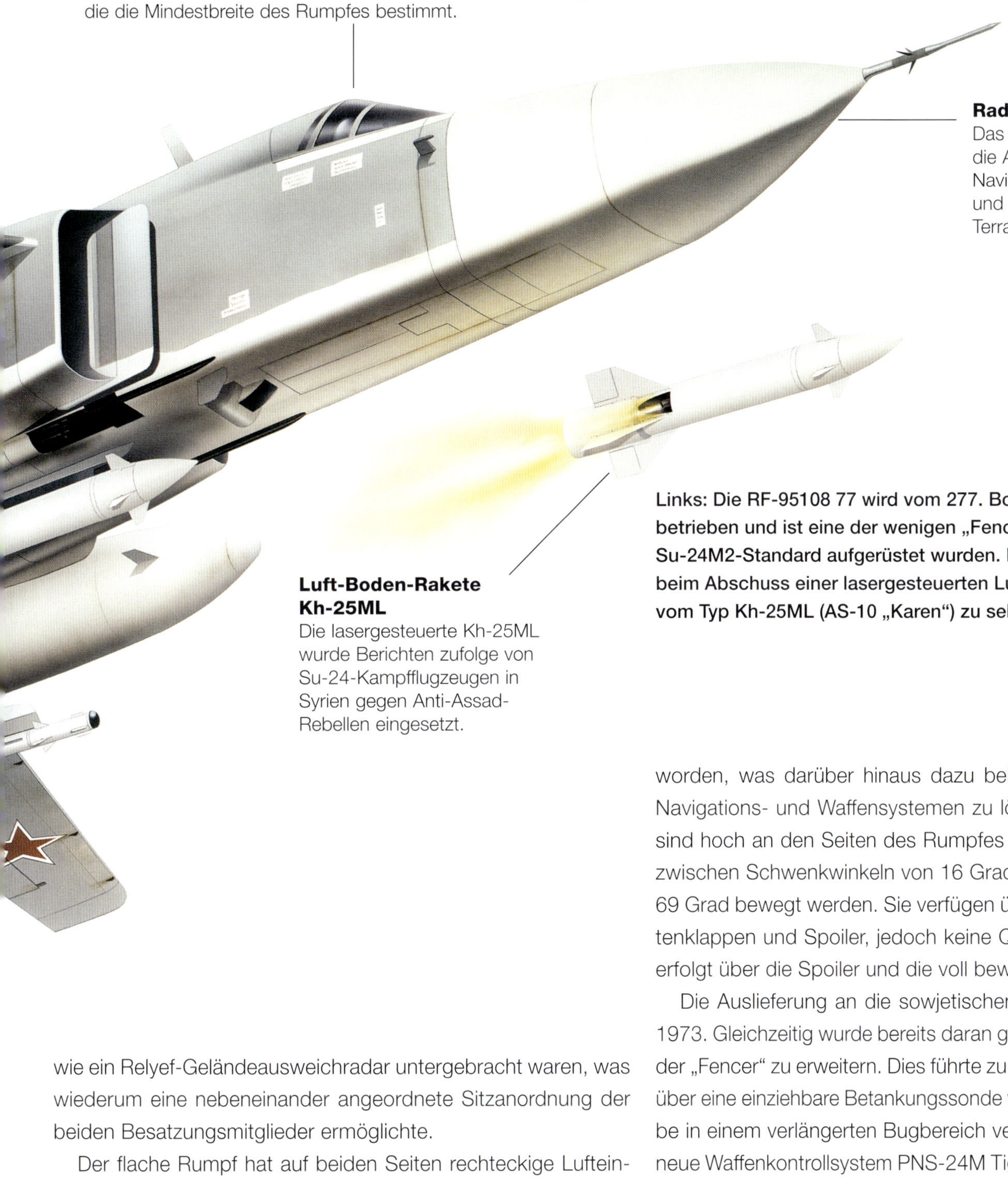

Links: Die RF-95108 77 wird vom 277. Bomber-Flugregiment betrieben und ist eine der wenigen „Fencer“, die auf den Su-24M2-Standard aufgerüstet wurden. Das Flugzeug ist hier beim Abschuss einer lasergesteuerten Luft-Boden-Rakete vom Typ Kh-25ML (AS-10 „Karen“) zu sehen.

wie ein Relyef-Geländeausweichradar untergebracht waren, was wiederum eine nebeneinander angeordnete Sitzanordnung der beiden Besatzungsmitglieder ermöglichte.

Der flache Rumpf hat auf beiden Seiten rechteckige Lufteinlässe, die die beiden Ljulka-AK-21F-3-Turbojet-Triebwerke versorgen. Diese waren ursprünglich mit einer beweglichen Rampe ausgestattet, um die Anströmfläche variieren zu können. Aufgrund anhaltender Probleme mit dem System wurde es jedoch schließlich aus den nach 1975 gebauten Flugzeugen entfernt. Dies konnte zwar bei Geschwindigkeiten über 1.400 km/h zu Triebwerkschäden führen, aber diese Geschwindigkeit war ohnehin zur maximalen Standardgeschwindigkeit für Angriffe erklärt worden, was darüber hinaus dazu beitrug, Probleme mit den Navigations- und Waffensystemen zu lösen. Die Schwenkflügel sind hoch an den Seiten des Rumpfes angebracht und können zwischen Schwenkwinkeln von 16 Grad, 35 Grad, 45 Grad und 69 Grad bewegt werden. Sie verfügen über Vorflügel, Hinterkantenklappen und Spoiler, jedoch keine Querruder, die Steuerung erfolgt über die Spoiler und die voll beweglichen Leitwerke.

Die Auslieferung an die sowjetischen Luftstreitkräfte begann 1973. Gleichzeitig wurde bereits daran gearbeitet, die Fähigkeiten der „Fencer“ zu erweitern. Dies führte zur Su-24M „Fencer-D“, die über eine einziehbare Betankungssonde vor der Windschutzscheibe in einem verlängerten Bugbereich verfügte, in dem auch das neue Waffenkontrollsystem PNS-24M Tigr NS untergebracht war. Auch die Avioniksysteme wurden überarbeitet, und ein zusätzlicher Aufhängepunkt unter dem Rumpf wurde hinzugefügt. Das Steuerungssystem selbst ist in der Lage, das Flugzeug automatisch entlang einer geplanten Route zu führen, Waffen abzufeuern, um das beabsichtigte Ziel zu zerstören, und dann zur Basis zurückzukehren, wobei die Kontrolle im Endanflug wieder an den Piloten übergeben wird. Anfänglich gab es einige Kinderkrankheiten mit dem System, wobei gelegentlich landwirtschaftliche Gebäude,

Ernten und Vieh einer verirrten „Fencer“ zum Opfer fielen. Mit der Zeit konnten diese Probleme jedoch behoben werden. Der erste Kampfeinsatz der „Fencer“ erfolgte 1984 in Afghanistan mit der Su-24M des 143. Bomberregiments und der älteren Su-24 des 149. GvBAP, die von Usbekistan bzw. Kasachstan aus operierten.

Die Einsätze wurden hauptsächlich gegen statische Ziele wie Befestigungsanlagen der Mudschaheddin geflogen, wobei die Aufklärung vor dem Angriff genaue Koordinaten für das Zielsystem PNS-24M lieferte.

Die „Fencer“ trugen 2.000 bis 3.000 kg Freifallbomben, um das Zielgebiet zu bombardieren. Da die Su-24 für europäische Kriegsschauplätze konzipiert worden war, eignete sie sich für Afghanistan nur bedingt, da das bergige Gelände ihr nicht erlaubte, ihre Fähigkeiten im Tiefflug voll ausnutzen zu können, während es dem Feind reichlich Deckung bot. Infolgedessen verließen die „Fencer“-Einheiten Afghanistan schon nach einigen Monaten und kehrten erst 1988 zurück, um den Abzug der sowjetischen Streitkräfte zu decken. Dies führte zu einem höheren Einsatztempo als zuvor, was wiederum eine höhere Unfallrate nach sich zog – einmal startete ein voll beladenes Flugzeug mit vollständig zurückgeschwenkten Tragflächen, erlitt jedoch nur geringfügige Schäden, als es vor dem Abheben über das Ende der Startbahn hinausschoss, bevor es seine Mission erfüllen konnte. Während einige Flugzeuge bei Landeunfällen verloren gingen, fiel trotz der Präsenz von Stinger-SAMs, die von den USA geliefert worden waren, keines der Flugzeuge dem Bodenfeuer zum Opfer.

Sensorsonden
Ein charakteristisches Merkmal der frühen Su-24 war die „Schwan“-Sensor-Anordnung an der Nase. Die Luftdatensensoren befanden sich an der Spitze des Schwanenhalses, während darunter eine Reihe von EW-Antennen angebracht war.

Flügelstruktur
Ein großer Querträger verläuft durch die Mitte des Rumpfes und hält die Drehpunkte für den Außenflügel an jedem Ende. Der hydraulische Aktuator ist vor dem Drehpunkt angebracht, während sich die Aktuatoren für die Klappen und Vorflügel dahinter befinden.

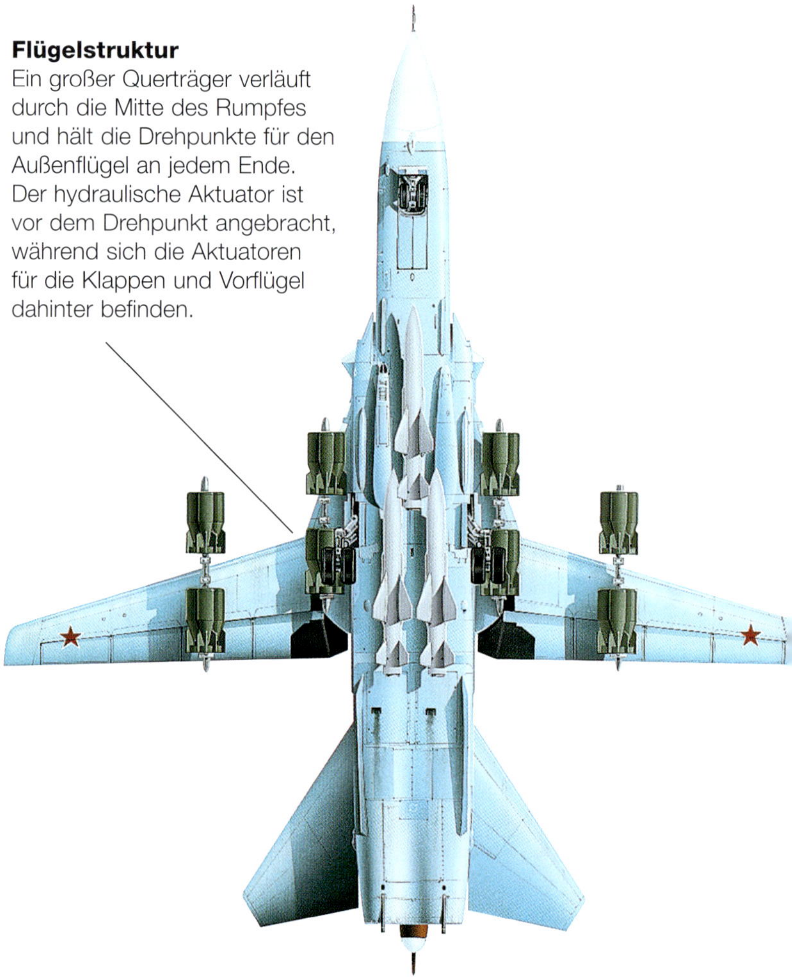

Oben: Die Su-24 „Fencer-C“ wurde an den Seiten der Lufteinlässe mit Radarwarnempfängern ausgestattet; dieses Exemplar stammt aus der 4. Staffel des 234. Luftregiments mit Sitz in Kubinka. Während Algerien Su-24 mit dieser Tarnbemalung erhielt, waren die meisten sowjetischen und russischen Exemplare vollständig in Grau lackiert.

Technische Daten (Su-24M)

Typ:	Allwetter-Frontbomber
Abmessungen:	Länge: 22,53 m; Spannweite: 17,64 m mit ausgefahrenen Flügeln; Höhe: 6,19 m
Gewicht:	43.755 kg max. Startmasse
Triebwerk(e):	zwei Ljulka-AL-21F-3A-Turbojet-Triebwerke mit je 7.650 kg Trocken- und 11.200 kg Nachbrennerschub
Höchstgeschwindigkeit:	1.650 km/h
Reichweite:	615 km in niedriger Angriffshöhe
Dienstgipfelhöhe:	11.000 m
Besatzung:	2
Bewaffnung:	eine 23-mm-GSch-6-23M-Maschinenkanone und bis zu 8.000 kg Waffenzuladung an neun Aufhängepunkten, darunter AA-8- und AA-11-Luft-Luft-Raketen, AS-11- und AS-17-Anti-Radar-Raketen, AS-10- und AS-14-Luft-Boden-Raketen sowie Freifall- und Lenkbomben

Kraftstoff
Dank des großen Abstands zwischen den Triebwerken der „Fencer“ ist zwischen ihnen Platz für drei Kraftstofftanks mit einem Fassungsvermögen von knapp zehn Tonnen.

Triebwerke
Das Ljulka AL-21F-3 ist ein einwelliges Turbostrahltriebwerk mit einem 14-stufigen Axialkompressor, der von einer dreistufigen Turbine angetrieben wird. Das Triebwerk wiegt 2.005 kg und liefert eine Schubkraft von bis zu 11.200 kg.

Die Produktion der Su-24 wurde 1993 eingestellt, nachdem etwa 1.400 Exemplare gebaut worden waren. Darunter befanden sich auch Su-24MK-Modelle für den Export.

„Fencer“ waren auch an Konflikten in Tadschikistan, Afghanistan, Georgien, Libyen und Tschetschenien beteiligt. In Syrien wurden sie von der syrischen und der russischen Luftwaffe eingesetzt, wobei zwei syrische und eine russische Su-24 von türkischen F-16 abgeschossen wurden, nachdem sie in den türkischen Luftraum eingedrungen waren.

Der Russisch-Ukrainische Krieg

Während der russischen Invasion in die Ukraine haben beide Seiten die Angriffsfähigkeiten der „Fencer“ genutzt. In der Anfangsphase des Krieges halfen Su-24 der ukrainischen Luftwaffe dabei, russische Streitkräfte vom Flughafen Antonow in der Nähe von Kiew zurückzudrängen. Während die Ukraine im ersten Kriegsjahr mindestens drei Su-24 im Einsatz verlor, wurden fünf „Fencer“ der russischen Marinefliegertruppe auf der Krim am Boden zerstört, möglicherweise durch Partisanenkräfte. Ein überraschendes Upgrade erfuhren die ukrainischen Flugzeuge mit der Integration der MBDA-Storm-Shadow-Rakete, die ihnen Präzisionsschlagfähigkeiten verleihen. Obgleich die genauen Details unklar sind, scheint dies durch die Integration überschüssiger Tornado-Pylone in die Su-24M erreicht worden zu sein, um den Transport der Rakete zu ermöglichen. Berichten zufolge müssen die Zielkoordinaten vor dem Flug in die Raketen einprogrammiert werden, was die Flexibilität eines vollständig integrierten Systems etwas einschränkt.

Während die „Fencer“ auf ukrainischer Seite weiterhin an der Front im Einsatz bleibt, wird sie in Russland durch die Su-30 und Su-34 ersetzt. Auch Algerien, Iran und Syrien nutzen diesen Typ weiterhin und haben keine konkreten Pläne, ihn in naher Zukunft zu ersetzen.

Foto-„Fencer“

Mitte der 1970er-Jahre begann Suchoi mit der Entwicklung einer Aufklärungsversion der „Fencer“, um die veralteten Yak-27R und -28R zu ersetzen. Diese sollte Tag und Nacht bei jedem Wetter und bis zu 400 km tief in feindliches Gebiet vordringen können. Basierend auf der Su-24M war die 24MR aufgrund des Wegfalls der Bodenangriffsausrüstung etwas mehr als zwei Meter kürzer. Die Nase verfügt über ein kleineres Radom, hinter dem sich jedoch auf beiden Seiten seitlich gerichtete Luftradare mit synthetischer Apertur (Synthetic Aperture Side-Looking Airborne Radars – SLAR) befinden. Diese haben eine Auflösung von 5–7,5 m und eine Reichweite von bis zu 28 km auf beiden Seiten des Flugzeugs. Zusätzlich zu einer Reihe von Kameras kann die Su-24MR den Shpil-2M-Behälter mit einem nach unten gerichteten Laser tragen, der ein Bild mit einer Breite von bis zum Vierfachen der Höhe des Flugzeugs und einer Auflösung von 25 cm erzeugen kann. Die Daten können in Echtzeit an ein Bodenkontrollsystem übertragen werden, das in zwei Lastwagen untergebracht und schnell einsatzbereit ist.

McDonnell Douglas AV-8B „Harrier II“ (1978)

Mit der AV-8B übernahm das U.S. Marine Corps (USMC) die britische „Harrier“-Konstruktion der ersten Generation für senkrechtes Starten und Landen (Vertical/Short Take-Off and Landing – V/STOL) und brachte dieses revolutionäre Flugzeug auf den neuesten Stand der Technik. Spätere Modelle verfügen über Radar zur weiteren Verbesserung der Leistungsfähigkeit. Die „Harrier“ ist weiterhin auf Angriffsschiffen der U.S. Navy im Einsatz.

Als V/STOL-Kampfflugzeug der ersten Generation verfügte die Hawker Siddeley „Harrier“ nur über begrenzte Fähigkeiten. Das Flugzeug erregte jedoch die Aufmerksamkeit des U.S. Marine Corps, das es 1968 als AV-8A beschaffte. Nachdem man dort Erfahrungen mit der Maschine gesammelt hatte, begann man mit der Weiterentwicklung der Grundkonstruktion, und so entstand die AV-8B „Harrier II“. Dabei handelte es sich um ein Gemeinschaftsprojekt von McDonnell Douglas (heute Boeing) und British Aerospace, dessen Ziel darin bestand, die Reichweite und Ausdauer der „Harrier“ zu verbessern sowie ihre Kampfkraft zu erhöhen.

Formationslichter
Um das Formationsfliegen bei Nacht und bei schlechter Sicht zu erleichtern, verfügt die „Harrier“ über dünne Elektrolumineszenz-Panels am Heck, am vorderen Rumpf und hinter dem Cockpit.

AGM-65E Maverick
Die AGM-65E-Version dieser Rakete, die bei beim U.S. Marine Corps eingesetzt wird, verfügt über eine semiaktive Lasersteuerung und einen neuen 136 kg schweren Sprengkopf mit Splitterwirkung.

McDonnell Douglas entwarf eine völlig neue Tragfläche, die größer war (mit 14,5 Prozent mehr Fläche sowie 20 Prozent größerer Spannweite) und einen superkritischen Tragflächenquerschnitt aufwies. Weitere Änderungen betrafen die Flugzeugzelle, für die Kohlefasermaterialien verwendet wurden, sowie ein neues Cockpit mit HOTAS-Steuerung. Zur Verbesserung des Auftriebs und der Tragfähigkeit wurden verschiedene aerodynamische Vorrichtungen hinzugefügt.

Das erste YA-8B-Testflugzeug, bei dem es sich um eine überarbeitete AV-8A handelte, flog im November 1978. Dank des neuen Flügels, der auch eine reduzierte Vorderkantenpfeilung aufwies, verfügte das Flugzeug nun über sechs Aufhängepunkte, und seine Kohlefaserstruktur reduzierte das Gewicht. Zusätzliche Gewichtsersparnisse wurden durch effizientere Lufteinlässe und Kohlefaser-Rumpfteile erzielt.

USMC-Flieger

Vier Vorserienmodelle der AV-8B wurden im November 1981 beim U.S. Marine Corps getestet und ebneten den Weg für die erste Serienauslieferung im Jahr 1983. Die vier Vorserienflugzeuge und die ersten zwölf Serienmaschinen wurden von dem F402-RR-404-Triebwerk angetrieben, bevor dieses durch das F402-RR-406 mit 95,42 kN Schub ersetzt wurde, das dem Pegasus Mk.105 entspricht. Ab dem 44. Flugzeug wurde eine digitale Triebwerkssteuerung eingebaut. Mit dem 197. Flugzeug wurde erneut ein aktualisiertes Triebwerk – das F402-RR-408 – mit erhöhter Schubkraft eingeführt. Insgesamt umfasste die Produktion für das USMC 280 Maschinen, zu denen nach der Operation Desert Storm sechs Ersatzflugzeuge hinzukamen. Die Gesamtproduktion umfasste auch die zweisitzige Trainingsversion TAV-8B.

Standard für Nachtangriffe

Ab dem 167. Flugzeug wurden die AV-8B der USMC nach dem Standard für Nachtangriffe ausgeliefert, der einen Forward-Looking-Infrared-(FLIR-)Sensor (Wärmebildkamera), ein verbessertes Head-up-Display, ein Head-down-Display und eine farbige Moving Map umfasste. Das erste Nachtangriffsflugzeug wurde im September 1989 an die VMA-214 ausgeliefert. Der Typ kam während der Operation Desert Storm zum Einsatz, wobei sieben Flugzeuge verloren gingen.

Als die 205. AV-8B des U.S. Marine Corps vom Band lief, war sie nach dem „Harrier II+“-Standard ausgerüstet worden,

Diese „Harrier II+“ des Marine Attack Squadron (VMA) 542 war Mitte der 1990er-Jahre auf der Marine Corps Air Station Cherry Point in North Carolina stationiert.

Tragfläche
Die „Harrier“ der zweiten Generation verfügte über einen Verbundstoffflügel mit größerem Innenvolumen. Dadurch konnte genug Treibstoff für eine zusätzliche Einsatzzeit von 30 Minuten mitgeführt werden.

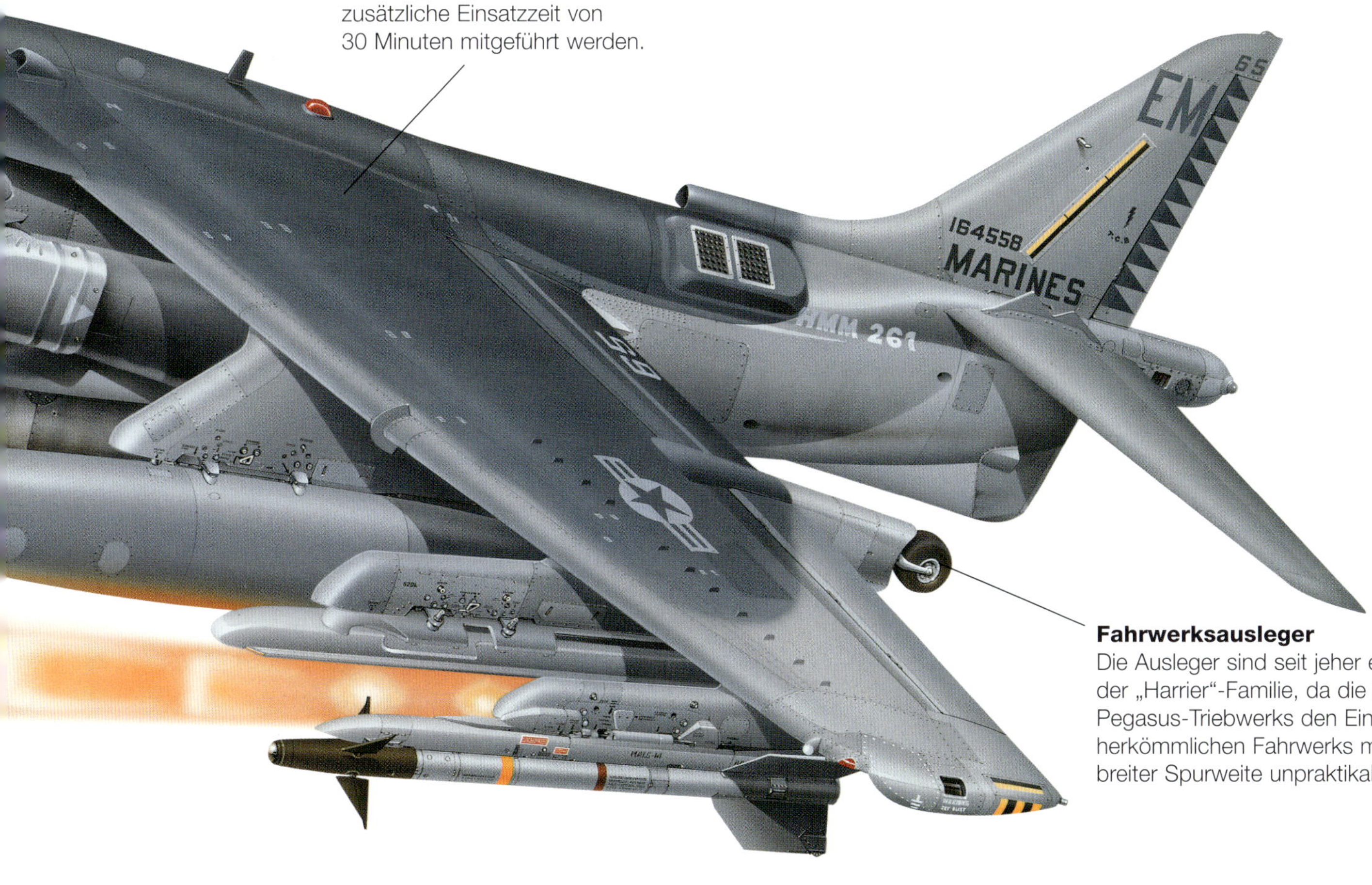

Fahrwerksausleger
Die Ausleger sind seit jeher ein Merkmal der „Harrier“-Familie, da die Bauweise des Pegasus-Triebwerks den Einbau eines herkömmlichen Fahrwerks mit ausreichend breiter Spurweite unpraktikabel macht.

Oben: Eine AV-8B+ des Marine Attack Squadron 223 (VMA-223) startet hier im Juli 2013 vom Deck der USS Wasp im Atlantik.

dessen Hauptmerkmal das AN/APG-65-Radar im Nasenradom ist. Bei der „Harrier II+“, die im September 1992 ihren Erstflug absolvierte, wurde die Wärmebildkamera über der Nase beibehalten, war nun jedoch in einem breiteren, eckigeren Gehäuse untergebracht. Das Radar ermöglicht es der Maschine, die Luft-Luft-Rakete AIM-120 AMRAAM sowie die AGM-84 Harpoon in der Rolle als Schiffsabwehrrakete einzusetzen. Geplant war, dass das USMC die letzten seiner 27 Flugzeuge in der „Harrier II+“-Konfiguration erhalten sollte, doch letztendlich wurden drei davon nach Italien umgeleitet, wodurch sich die Gesamtzahl auf 24 reduzierte. Die erste Auslieferung der „Harrier II+“ erfolgte Anfang 1993, 73 ältere Flugzeuge wurden ebenfalls auf den Standard aufgerüstet.

Technische Daten (AV-8B)

Typ: See- und landgestütztes V/STOL-Angriffs- und Nahunterstützungsflugzeug

Abmessungen: Länge: 14,12 m; Spannweite: 9,25 m; Höhe: 3,55 m

Gewicht: 14.061 kg max. Short-Take-off-(STO-)Startmasse

Triebwerk(e): ein Rolls-Royce-F402-RR-408-Mantelstrom-Triebwerk (Turbofan) mit Schubvektorsteuerung und einer Schubkraft von 105,87 kN

Höchstgeschwindigkeit: 1.065 km/h auf Meereshöhe

Reichweite: 1.001 km auf Hi-Lo-Hi-Angriffsmission nach STO mit sieben 227-kg-Bomben

Dienstgipfelhöhe: mehr als 15.240 m

Besatzung: 1

Bewaffnung: eine 25-mm-Gatling-Kanone und bis zu 6.003 kg Waffenzuladung nach STO

Aktueller Status

Die AV-8B des USMC wurden intensiv im Irak und in Afghanistan eingesetzt und unterliegen nun Programmen zur Verlängerung ihrer Lebensdauer, die sich auf die Tragflächen, das Seitenleitwerk und einige Teilsysteme beziehen. Die Arbeiten zur Verlängerung der Lebensdauer konzentrierten sich auf die mit F402-RR-408B-Triebwerken ausgestatteten Flugzeuge, und auch die TAV-8B wurden nun mit den leistungsgesteigerten Dash-408B-Triebwerken ausgestattet. Um die Einsatzfähigkeit der AV-8B bei ihrer primären Aufgabe der Luftnahunterstützung zu erhöhen, wurde ein Litening-Zielbehälter integriert, mit dessen Hilfe die Zielkoordinaten an die GPS-gesteuerten JDAM-(Joint-Direct-Attack-Munition-)Bomben des Flugzeugs weitergegeben werden können. Ein Video-Downlink-Transmitter ermöglicht die Übertragung von Echtzeit-Videostreams vom Litening-Pod an eine Bodenstation.

AV-8B „Harrier II“ des U.S. Marine Corps von des Marine Attack Squadron 513 (VMA-513) fliegen hier während der Operation Desert Shield in Formation.

Exportbetreiber

Neben Großbritannien, das im eigenen Land gebaute „Harrier II“ in verschiedenen Konfigurationen von British Aerospace erhalten hat, haben auch Italien und Spanien die AV-8B aus den USA gekauft. Die spanische Marine erwarb die „Harrier II“ als Ersatz für die Flugzeuge der ersten Generation AV-8S (dort als VA-1 Matador bezeichnet), die vom Flugzeugträger DÉDALO aus operierten. Die zwölf EAV-8B-(VA.2-Matador-)Nachtangriffsflugzeuge wurden zunächst auf dem Ersatzschiff der DÉDALO, der PRINCIPE DE ASTURIAS, eingesetzt. Zuletzt waren sie auf dem Angriffsschiff JUAN CARLOS im Einsatz. Spanien erhielt außerdem eine TAV-8B, gab Folgeaufträge für acht Exemplare der „Harrier II+“ und rüstete fünf ältere Jets auf diesen Standard auf. Italien erwarb zwei TAV-8B, gefolgt von 16 AV-8B „Harrier II+ Radarbirds“, die zunächst auf dem Flugzeugträger GIUSEPPE GARIBALDI und in jüngerer Zeit auf dem Flugzeugträger CAVOUR zum Einsatz gekommen sind.

Was die Waffenoptionen angeht, wurde das Arsenal um die 227 kg schwere GBU-38 JDAM erweitert, während die Transportkapazität für lasergesteuerte Bomben durch den Einbau von dreifachen Auswurfvorrichtungen erhöht wurde. Außerdem wurden Dual-Mode-Laser-/GPS-gesteuerte Waffen hinzugefügt. Um improvisierte Sprengsätze (Improvised Explosive Devices – IEDs) aufspüren zu können, die immer wieder von Aufständischen in Afghanistan gelegt wurden, wurde die AV-8B außerdem mit dem Kommunikationsaufklärungs- und Störungsmodul Intrepid Tiger II ausgestattet.

Seit 2015 wird die AV-8B sukzessive von der F-35B „Lightning II“ abgelöst. Trotzdem steht das Flugzeug weiterhin an vorderster Front der USMC-Einsätze, führte 2016 Angriffe gegen den ISIL in Libyen durch und schoss 2024 Huthi-Drohnen über dem Golf von Aden ab. Die beiden verbleibenden Staffeln, VMA-223 und VMA-231, werden voraussichtlich bis zum Ausmusterungstermin im Jahr 2028 einsatzbereit bleiben.

Tupolew Tu-22M3 „Backfire“ (1981)

Die „Backfire“ wurde als Ersatz für die enttäuschende „Blinder“ entwickelt und hat sich als potenter Überschall-Mittelstreckenbomber erwiesen, der es mit den Trägerkampfgruppen der US-Marine aufnehmen kann. Er ist nach wie vor bei den russischen Luftstreitkräften im Einsatz und wurde den Großteil seiner aktiven Dienstzeit für Angriffe auf Landziele verwendet.

Die Tu-22M3 wurde entwickelt, um die frühere Tu-22 „Blinder“ zu ersetzen – den ersten Überschallbomber der Sowjetunion. Dieser wurde Anfang der 1960er-Jahre eingeführt und wies eine Reihe von Problemen auf, darunter eine unakzeptabel hohe Landegeschwindigkeit, schlechte Sichtverhältnisse und hohe Steuerkräfte. Gleichzeitig blieben seine Höchstgeschwindigkeit und Reichweite hinter den ursprünglichen Anforderungen zurück. Tupolew schlug zunächst eine moderate Modernisierung mit Schwenkflügeln und leistungsstärkeren Triebwerken vor. Daraus entwickelte sich jedoch eine umfassende Neukonstruktion, die – abgesehen vom Waffensystem, dem Bugfahrwerk und den Waffenschachttüren – ein komplett neues Flugzeug hervorbrachte. Dies stellte die Luftstreitkräfte und Tupolew vor das Problem, die Ersetzung eines Flugzeugs rechtfertigen zu müssen, das gerade erst in Dienst gestellt worden war. Um dies abzumildern, wurde das resultierende Design als Weiterentwicklung der „Blinder“ präsentiert, das nun die Bezeichnung Tu-22M trug. Die endgültige Entwicklung begann 1967, nachdem sich der T-4-Bomber von Suchoi als zu komplex für die Finanzierung erwiesen hatte.

Die Tu-22M verfügt über einen Halbschalenrumpf mit einem internen Waffenschacht und großen Lufteinlässen auf beiden Seiten, um die beiden Kusnezow-NK-25-Turbofans zu versorgen. Die tief angesetzten Schwenkflügel lassen sich von 20 Grad für Start und Landung auf 60 Grad für den Hochgeschwindigkeitsflug verstellen und sind mit Vorflügeln, Spaltklappen und Spoilern ausgestattet. Letztere werden zur Rollsteuerung anstelle von Querrudern verwendet, die nicht vorhanden sind. Die doppelläufige Heckkanone feuert Chaff und IR-Täuschkörper statt herkömmlicher Projektile ab, da deren Wirksamkeit gegen moderne Kampfflugzeuge bereits Ende der 1960er-Jahre als begrenzt angesehen wurde.

Mit einem maximalen Startgewicht von 126 Tonnen ist die „Backfire“ eine Seltenheit unter den Mittelstreckenbombern, einer Klasse, die fast vollständig verschwunden ist. Dies hängt mit der strategischen Lage der Sowjetunion und dem heutigen Russland zusammen, wo sich im Gegensatz zu den USA die potenziellen Gegner an den Landgrenzen befinden. Darüber hinaus bestand die Notwendigkeit, den Flugzeugträger-Kampfgruppen der U.S. Navy etwas entgegenzusetzen, was nach dem Aufkommen von Interkontinentalraketen einer der Hauptgründe für die Beibehaltung einer bemannten Bomberflotte war.

Es ist daher nicht verwunderlich, dass der erste öffentliche Auftritt der Tu-22M im Rahmen von Minenräumungsoperationen

Canopy
Die ursprünglich mit größeren transparenten Flächen konzipierte Haubenkonstruktion geriet in Kritik, da sie zu viel Licht ins Cockpit ließ und dadurch die Sicht auf die Radaranzeigen erschwerte. Bei den Serienflugzeugen wurde dieses Problem durch kleinere Öffnungen behoben.

Fahrwerk
Die Fahrwerkskonstruktion ermöglicht es der Tu-22M, von unbefestigten Start- und Landebahnen aus zu operieren. Dies wird durch die Verteilung der Last auf zwölf Haupträder und zwei Bugräder erreicht, wodurch der Bodendruck reduziert wird.

Triebwerk
Die Tu-22M3 wird von zwei Kusnezow-NK-25-Turbofans angetrieben, die weltweit zu den leistungsstärksten Überschalltriebwerken gehören, die derzeit im Einsatz sind.

Tragflächen
Die großen Schwenkflügel sind, wie hier gezeigt, für einen effizienten Reiseflug, Start und Landung nach vorne und für einen Hochgeschwindigkeitsflug über das Ziel nach hinten gepfeilt.

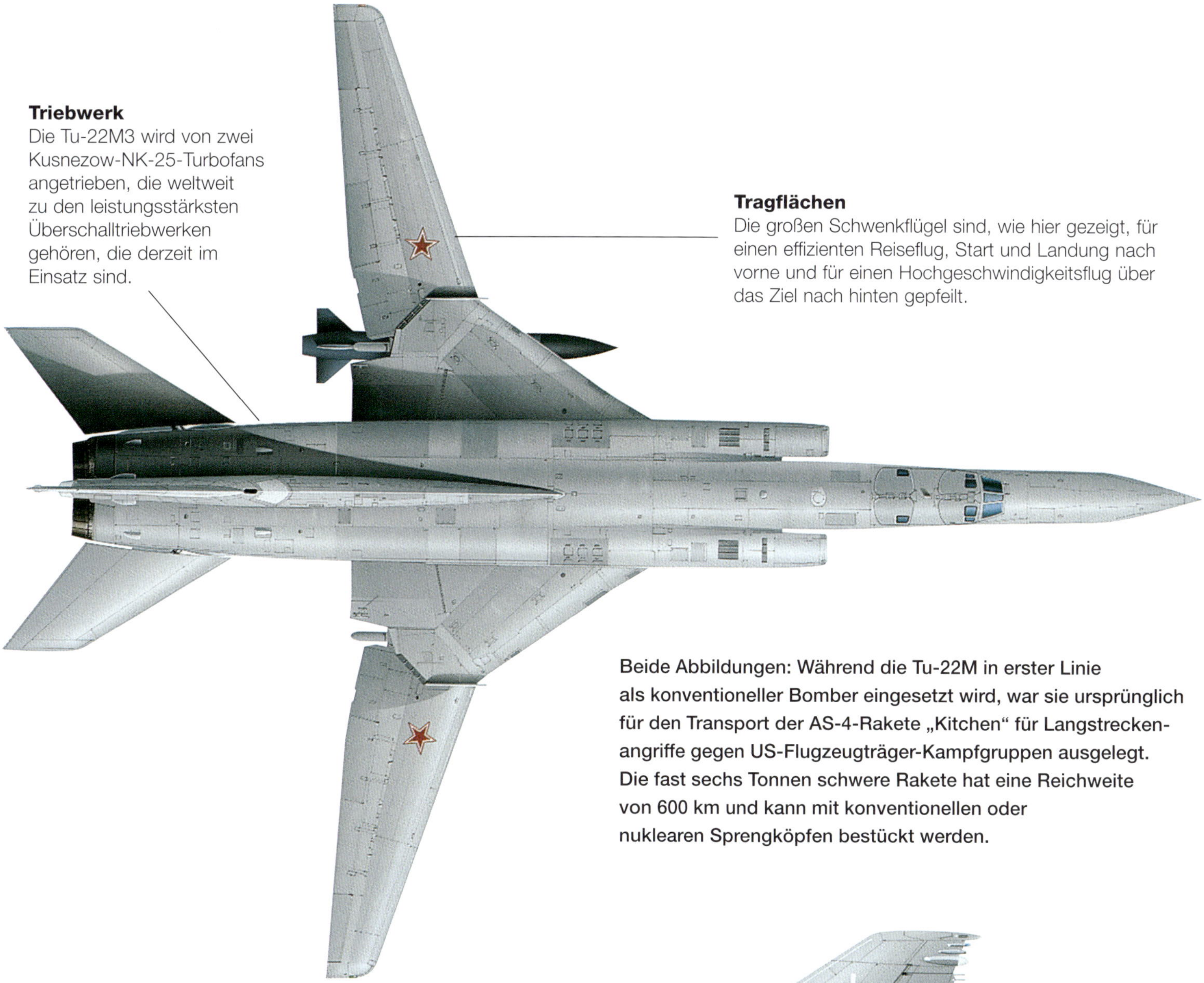

Beide Abbildungen: Während die Tu-22M in erster Linie als konventioneller Bomber eingesetzt wird, war sie ursprünglich für den Transport der AS-4-Rakete „Kitchen“ für Langstrecken-angriffe gegen US-Flugzeugträger-Kampfgruppen ausgelegt. Die fast sechs Tonnen schwere Rakete hat eine Reichweite von 600 km und kann mit konventionellen oder nuklearen Sprengköpfen bestückt werden.

Heck
Die Sehne des Seitenleitwerks wurde vergrößert, nachdem festgestellt worden war, dass die Triebwerkseinlässe und der mittlere Flügelabschnitt bei hohen Anstellwinkeln den Luftstrom darüber blockierten.

während einer Übung des Warschauer Pakts in der Ostsee im Jahr 1980 stattfand. Zwei Jahre später führten acht Flugzeuge einen Scheinangriff auf eine US-Flugzeugträgergruppe im Pazifik durch. Dabei näherten sie sich bis auf Raketenreichweite, bevor sie sich wieder zurückzogen.

Obwohl die Tu-22M2 im Gegensatz zur Blinder von ihren Besatzungen gut angenommen wurde, litt sie anfangs noch unter Problemen wie Störungen des Flugsteuerungssystems durch das ECM-System, einer geringen Lebensdauer der Triebwerke und Ermüdungserscheinungen, die zum Abbrechen von Nieten in den Lufteinlässen führten. Diese Probleme wurden mit der endgültigen Tu-22M3 „Backfire C“ behoben, bei der die früheren NK-22-Triebwerke durch die zuverlässigeren, leistungsstärkeren NK-25 ersetzt wurden, die über einen neuen vertikal gepfeilten Lufteinlass verfügten und deren Leergewicht um drei Tonnen reduziert wurde. Der maximale Flügelwinkel wurde auf 65 Grad erhöht. Der Besatzung war es untersagt, ihn am Boden in dieser Position zu belassen, damit das Flugzeug nicht von US-Satelliten beobachtet werden konnte. Ein neues Almaz-PNA-Radar wurde zusammen mit dem NK-45-Navigationssystem eingebaut, um die Leistung in niedrigen Höhen zu steigern. Für den Einsatz gegen Flugzeugträger ist die „Backfire C“ mit der AS-16-Kickback-Rakete bewaffnet. Nach dem Start wird diese auf eine Höhe von 40.000 m gebracht, damit sie nicht durch Kampfflugzeuge abgefangen werden kann, bevor sie unter der Führung eines aktiven Radarsuchers einen Endanflug mit bis zu Mach 5 durchführt. Das Hochgeschwindigkeits-Tauchangriffsprofil soll die Wahrscheinlichkeit minimieren, abgefangen zu werden.

Technische Daten (Tu-22M3)

Typ: Mittelstreckenbomber

Abmessungen: Länge: 42,46 m; Spannweite: 34,28 m mit ausgeklappten Tragflächen; Höhe: 11,05 m

Gewicht: 126.000 kg max. Startmasse

Triebwerk(e): zwei Kusnezow-NK-25-Mantelstrom-Triebwerke (Turbofans) mit jeweils 14.800 kg Trocken- und 25.000 kg Nachbrennerschub

Höchstgeschwindigkeit: 2.300 km/h

Reichweite: 2.500 km mit 10 Tonnen Nutzlast

Dienstgipfelhöhe: 13.300 m

Besatzung: 4

Bewaffnung: eine 23-mm-Kanone vom Typ GSch-23 im Heck und bis zu 24.000 kg Waffenzuladung, darunter Luft-Boden-Raketen vom Typ AS-4, AS-16 und AS-24, Seeminen und FAB-Freifallbomben

Eine Tu-22M3 am Himmel über Tambow im Westen Russlands im Jahr 2017. Der Luftwaffenstützpunkt Tambow ist Heimat eines Bomberausbildungsregiments der russischen Luftwaffe.

Obwohl viel Aufwand betrieben wurde, um die Tu-22M zu einer Anti-Flugzeugträger-Waffe zu machen, wurde sie bisher ausschließlich über Land eingesetzt. Der erste Kampfeinsatz der „Backfire“ erfolgte 1987, als Tu-22M2 des 185. Schweren Bomberregiments während der sowjetischen Intervention in Afghanistan Luftunterstützung leisteten, um die Belagerung von Khost zu durchbrechen. Von Turkmenistan aus griffen massierte Formationen die Stützpunkte der Mudschahed-din an und warfen zeitweise bis zu 200 Tonnen Sprengstoff auf ein Ziel ab. Im folgenden Jahr ersetzten Tu-22M3 des 402. Schweren Bomberregiments die früheren Flugzeuge und waren im Oktober desselben Jahres zur Deckung des sowjetischen Rückzugs im Einsatz. Diese Missionen wurden hauptsächlich mit konventionellen FAB-1500- und 3000-Bomben mit einem Gewicht von jeweils 1.500 kg bzw. 3.000 kg geflogen. Nach der Auflösung der Sowjetunion kamen Tu-22M3 auch 1995 in begrenztem Umfang im Tschetschenien-Konflikt zum Einsatz.

Ab 2016 nahmen Tu-22M3 der russischen Luftwaffe an Bombenangriffen in Syrien zur Unterstützung des Assad-Regimes teil, wobei die Flugzeuge von Stützpunkten in Russland oder im Iran aus operierten. Russische Flugzeuge waren zudem massiv an Angriffen auf die Ukraine beteiligt, die diesen

Flugzeugtyp früher selbst einsetzte, nachdem sie ihn von der Sowjetunion übernommen hatte. Zusätzlich zu Freifallbomben haben russische „Backfires“ mehr als 300 AS-4-Kitchen-Raketen auf Ziele in der Ukraine abgefeuert. Die Kitchen-Rakete wurde für den Einsatz gegen Schiffe entwickelt und ist somit nicht ideal für Bodenangriffe geeignet. Sie hat daher in erster Linie zivile Ziele wie Einkaufszentren getroffen. Die ukrainischen Streitkräfte haben unterdessen mindestens eine „Backfire“ am Boden durch einen Drohnenangriff zerstört, und im April 2024 wurde eine zweite Maschine angeblich durch eine S-200 abgeschossen, während russische Quellen angaben, der Verlust sei auf eine technische Fehlfunktion zurückzuführen. Vor dem Konflikt in der Ukraine standen noch etwa 63 Tu-22M3 im russischen Dienst. Die letzten 60 ukrainischen „Backfires“ wurden 2006 im Rahmen der Abrüstung nach dem Ende des Kalten Krieges verschrottet.

Der „Backfire“-Kompromiss

Die Größe der Tu-22M führte während der Verhandlungen über die Begrenzung strategischer Waffen (SALT) Anfang der 1980er-Jahre zu Problemen. Während die USA überzeugt waren, dass sie interkontinentale Missionen durchführen könne und somit ein „schwerer Bomber“ sei, bestand die UdSSR darauf, dass dies nicht der Fall sei, ohne jedoch ausreichende Beweise dafür vorlegen zu können. Gleichzeitig gab es innerhalb der USA Uneinigkeit darüber, welche Reichweite und Rolle die „Backfire“ einnahm. Auf der Grundlage von Geheimdienstbewertungen argumentierte die USAF, dass der Bomber für interkontinentale Missionen mit einem Kampfradius von 5.650 km ausgelegt sei, während die CIA und die USN der Meinung waren, dass er sich für „periphere Angriffsmissionen“ mit einem Aktionsradius von nur 3.380 km eigne. Letztendlich wurde von der UdSSR während der SALT-II-Verhandlungen ein Kompromiss vorgeschlagen, bei dem die Betankungssonden entfernt werden sollten. Gleichzeitig sollte, um deren Wiedereinführung entgegenzuwirken, die Zahl der sowjetischen Tankflugzeuge begrenzt werden, um die Praktikabilität der Unterstützung der Tu-22 in ihrer interkontinentalen Rolle einzuschränken, wobei der tatsächliche Kampfradius nun je nach Art der Mission bei etwa 2.200 km lag.

Suchoi Su-25 „Frogfoot“ (1981)

Als geistiger Nachfolger des Panzerjägerflugzeugs Il-2 aus dem Zweiten Weltkrieg ist die Su-25, ähnlich wie die A-10, dafür ausgelegt, tief über dem Gefechtsfeld zu fliegen, feindliche Panzer zu bekämpfen, dabei Schäden absorbieren zu können und sicher zur Basis zurückzukehren.

Obwohl die Sowjetunion während des Zweiten Weltkriegs mit der Iljuschin Il-2 und Il-10 Schturmowik, die die deutschen Bodentruppen vernichteten, ein Befürworter schwer gepanzerter Erdangriffsflugzeuge war, übernahm sie dieses Konzept im Jet-Zeitalter nur zögerlich. Die amerikanischen Erfahrungen in Vietnam und die israelischen Erfahrungen während des Sechstagekriegs zeigten jedoch die Vorteile eines Spezialflugzeugs und das Potenzial einer 30-mm-Kanone als Panzerabwehrwaffe. Während die USAF 1967 ihr AX-Programm startete, aus dem schließlich die A-10 hervorging, vergingen weitere zwei Jahre, bis das sowjetische Volkskommissariat für Luftfahrtindustrie offiziell Vorschläge aus der Industrie für eine Düsen-Schturmowik anforderte. Da sowohl Iljuschin als auch Suchoi bereits mit der Konstruktion begonnen hatten, konnte das Ministerium seine Auswahl in kurzer Zeit treffen, und Suchoi wurde mit dem Bau eines Prototyps beauftragt. Der Erstflug wurde jedoch von 1970 auf 1971 verschoben, da die Luftwaffe die Anforderungen änderte, die Nutzlast auf 4.000 kg erhöhte und versuchte, Überschallfähigkeiten hinzuzufügen, wobei man sich schließlich auf eine Höchstgeschwindigkeit von Mach 0,82 einigte.

Das resultierende Flugzeug folgte einer weitgehend konventionellen Auslegung mit mittig montierten Tragflächen über den Triebwerksgondeln, die sich auf beiden Seiten des Rumpfes befanden. Jede Tragfläche verfügte über fünf Aufhängepunkte, wobei der äußere für Luft-Luft-Raketen reserviert war. Während die Haupttragfläche eine leichte Negativpfeilung aufwies, hatte das Leitwerk eine Positivpfeilung, wodurch es deutlich über den Triebwerksauslass hinausragte. Das Höhenleitwerk verfügte über Höhenruder, die sich über die gesamte Spannweite zogen, während die gesamte Einheit für Start und Landung, Reise-

Rechts: Die „Blue 10“ war mit großer Sicherheit das erste Flugzeug, das von Anfang an nach dem Su-25TM-Standard gebaut wurde. Sie wurde intensiv für Testzwecke im staatlichen Flugtestzentrum in Achtubinsk, Russland, eingesetzt.

Nasenpitot
Wie frühere Su-25-Modelle verfügt auch die Su-25TM über zwei Pitotrohre, die direkt über der Nasenspitze angebracht sind. Die rechte Sonde ist zudem mit Antennen für das taktische Navigationssystem ausgestattet.

Cockpit
Der Pilot der Su-25 sitzt umgeben von einer 24 mm starken Titanplatte auf einem K-36L-Schleudersitz. Um die Sicht nach hinten zu verbessern, ist über der Kabinenhaube ein Spiegel angebracht. Bei der Su-25TM wurde dieser ins Cockpit verlegt.

Oben: Diese Su-25 „Frogfoot“ der ukrainischen Luftwaffe gehört zur 299. Taktischen Luftwaffenbrigade und fliegt Tiefflüge über der Donbass-Region im Osten der Ukraine.

Triebwerke
Die beiden Tumansk-R-195-Triebwerke sind durch die internen Treibstofftanks voneinander getrennt, während eine Panzerplatte den Treibstoff vor Trümmern schützt, die bei Beschädigung der Triebwerke abfallen könnten.

Heck
Bei der Su-25TM wurde das höhere Heck der Trainingsversion beibehalten, das erforderlich ist, um die vergrößerte Seitenfläche vor dem Schwerpunkt auszugleichen. In dem zylindrischen Gehäuse unterhalb des Ruders ist ein Irtysh-ECM-System untergebracht.

Leitwerk
Das Höhenleitwerk verfügt an der Hinterkante über Höhenruder, die über die gesamte Spannweite reichen. Gleichzeitig kann die gesamte Einheit in voreingestellte Positionen bewegt werden, um das Flugzeug für verschiedene Flugzustände zu trimmen.

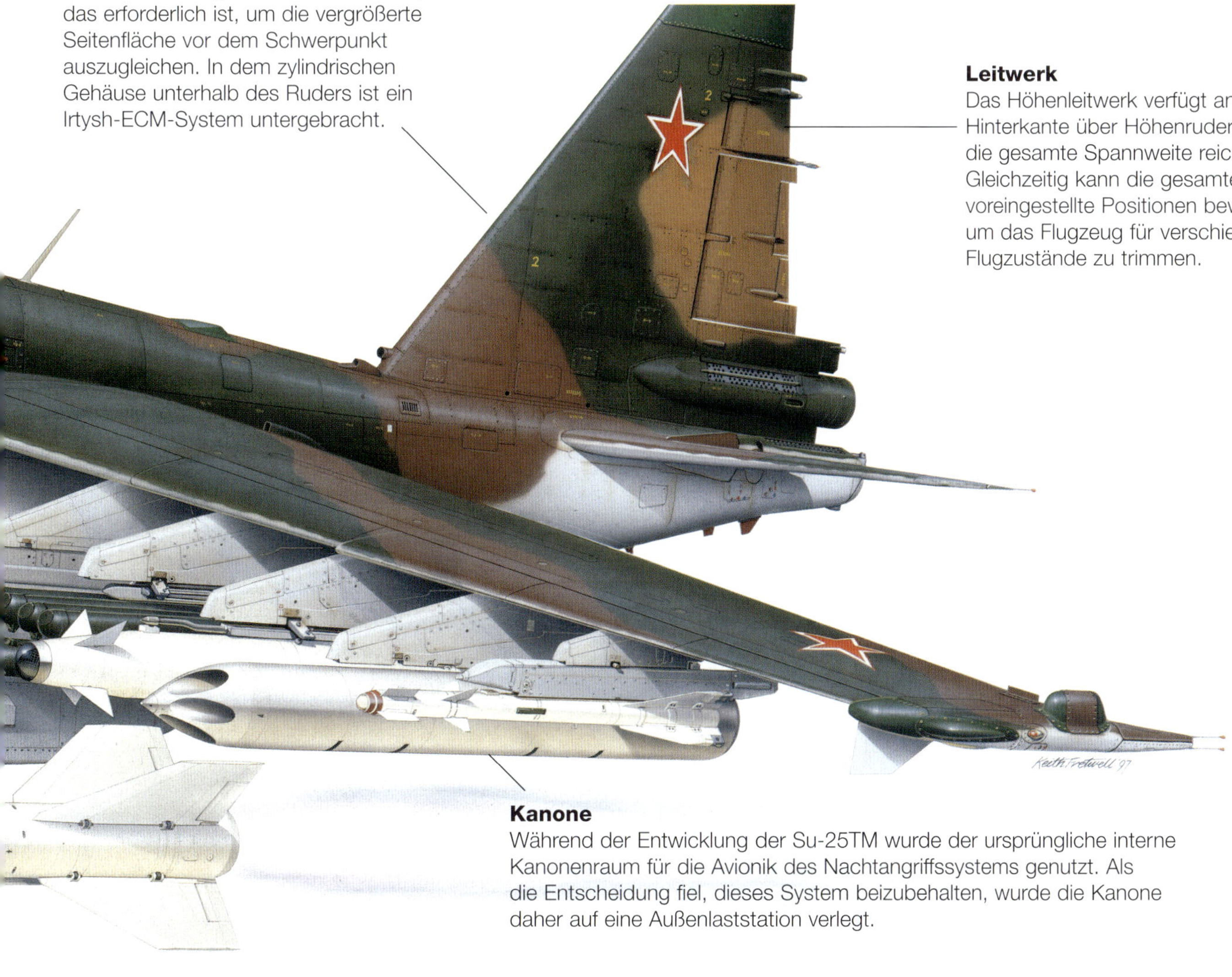

Kanone
Während der Entwicklung der Su-25TM wurde der ursprüngliche interne Kanonenraum für die Avionik des Nachtangriffssystems genutzt. Als die Entscheidung fiel, dieses System beizubehalten, wurde die Kanone daher auf eine Außenlaststation verlegt.

Eine SU-25 der russischen Luftwaffe landet nach der Parade zum Tag des Sieges 2020 auf dem Luftwaffenstützpunkt Kubinka.

flug oder Angriff auf einen von drei Winkeln eingestellt werden konnte. Das Cockpit war von 10 bis 24 mm dicken geschweißten Titanplatten umgeben, die Schutz vor bis zu fünfzig 23-mm-Geschossen boten.

Hinter diesem Bereich befindet sich ein Avionikraum, gefolgt von den beiden internen Treibstofftanks zwischen den Triebwerken; zwei weitere sind in den Tragflächen montiert. Alle Tanks sind gepanzert, selbstdichtend und mit Netzschaum ausgekleidet. Dies verringert die Wahrscheinlichkeit von Schäden, die zu einem Treibstoffleck führen können, und minimiert im Falle eines solchen Lecks die verlorene Menge und die Explosionsgefahr. Zusätzlichen Schutz bietet die sorgfältige Verlegung der gepanzerten Treibstoffleitungen, um Schäden zu vermeiden, die zu Treibstoffspritzern auf die Triebwerke führen könnten. Die Flugsteuerungen sind über 40 mm dicke Titanstangen mit ihren Oberflächen verbunden, ebenfalls um die Auswirkungen von Kampfschäden zu reduzieren. Während die Entwicklung durch die Verwendung bestehender Avionik und Systeme beschleunigt wurde, wirkte sich die Wahl des Tumanski-R-95Sh-Turbostrahltriebwerks, einer Version des in der MiG-21 verwendeten Triebwerks ohne Nachbrenner, negativ auf den Kraftstoffverbrauch der Su-25 aus. Dennoch sind die Robustheit und Zuverlässigkeit des Triebwerks an sich von Vorteil.

Technische Daten (Su-25SM)

Typ: Luftnahunterstützungsflugzeug

Abmessungen: Länge: 15,53 m; Spannweite: 14,36 m; Höhe: 4,8 m

Gewicht: 19.300 kg max. Startmasse

Triebwerk(e): zwei Tumanski-R-195-Turbojet-Triebwerke mit jeweils 4.500 kg Schub

Höchstgeschwindigkeit: 975 km/h

Reichweite: 1.000 km

Dienstgipfelhöhe: 7.000 m

Besatzung: 1

Bewaffnung: eine 30-mm-Kanone vom Typ GSch-2-30 und bis zu 4.400 kg Waffenzuladung, darunter Luft-Luft-Raketen vom Typ AA-8 und AA-11, Anti-Radar-Raketen vom Typ AS-9, Luft-Boden-Raketen vom Typ AS-7 und AS-10 sowie Freifall- und Lenkbomben

Einsatz in Afghanistan

Die Entwicklung der Su-25 wurde in den 1970er-Jahren fortgesetzt, wobei zwei der Prototypen 1980 zur Kampfbewertung nach Afghanistan geschickt wurden. Während diese Tests gut verliefen, wurden bei späteren Einsätzen durch operative Staffeln einige Mängel festgestellt. Die Serienproduktion begann 1981 in Tiflis, Georgien, und die ersten Einsatzverbände wurden im folgenden Jahr nach Kabul, Afghanistan, verlegt. Hier bewies die „Frogfoot“ erneut ihre Eignung für diese Aufgabe, wobei sie Ziele mit großer Genauigkeit treffen und dabei mehr Schäden absorbieren konnte als andere in dieser Rolle eingesetzte Typen.

Unten: Eine Su-25UBK der ukrainischen Luftwaffe, das überarbeitete Exportmodell der Su-25K. Zusätzlich zu Bomben und Raketen können die Pylone der Su-25 Waffenbehälter mit zwei 23-mm-GSch-23-Kanonen und 260 Schuss Munition aufnehmen.

Interne Kanone
Eine Su-25 mit interner Kanone, die auf der linken Seite des vorderen Rumpfes montiert ist, wobei die beiden Läufe direkt hinter der Nase herausragen.

Die Einführung des Flugabwehrraketensystems FIM-82A Stinger offenbarte eine Schwachstelle – Innerhalb von drei Tagen gingen vier Flugzeuge durch die Rakete verloren. Sie explodierte nahe der Auspuffrohre, durchschlug die Treibstofftanks und verursachte Brände und Kaskadenschäden von einem Triebwerk auf das andere. Zusätzlich zur Erhöhung der Leuchtraketenkapazität auf 256 Schuss wurde eine 5 mm dicke Titanplatte zwischen den Triebwerken angebracht, um zu vermeiden, dass Schäden jeweils die andere Seite beeinträchtigten. Die Panzerung zwischen den Triebwerken verhinderte den Verlust von Flugzeugen: Selbst nach direktem Treffer konnten sie zur Basis zurückkehren und notfalls auch als Ersatzteilträger dienen.

Kanone

Wie ihr amerikanisches Pendant – die A-10 – verfügt auch die „Frogfoot“ über eine intern montierte 30-mm-Kanone für den Einsatz als Panzerabwehrwaffe. Im Gegensatz zur GAU-8 der A-10 handelt es sich bei der GSch-2-30 jedoch um eine doppelläufige, rückstoßbetriebene Waffe und nicht um eine hydraulisch betriebene Gatling-Kanone. Die GSch-2-30 ist auf der linken Seite des Rumpfes montiert, wobei die Mündungen direkt hinter dem Laser-Entfernungsmesser an der Vorderseite des Flugzeugs herausragen. Der ursprüngliche Entwurf sah eine gelenkige 23-mm-Waffe vor, die nach unten geneigt werden konnte, um Bodenangriffe zu ermöglichen, aber diese Idee wurde bald zugunsten einer festen Installation aufgegeben. Bei der Su-25T wurde jedoch die GSch-2-30 beibehalten, um Platz im Inneren zu gewinnen. Die Kanone wurde in einem festen Behälter unterhalb des Rumpfes und versetzt nach rechts angebracht. Beim Su-25SM-Upgrade wurde die interne Montage beibehalten. Die Kanone hat eine wählbare Feuerrate von 188 bis 3.000 Schuss pro Minute und verschießt 390 g schwere Geschosse mit einer Mündungsgeschwindigkeit von 870 m/s, etwa 130 m/s langsamer als die GAU-8.

Nach dem Rückzug der Sowjets aus Afghanistan wurde anhand der gewonnenen Erkenntnisse die Su-25T entwickelt. So wurde die Zelle des Trainingsflugzeugs Su-25UB übernommen, jedoch das hintere Cockpit durch Avionik und zusätzliche Treibstoffkapazität ersetzt. Der Austausch der hinteren Kabinenhaube durch eine Metallverkleidung verlieh dem Flugzeug ein buckliges Aussehen. Trotz der höheren Leistungsfähigkeit führten das Ende des Kalten Krieges und die Auflösung der Sowjetunion dazu, dass das Projekt nach nur acht gebauten Exemplaren eingestellt wurde. Anfang der 2000er-Jahre wurden weitere acht Su-25TM gebaut, die ähnliche Überarbeitungen der Avionik sowie die Möglichkeit zum Transport eines Pod-Radarsystems aufwiesen. Die weitere Produktion der „Frogfoot“ wurde dadurch erschwert, dass die Produktionslinie für den Einsitzer in Tiflis, Georgien, lag und die russische Luftwaffe 2008 während des Russisch-Georgischen Krieges sogar versuchte, die Anlage zu bombardieren. Daher scheint der Schwerpunkt nun auf der Aufrüstung bestehender Flugzeuge auf den Su-25SM-Standard zu liegen, wobei die Einsitzer ein neues Navigations- und Angriffssystem sowie überarbeitete Avionik erhalten.

Die Su-25 kam in allen kleineren Kriegen zwischen den ehemaligen Sowjetrepubliken sowie im Sudan, in der Elfenbeinküste und im Äthiopisch-Eritreischen Krieg zum Einsatz. Su-25 waren auch an den russischen Operationen gegen den ISIL in Syrien Ende der 2010er-Jahre beteiligt, was zu weiteren Verbesserungen der Zielsysteme der Su-25SM führte. Beide Seiten des Russisch-Ukrainischen Krieges setzen die „Frogfoot“ ein, die sich im Einsatz gegen einen gleichwertigen Gegner als anfällig erwiesen hat. Acht russische und zehn ukrainische Exemplare wurden im ersten Kriegsjahr abgeschossen, was die Grenzen dieses Typs beim Einsatz innerhalb der Reichweite moderner Luftabwehrsysteme verdeutlicht.

Tupolew Tu-95MS „Bear“ (1981)

Die Tu-95, Russlands strategischer Bomber aus dem Kalten Krieg, ist fast genauso lange im Einsatz wie ihr amerikanisches Pendant, die B-52. Inmitten eines Modernisierungsprogramm kam die „Bear“ 2015 erstmals wieder zum Einsatz.

SAR
Die „Bear-F“ verfügt über einen speziellen Rettungsfloßschacht im hinteren Teil des Rumpfes, der vom Hauptwaffenschacht getrennt ist. Die Rettungsflöße können für Überlebende auf See eingesetzt werden.

Heckgeschütz
Als eines der letzten Flugzeuge mit einem Heckgeschütz verfügt die Tu-95 über eine hintere Bewaffnung, bestehend aus zwei 23-mm-Kanonen vom Typ GSch-23, die von einem PRS-4-Krypton-Radarvisier gesteuert werden.

Das Entwicklungsprogramm der Tupolew Tu-95 wurde 1950 ins Leben gerufen, um eine ähnliche Anforderung wie die der USAF an die B-52 für einen Interkontinentalbomber zu erfüllen. Damit sollte der Bedarf an einem Flugzeug gedeckt werden, das eine Reichweite von 8.000 km und eine Nutzlast von 11.000 kg bewältigen konnte. Tupolew hatte bereits die Tu-85 entwickelt, die im Wesentlichen eine Tu-4 mit überarbeiteten Tragflächen und verlängertem Rumpf war. Es wurde jedoch entschieden, dass deren Leistung, insbesondere die Höchstgeschwindigkeit, im Jet-Zeitalter unzureichend war. Dies wurde durch das Schicksal der B-29 der US-Luftwaffe (von denen die Tu-4 eine Kopie war) im Kampf gegen die MiG-15 im Koreakrieg bestätigt. Anstelle von Turbostrahltriebwerken sollte das resultierende Flugzeug jedoch von vier 8.948 kW (12.000 PS) starken Kusnezow-Turboprop-Triebwerken mit gegenläufigen Propellern angetrieben werden. Die erste Tu-95 hob 1952 mit provisorischen 2TV-2-Triebwerken ab, und die erste mit den endgültigen NK-12-Triebwerken ausgestattete Maschine flog drei Jahre später. Die Produktion der ersten Generation der „Bear“ erfolgte zwischen 1955 und 1965 und umfasste die Modelle Tu-95, -95M, -95K und -95KM, wobei die ersten beiden Varianten konventionelle Bomber waren, während die beiden letzteren eine Vielzahl von Luft-Boden-Raketen tragen konnten. Weitere Untervarianten konnten zur Aufklärung oder zur Ausbildung von Besatzungen eingesetzt werden.

Im Gegensatz zu jener der B-52 wurde die Produktion der Tu-95 im Jahr 1981 wieder aufgenommen. Die Tu-95MS „Bear-H“ wurde als Reaktion auf die Einführung der luftgestützten Marschflugkörper AGM-86 (ALCM) durch die US-Luftwaffe entwickelt. Die Sowjetunion stand kurz davor, ihr ALCM-Programm aufzugeben, als sich der Erfolg der USA abzeichnete. Der Entwurf des Konstruktionsbüros Raduga, bekannt als Kh-55 oder AS-15 Kent, wurde ausgewählt und 1983 in Dienst gestellt. Um diese Marschflugkörper zu transportieren, wurde aus der Seeaufklärungsvariante Tu-142 der „Bear“ die Tu-95MS entwickelt, wobei das erste Flugzeug 1979 fertiggestellt wurde. Im Vergleich zur Tu-142 hat die -95MS einen kürzeren vorderen Rumpf mit einem breiteren Cockpit und einem Leninets-Obzor-MS-Radar in der Nase. Verschiedene Systeme wurden durch neuere Varianten

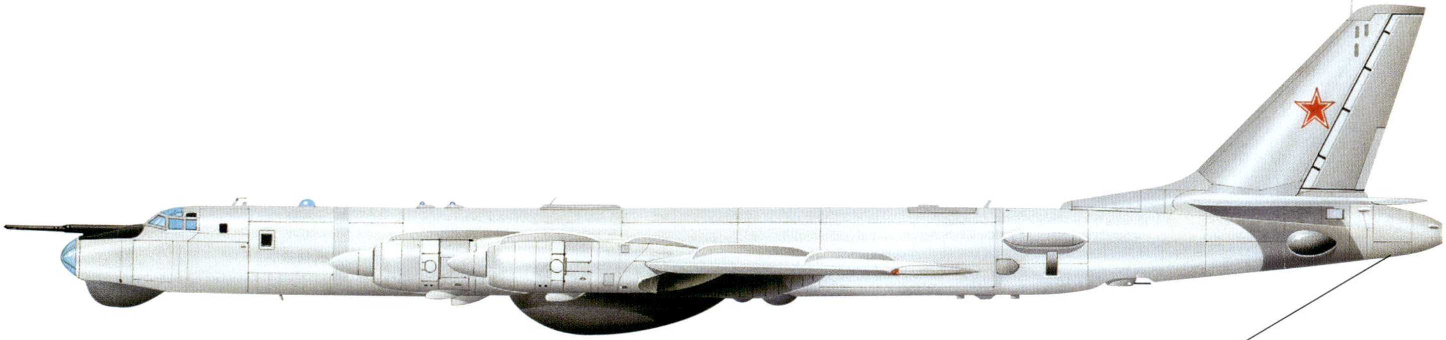

„Bear-D“
Bei einigen Tu-95RT, die für die Fernaufklärung auf See eingesetzt werden, wurde das Heckgeschütz durch eine Rezeda-Störsendeanlage in einem verlängerten Heckkonus ersetzt. Dies war auch ein Merkmal der „Bear-G“.

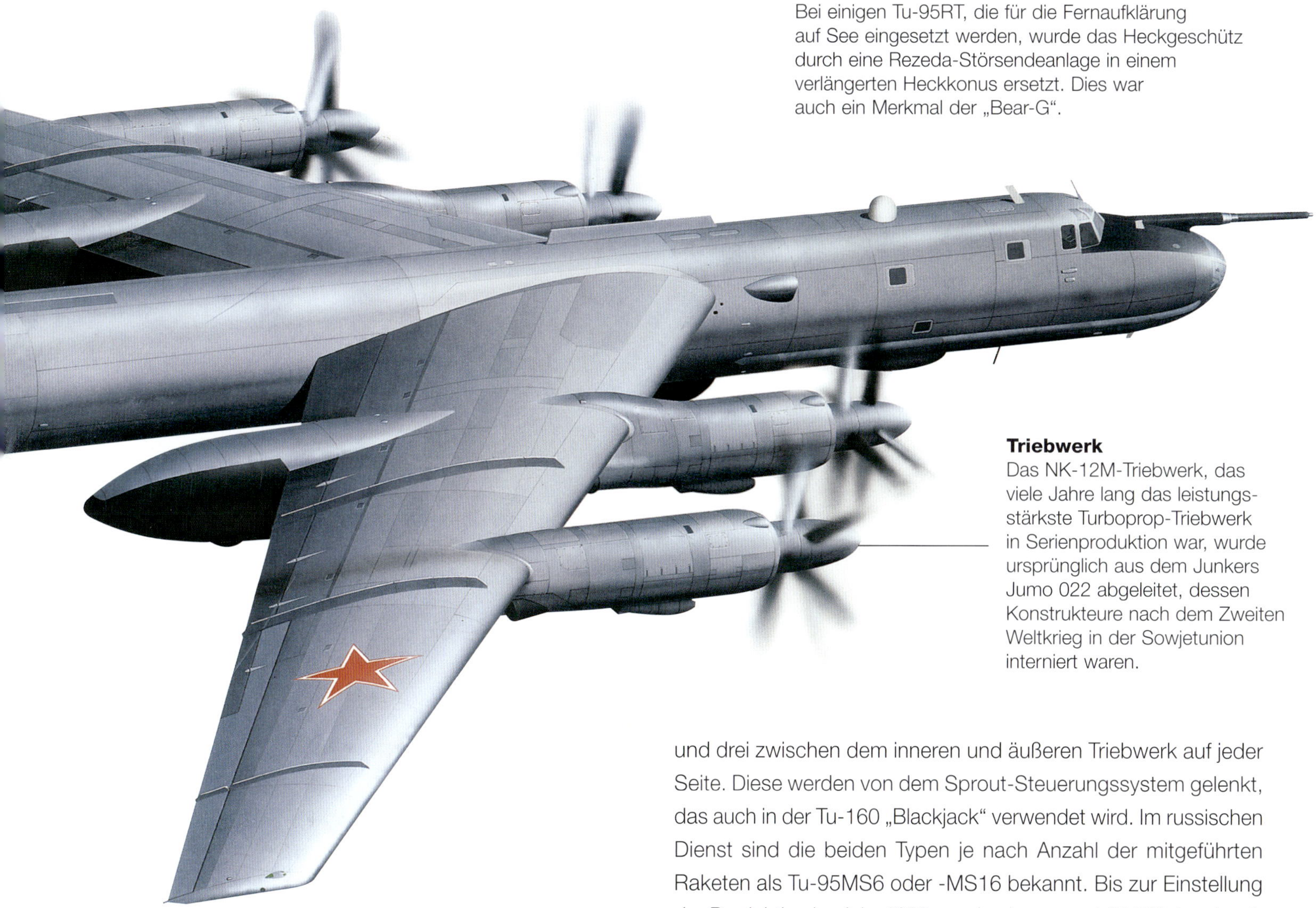

Triebwerk
Das NK-12M-Triebwerk, das viele Jahre lang das leistungsstärkste Turboprop-Triebwerk in Serienproduktion war, wurde ursprünglich aus dem Junkers Jumo 022 abgeleitet, dessen Konstrukteure nach dem Zweiten Weltkrieg in der Sowjetunion interniert waren.

Oben: Diese Tu-142MZ wurde vom 135. Langstrecken-U-Boot-Abwehrregiment der Sowjetischen Luftstreitkräfte mit Sitz in Wologda im Nordwesten Russlands betrieben.

ersetzt, darunter das elektronische Kampfführungssystem, die Kommunikationssysteme und die Triebwerke.

Frühe Modelle der „Bear-H“ können sechs AS-15 in einem Drehwerfer im Waffenschacht transportieren, die von dem Osina-Raketensteuerungssystem gesteuert werden. Maschinen, die nach 1986 gebaut wurden, können noch weitere zehn Raketen mitführen: zwei zwischen dem Rumpf und dem inneren Triebwerk und drei zwischen dem inneren und äußeren Triebwerk auf jeder Seite. Diese werden von dem Sprout-Steuerungssystem gelenkt, das auch in der Tu-160 „Blackjack“ verwendet wird. Im russischen Dienst sind die beiden Typen je nach Anzahl der mitgeführten Raketen als Tu-95MS6 oder -MS16 bekannt. Bis zur Einstellung der Produktion im Jahr 1992 wurden insgesamt 88 Stück gebaut.

Nach dem Ende des Kalten Krieges und der Demonstration der Wirksamkeit konventionell bewaffneter Marschflugkörper im Golfkrieg arbeitete Russland daran, der „Bear“ auch konventionelle Schlagkraft zu verleihen. Zuvor war die AS-15 nur mit einem Atomsprengkopf erhältlich. Im Jahr 1992 wurde jedoch die Variante Kh-65 mit einem 410 kg schweren konventionellen Sprengkopf angekündigt. Anfang der 2000er-Jahre wurde diese durch die Kh-101(AS-23 Kodiak) ergänzt, eine Stealth-Marschflugrakete mit einer Reichweite von angeblich 5 000 km und einem 400-kg-Sprengkopf.

Eine Tu-95KD (NATO-Codename: „Bear-C“), die für den Transport der Raketen AS-3 Kangaroo und später AS-4 Kitchen entwickelt wurde. Das markante Radom in der Nase enthält das Crown-Drum-Radar, das zur Zielerfassung der Raketen dient. Die Tu-95KD war das erste Flugzeug, das mit einer in der Nase montierten Luft-Luft-Betankungssonde ausgestattet war.

Technische Daten (Tu-95SM)

Typ: Strategischer Bomber

Abmessungen: Länge: 46,2 m; Spannweite: 50,1 m; Höhe: 12,12 m

Gewicht: 188.000 kg max. Startmasse

Triebwerk(e): vier Kusnezow-NK-12-Turboprop-Triebwerke einer Leistung von jeweils 11.000 kW

Höchstgeschwindigkeit: 925 km/h

Reichweite: 15.000 km

Dienstgipfelhöhe: 13.700 m

Besatzung: 7

Bewaffnung: zwei 23-mm-Grjasew-Schipunow-GSch-23-Maschinenkanonen in der hinteren Kuppel; bis zu 15.000 kg Waffenzuladung, darunter AS-15- und AS-23-Luft-Boden-Raketen

Bis zu acht Kodiaks können von einer „Bear-H“ unter den Tragflächen transportiert werden, während gleichzeitig sechs AS-15 im Waffenschachtwerfer Platz finden. Der Transport von AS-23 erfordert überarbeitete Unterflügelpylone. Darüber hinaus werden im Rahmen der Modifikation das Navigationssystem und das ILS ersetzt. Diese Änderungen werden jedoch nur bei den nach 1986 gebauten Tu-95MS16 vorgenommen, wobei es sich um etwa 36 Flugzeuge handelt, von denen die russische Luftwaffe seit 2015 etwa drei pro Jahr erhält. In einer zweiten Modifikationsstufe wird das Radar durch das Novella NV1.021 AESA ersetzt und das Selbstverteidigungssystem Meteor NM-2 hinzugefügt. Die Triebwerke werden auf den NK-12MPM-Standard aufgerüstet, während neue Propeller die Vibrationswerte deutlich reduzieren.

Äußerlich ist das Fehlen des Heckgeschützes ein wichtiges Erkennungsmerkmal. Das erste modifizierte Flugzeug, die Tu-95MSM, flog im Jahr 2020, und im folgenden Jahr wurde ein Vertrag über weitere Modernisierungen unterzeichnet.

Oben: Zwei Tu-95MS-Bomber bei einer Flugshow

U-Boot-Jäger

Die Tu-95 dient nicht nur als strategischer Bomber, sondern bildet auch die Grundlage für ein Flugzeug zur U-Boot-Bekämpfung und für ein Passagierflugzeug. Die U-Boot-Jagd-Variante wurde als Reaktion auf eine Anforderung der sowjetischen Regierung aus dem Jahr 1963 gebaut und basierte auf der Tu-95RT. Das neue Flugzeug mit der Bezeichnung Tu-142 hatte eine um zwei Meter längere vordere Kabine, um die zusätzliche Avionik für die U-Boot-Jagd unterzubringen, während ein markantes Radom unter dem zentralen Rumpf das Korschun-Oberflächen-Suchradar beherbergt. Die Nase hat einen verglasten Bereich für den Navigator, wobei die Sicht nach vorne durch die elektronische Störantenne Geran beeinträchtigt wird. Der Magnetfelddetektor der Tu-142 erstreckt sich vom Seitenleitwerk nach hinten und unterscheidet das Flugzeug deutlich von den Bombervarianten.

Die Passagierversion der Tu-95 war die Tu-114, wobei der Rumpf im Wesentlichen durch einen solchen ersetzt wurde, der je nach Konfiguration bis zu 220 Passagiere befördern konnte. Obwohl die Tu-114 den frühen Düsenflugzeugen ebenbürtig war und eine beneidenswerte Sicherheitsbilanz vorweisen konnte, hatte sie nur eine relativ kurze kommerzielle Lebensdauer von 1961 bis 1976. Dies war unter anderem dem extremen Lärmpegel der gegenläufigen Propeller – bis zu 112 dB in den lautesten Bereichen – geschuldet.

Trotz ihrer langen Lebensdauer hat die „Bear“ im Gegensatz zur B-52 relativ wenige Kampfeinsätze erlebt, obwohl sowjetische Flugzeuge während des Falklandkonflikts 1982 in der Nähe der Ascension-Insel gesichtet wurden, wo sie britische Aktivitäten überwachten. Tu-95 waren auch an Tests sowjetischer Atomwaffen beteiligt, darunter der Abwurf der „Zar-Bombe“ – der stärksten jemals getesteten Atombombe. Das eigentliche Kampfeinsatzdebüt der „Bear“ erfolgte jedoch erst 2015, als Flugzeuge der russischen Luftwaffe an Operationen über Syrien teilnahmen und die Regierungstruppen im Bürgerkrieg unterstützten. AS-23 wurden dort gegen feste Ziele abgefeuert. Dieses Vorgehen wurde bei der russischen Invasion der Ukraine im Jahr 2022 fortgesetzt, wobei „Bears“ und „Blackjacks“ AS-23 gegen Ziele in der Ukraine einsetzten, darunter der internationale Flughafen Winnyzja und Kiew. Die Raketen wurden von Flugzeugen aus Südrussland über dem sicheren Kaspischen Meer abgefeuert. Es scheint, dass der langwierige Konflikt die Bestände aller russischen Luft-Boden-Raketen erheblich dezimiert hat, da die Zahl der abgefeuerten Raketen während des Konflikts deutlich zurückgegangen ist. Der Ukraine ist es unterdessen mit einer Tu-141-Aufklärungsdrohne gelungen, mindestens eine Tu-95 am Boden schwer zu beschädigen.

Wie die B-52 wird auch die Tu-95 wahrscheinlich noch Jahre, wenn nicht Jahrzehnte lang im Einsatz bleiben. Es bleibt jedoch abzuwarten, ob das geplante Modernisierungsprogramm angesichts der derzeit gegen Russland verhängten Sanktionen abgeschlossen werden kann.

Rockwell B-1 „Lancer“ (1986)

Nach einer langen und schwierigen Entwicklungsphase während des Kalten Krieges hat sich die B-1B zu einem hochleistungsfähigen konventionellen Bomber entwickelt, der in den 1990er-Jahren und bis ins 21. Jahrhundert hinein hervorragende Dienste geleistet hat.

Heckschacht
Der Heckwaffenschacht befindet sich hinter dem Hauptfahrwerksschacht und kann bis zu elf Tonnen Waffenzuladung aufnehmen.

Die 1977 unter kontroversen Umständen eingestellte Rockwell B-1 hinterließ mit ihrem Verschwinden eine offensichtliche Lücke in der Offensivkraft der U.S. Air Force, wobei Analysen darauf hindeuteten, dass die B-52 bis Mitte der 1980er-Jahre nicht in der Lage sein würde, Angriffe gegen die Sowjetunion sicher durchzuführen. Nachdem Präsident Reagan die Verteidigung 1980 zu einem Eckpfeiler seines Wahlkampfs gemacht hatte, hob er diese Entscheidung 1981 wieder auf. Um den Kongress davon zu überzeugen, die Finanzierung für die 100 geplanten Flugzeuge zu genehmigen, wurde jedoch ein Festpreisvertrag über 20,5 Milliarden US-Dollar mit einer ersten Einsatzfähigkeit (Initial Operational Capability – IOC) im Oktober 1986 vereinbart. Angesichts der Tatsache, dass die ursprüngliche Streichung bedeutet hatte, dass die B-1 nicht vollständig entwickelt war und dass durch die vierjährige Pause bestimmte Systeme bereits veraltet waren, stellte dies praktisch eine unmögliche Aufgabe dar. Gleichzeitig wurde die Anforderung für die Höchstgeschwindigkeit in geringer Höhe auf Mach 0,92 erhöht, was eine Verstärkung des Rumpfes erforderte und zu einer Erhöhung des Gewichts führte. Das Flugzeug, das nun zur Unterscheidung von den ursprünglichen Prototypen als B-1B bezeichnet wurde, war zum Zeitpunkt der IOC kaum einsatzfähig. Das elektronische Gegenmaßnahmensystem war noch Jahre von seiner vollen Leistungsfähigkeit entfernt und störte andere Systeme. Zudem gab es erhebliche Undichtigkeiten an den Treibstofftanks sowie an der Hydraulik, und das Geländefolgeradar ließ unterhalb von 305 m oder oberhalb von Mach 0,85 keine sicheren Flüge zu, was seine Brauchbarkeit erheblich einschränkte.

In den nächsten zehn Jahren wurden die Mängel der B-1B kontinuierlich politisch angegriffen, was auch dazu führte, dass die zur Behebung der Probleme erforderlichen Mittel nicht bereitgestellt wurden. Trotzdem und trotz einer Einsatzfähigkeit von nur 57 Prozent blieb die Moral der Einsatzverbände hoch, und im Februar 1987 flog die 96th Bomber Wing eine 22-stündige Mission entlang der Nordgrenze der Sowjetunion, um die Kriegsrolle der Maschine zu erproben. Kurz darauf wurde der erste erfolgreiche Abschuss einer AGM-69A Short Range Attack Missile (SRAM) durchgeführt, und die B-1B-Einheiten bauten

Eine Rockwell B-1B des 34. Bombergeschwaders, 366. Flügel, Ellsworth Air Force Base, Anfang der 1990er-Jahre. Das 34. Bombergeschwader stellte 1994 von der B-52G auf die B-1B um und wurde 2002 dem 28. Bombergeschwader zugewiesen.

die Fähigkeiten dieses Typs in den folgenden Jahren weiter aus. Dazu gehörte auch der Gewinn von acht Weltrekorden in verschiedenen Gewichtsklassen für die Steiggeschwindigkeit des Flugzeugs.

Die B-1B hat einen schlanken Rumpf, der ihre tatsächliche Größe verschleiert. Die vier Besatzungsmitglieder sitzen auf einzelnen Schleudersitzen im Cockpit, und im mittleren Rumpf befinden sich die drei Bombenschächte. Dank ihrer Schwenkflügel benötigt das Flugzeug eine kürzere Startbahn als eine gleich beladene B-52. Angetrieben wird die Lancer von vier GE-F101-Triebwerken. Im Rahmen der Neukonstruktion der B-1B wurden die Einlässe für diese Triebwerke fest installiert, wodurch die Höchstgeschwindigkeit auf etwa Mach 1,25 begrenzt, die Radarreflexion jedoch reduziert wird. Bei Flügen in geringer Höhe arbeiten die Leitbleche an der Nase mit dem unteren Seitenruder zusammen, um die Auswirkungen von Turbulenzen abzumildern und die Belastung der Flugzeugzelle zu verringern. Nachdem die Probleme mit dem Terrain-following-System endgültig gelöst wurden, ermöglicht dieses nun Flüge bis hinunter zu einer Höhe von 61 m mit drei Stufen der Flugqualität, sodass die Besatzung auswählen kann, wie genau das Gelände verfolgt werden soll.

Ironischerweise ermöglichten es das Ende des Kalten Krieges und der Verlust der nuklearen Schlagkraft, das volle Potenzial der B-1B auszuschöpfen. Der Kongress war nun bereit, Mittel für die Modernisierung der Systeme der USAF zu bewilligen, wobei das elektronische Gegenmaßnahmensystem ALQ-161A ein vorrangiges Thema war, obwohl auch andere Hilfsmittel zur Überlebensfähigkeit in der konventionellen Rolle erforderlich waren. An diesem Punkt spielte ein bisher übersehener Aspekt der Neukonstruktion der B-1B eine Rolle, wobei die Maßnahmen zur Signaturreduzierung dem Flugzeug eine Radarreflexion ver-

Oben: Eine B-1B „Lancer“ der U.S. Air Force des 34. Bombengeschwaders auf dem Rollfeld der Ellsworth Air Force Base in South Dakota. Ellsworth beherbergt auch das 37. Bombengeschwader, während die Dyess Air Force Base in Texas Heimat des 9., 28. und 345. Bombengeschwaders ist.

Technische Daten (Boeing B1-B)

Typ: Strategischer Überschallbomber

Abmessungen: Länge: 44,37 m; Spannweite: 41,95 m mit ausgeklappten Flügeln; Höhe: 10,24 m

Gewicht: 216.360 kg max. Startmasse

Triebwerk(e): vier General-Electric-F101-GE-102-Mantelstrom-Triebwerke (Turbofans) mit jeweils 77,4 kN Trocken- bzw. 136,9 kN Nachbrennerschub

Höchstgeschwindigkeit: 1.335 km/h

Reichweite: 12.000 km

Dienstgipfelhöhe: 18.000 m

Besatzung: 4

Bewaffnung: bis zu 34.000 kg Waffenzuladung in drei Schächten, darunter AGM-154- und AGM-158-Luft-Boden-Raketen, Mk-82-GP-Bomben, Mk-62-Seeminen, GBU-38-JDAM und GBU-54-LaserJDAM

liehen, die der eines Kampfflugzeugs ähnelte. Dadurch konnten Gegenmaßnahmen, die für kleinere Flugzeuge entwickelt worden waren, effektiv bei der B-1B eingesetzt werden, ohne dass dies zu einer größeren Gewichtszunahme oder zu höheren Kosten führte, wie dies bei Bombern üblicherweise der Fall ist. Ein Beispiel hierfür ist die Schlepptäuschvorrichtung ALE-50, die ursprünglich für die A-6 Intruder entwickelt worden war.

Die konventionellen Bombardierungsfähigkeiten des Flugzeugs sind ebenfalls beeindruckend. Die Zertifizierung wurde mit dem erfolgreichen Abwurf einer vollen Ladung von 84 Mk.82-227-kg-Bomben aus einer Höhe von 152 m bei einer Geschwindigkeit von Mach 0,85 abgeschlossen. Die nukleare Fähigkeit ging schließlich 1995 mit der Entfernung der Bewaffnungs- und Zündungsfähigkeit verloren, um dem neuen START-Vertrag zur Reduzierung von Waffen zu entsprechen. Dabei wurden zusätzliche Maßnahmen ergriffen (vorbehaltlich russischer Inspektionen), die eine Wiederbelebung dieser Fähigkeiten verhindern sollen. Im Jahr 1996 verkaufte Rockwell seine Luft- und Raumfahrtbeteiligungen an Boeing und machte das Unternehmen damit zum Hauptauftragnehmer für die B-1B. Im Dezember 1998 kam das Flugzeug zum ersten Mal im Kampf zum Einsatz, um die Flugverbotszonen über dem Norden und Süden des Irak durchzusetzen, wobei hauptsächlich ungelenkte Bomben verwendet wurden.

Tragfläche
Der Schwenkflügel kann zwischen 15 und 67,5 Grad bewegt werden und wurde entwickelt, um der B-1A theoretisch eine Geschwindigkeit von Mach 2 zu ermöglichen. Die Höchstgeschwindigkeit der B-1B beträgt zwar nur Mach 1,25, sie kann jedoch in geringer Höhe bereits Mach 0,92 erreichen.

Rumpf
Aufgrund der Länge des Rumpfes ist die B-1B für Turbulenzen in niedrigen Höhen anfällig. Um die Ermüdung zu verringern, bewegen sich die kleinen Canards als Reaktion auf Nickbewegungen, während das untere Ruder dieselbe Aufgabe für die Rollbewegungen übernimmt.

Rollsteuerung
Anstelle herkömmlicher Querruder werden bei der B-1B die unterschiedliche Bewegung des Höhenleitwerks und die Auslenkung der Überflügel-Spoiler genutzt, um die Rollneigung zu kontrollieren.

Um die Fähigkeiten für konventionelle Angriffe weiter zu verbessern, wurde 2007 der Zielbehälter Sniper XR an einem externen Aufhängepunkt vor den Bombenschächten angebracht. Die B-1B kam anschließend im Kosovo, im Irak und in Afghanistan zum Einsatz, wo die Einsatzfähigkeit 79 Prozent erreichte. In den letzten Jahren werden zunehmend intelligente Waffen wie GBU-21-JDAM eingesetzt, die es der B-1B ermöglichen, Präzisionsschläge durchzuführen und in der Rolle der Luftnahunterstützung zu operieren. Im Jahr 2014 waren die B-1B des 9. Bombengeschwaders an Einsätzen gegen den Islamischen Staat beteiligt und warfen innerhalb von sechs Monaten über 2.000 JDAMs ab.

Wenngleich die B-21 „Raider“ die B-1B ersetzen soll, dürfte diese voraussichtlich bis in die 2030er-Jahre im Einsatz bleiben. 2024 umfasste die aktive Flotte 45 Flugzeuge, wobei mindestens zwölf weitere eingelagert waren und wieder in Dienst gestellt werden können. Diese Fähigkeit wurde bei der Reaktivierung der B-1B-85-0081 unter Beweis gestellt. Sie sollte eine Maschine ersetzen, die 2022 nach einem katastrophalen Triebwerksausfall während Bodentests durch einen Brand verloren gegangen war.

B-1A

Die ursprüngliche B-1 wurde entwickelt, um die Anforderungen an ein Flugzeug zu erfüllen, das mit einer Geschwindigkeit von Mach 2,2 in einer Höhe von 15.240 m zum Ziel fliegen kann, bevor es für einen Angriff mit einer Geschwindigkeit von Mach 1,2 (später auf Mach 0,85 reduziert) in den Tiefflug übergeht. Das Geländefolgeradar ermöglichte einen sicheren Flug zwischen 61 m und 305 m bei minimalem Eingreifen des Piloten. Obwohl der Entwurf von Rockwell 1970 ausgewählt wurde und der erste von vier Prototypen 1974 in die Luft ging, sprach eine Reihe von Faktoren gegen die B-1A. Mitte der 1970er-Jahre wurde zunehmend klar, dass sich die sowjetischen Luftverteidigungskräfte so weit entwickelt hatten, dass Flüge in geringer Höhe nicht länger ein Garant für Sicherheit waren. Gleichzeitig zeigte das Programm „Advanced Technology Bomber“ (ATB), aus dem später die B-2 hervorging, vielversprechende Ergebnisse. Angesichts eines teuren Flugzeugs, dessen Überlebenschancen nicht besser waren als die der B-52, und einer Alternative, die weitaus größere Fähigkeiten bot, stellte Präsident Carter das B-1-Programm 1977 ein. Die Testflüge wurden mit den vorhandenen Prototypen bis 1981 fortgesetzt. Dies war ein höchst umstrittener Schritt, da zu dieser Zeit nur wenige Menschen das ATB-Programm kannten und Carter sich damit dem Vorwurf aussetzte, in Verteidigungsfragen zu nachgiebig zu sein.

Tupolew Tu-160 „Blackjack“ (1987)

Mitte der 1990er-Jahre schien die Tu-160 ein Relikt des Kalten Krieges zu sein, das lediglich für nukleare Zwecke genutzt werden konnte und von dem nur noch wenige Exemplare im Einsatz waren. Seitdem hat sie jedoch mit neuen Fähigkeiten und einer wieder aufgenommenen Produktion einen Aufschwung erlebt.

Cockpit
Die vierköpfige Besatzung sitzt auf K-36LM-Schleudersitzen unter individuellen Luken. Unmittelbar vor dem Cockpit befindet sich die einziehbare Betankungssonde.

Flügelförmiger Rumpf
Ähnlich wie die B-1B verfügt die Tu-160 über einen Blended Wing Body (BWB), wobei der Innenraum des festen Teils für integrierte Treibstofftanks genutzt wird.

Radargeräte
Die Tu-160 verfügt über ein Clam-Pipe-Angriffsradar und unterhalb des Radoms ist ein Sopka-Geländefolgeradar angebracht.

Angesichts der Ähnlichkeit beider Flugzeuge überrascht es nicht, dass die Tu-160 als Antwort auf eine gleichartige Anforderung entwickelt wurde, die auch zur Entwicklung der B-1 geführt hatte. Ende 1967 forderte die sowjetische Regierung Entwürfe für einen strategischen Bomber mit einer Reichweite von 11.000 bis 13.000 km und einer Geschwindigkeit von bis zu Mach 3,0, die später jedoch auf Mach 2,3 reduziert wurde. Im Gegensatz zur B-1 sollte diese Höchstgeschwindigkeit jedoch nicht weiter reduziert werden. Als Bewaffnung waren Boden-Luft-Raketen vorgesehen, die aus einem von zwei Waffenschächten abgefeuert werden sollten. Bei der Konzeption war eine ausschließlich nukleare Rolle vorgesehen. Nachdem einige Entwürfe eingegangen und die Anforderungen nochmals geändert worden waren, wurde 1972 das M-18-Design von Mjassischtschew gegenüber dem von Tupolew ausgewählt, vor allem aufgrund der Schwenkflügel, die der Maschine eine bessere Leistung über einen größeren Geschwindigkeitsbereich verliehen. Aufgrund der geringen Größe des Designteams von Mjassischtschew wurde letztlich jedoch Tupolew beauftragt, das Projekt zu realisieren.

Der offizielle Auftrag zum Baubeginn wurde erst 1975 erteilt, zu diesem Zeitpunkt war die Konstruktion bereits weiter verfeinert worden. Die Produktion der Prototypen nahm einige Zeit in Anspruch; das erste Flugzeug wurde erst im Januar 1981 fertiggestellt, die Rollversuche begannen im November desselben Jahres. Kurz darauf erhielt der Westen erste Bilder der Tu-160, die auf dem Flugfeld von Schukowski geparkt war, auch wenn man bereits seit der Bekanntgabe des Programms bei den SALT-II-Verhandlungen zur Rüstungsreduzierung 1978 davon wusste. Die Flugtests begannen kurz vor Ende 1981, wobei der zweite Prototyp 1984, nur wenige Tage vor dem Erstflug des ersten Serienflugzeugs, hinzukam. Im Jahr 1987 erfolgten dann die ersten Auslieferungen an die sowjetische Luftwaffe.

Diese Tu-160 mit der Bezeichnung „Nikolai Kusnezow“, RF-94100 „10 Red“, ist ein weiteres Flugzeug der Flotte des 121. Schweren Bomberregiments in Engels. Dies ist die einzige operative Einheit, die heute mit der „Blackjack“ fliegt, wobei Tupolew ein weiteres Exemplar des Bombers für Testzwecke zugewiesen wurde.

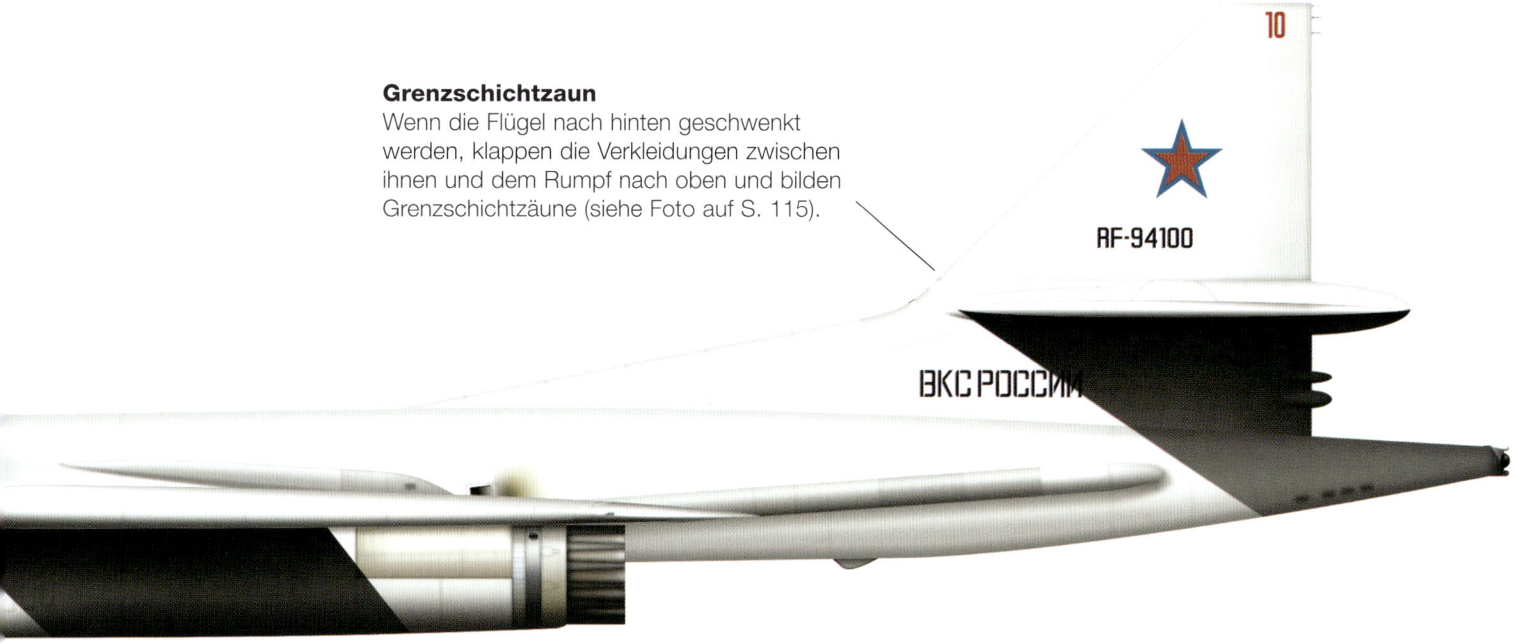

Grenzschichtzaun
Wenn die Flügel nach hinten geschwenkt werden, klappen die Verkleidungen zwischen ihnen und dem Rumpf nach oben und bilden Grenzschichtzäune (siehe Foto auf S. 115).

In einer Entscheidung, die sich als bedeutend erweisen sollte, wurde die erste Tu-160-Einheit – das 184. GvTBAP (Schweres Bomberregiment der Garde) – auf dem Flugplatz Pryluky, 130 km östlich von Kiew, gebildet.

Ende Juli begann die Einheit mit Testabschüssen der Marschflugkörper Kh-55SM und AS-15 Kent. Ende 1991 verfügte die 184. GvTBAP über 19 Tu-160 und hatte bereits Flüge über den Nordpol bis auf 450 km an die kanadische Grenze durchgeführt.

Größere Leistung

Auch wenn die Tu-160 „Blackjack“ optisch der B-1B ähnelt, ist sie ein viel größeres Flugzeug. Tatsächlich ist sie zwar 27 Prozent schwerer, hat aber 79 Prozent mehr Schubkraft. Im Gegensatz zur B-1B verfügt die Tu-160 über variable Einlassrampen für die Triebwerke, die angesichts der höheren Geschwindigkeiten, zu denen das Flugzeug fähig ist, erforderlich sind, auch wenn dies wahrscheinlich die Radarrückstrahlfläche beeinträchtigt. Während der Schwenkwinkel der Tragfläche vergrößert wird, klappt der innere Teil nach oben und bildet einen Grenzschichtzaun, anstatt sich wie bei den meisten anderen Schwenkflügelflugzeugen in den Rumpf zu bewegen. Ein weiteres ungewöhnliches Merkmal der „Blackjack“ ist das Seitenleitwerk, das sich vollständig über dem mittig montierten Höhenleitwerk bewegen lässt.

Da vor Produktionsbeginn nur begrenzte Tests durchgeführt wurden, deckten die ersten Einsätze der 184. GvTBAP eine Reihe von Problemen auf, die behoben werden mussten, darunter zusätzliche Hilfsansaugöffnungen an den Seiten der Hauptansaugöffnungen und ein kürzeres, stabileres Leitwerk, nachdem sich bei einem Flug ein Teil davon gelöst hatte. Ein größeres Problem für den Betrieb der Tu-160 war jedoch der Zusammenbruch der Sowjetunion im Jahr 1991. Damit blieb die einzige einsatzfähige Einheit in der Ukraine, einem Land, das keinen wirklichen Bedarf an strategischen Nuklearbombern hatte. Russland hingegen hatte Geldmangel und konnte sich nur noch sechs weitere Flugzeuge leisten, bevor die Produktion 1994 eingestellt wurde. Erst 1999 kam es zu einer Einigung zwischen den beiden Ländern, wobei die Ukraine Russland acht Tu-160 sowie drei Tu-95MS verkaufte und im Gegenzug eine Ermäßigung von 285 Millionen US-Dollar auf ihre ausstehenden Zahlungen für Erdgasimporte erhielt.

Die in der Ukraine verbliebenen Flugzeuge wurden verschrottet, mit Ausnahme eines Exemplars, das als Museumsstück erhalten blieb.

Vergrößerte Flotte

Nachdem die Mittel für die Fertigstellung eines weiteren Flugzeugs bereitgestellt worden waren und das Werk geliefert hatte, verfügte Russland nun über eine Flotte von 15 Tu-160. Die Vergrößerung der Flotte ermöglichte es den Luftstreitkräften, ein Modernisierungsprogramm zur Verlängerung der Lebensdauer der Maschinen und zur Aufrüstung der Systeme in Betracht zu ziehen. Dadurch konnte auch eine nicht nukleare Rolle aufgenommen werden, um den Einsatz des Flugzeugs in regionalen Konflikten zu ermöglichen, nachdem der Golfkrieg 1991 die Nützlichkeit strategischer Bomber in diesem Zusammenhang gezeigt hatte. Zu diesem Zweck wurde die „Blackjack“ so umgerüstet, dass sie AS-22-Kluge- und Stealth-AS-23-Kodiak-Marschflugkörper tragen konnte.

Überraschenderweise wurde die Tu-160 erst 2005 für einsatzbereit erklärt, wobei frühere Einsätze als Testflüge gegolten hatten und der Fortschritt der Evaluierung durch die geringe Größe der russischen Flotte vor 1999 behindert worden war. Der Typ kam 2015 zum ersten Mal zum Kampfeinsatz, als er AS-22- und AS-23-Raketen auf Ziele in Syrien abfeuerte. Obwohl die meisten Starts über dem Kaspischen Meer erfolgten, umflog das Flugzeug bei seinem Einsatz Westeuropa, flog über die Straße von Gibraltar zum Mittelmeer, überquerte dieses und feuerte dann seine Raketen ab, bevor es über Syrien zurück zur Engles Air Base flog. Damit demonstrierte es die Fähigkeiten der Tu-160 und der russischen Luftwaffe, anstatt den effektivsten Weg zur Erfüllung der Mission zu wählen. Im Rahmen der russischen Invasion haben „Blackjacks“ auch Raketen auf die Ukraine abgefeuert, ebenfalls von Positionen über dem Kaspischen Meer aus. Nach einer langen Entwicklungsphase beginnt das größte und schwerste Kampfflugzeug der Welt nun, seine Fähigkeiten unter Beweis zu stellen. Es bleibt abzuwarten, ob die Pläne zur Erweiterung der Flotte verwirklicht werden.

Wie viele Tu-160 trägt auch die „17 Red“ den Namen eines russischen Helden auf dem vorderen Rumpf, in diesem Fall Waleri Tschkalow. Tschkalow, ein sowjetischer Testpilot, flog 1937 in einer ANT-25 in einem epischen 63-stündigen Flug von Moskau nach Washington State. Der Held der Sowjetunion kam 1938 bei einem Testflug mit einer Polikarpow I-180 ums Leben.

Technische Daten (Tu-160)

Typ: Strategischer Überschallbomber

Abmessungen: Länge: 54,1 m; Spannweite: 55,7 m mit ausgeklappten Flügeln; Höhe: 13,1 m

Gewicht: 275.000 kg max. Startmasse

Triebwerk(e): vier Kusnezow-NK-321-Mantelstrom-Triebwerke (Turbofans) mit jeweils 137,3 kN Trocken- bzw. 245 kN Nachbrennerschub

Höchstgeschwindigkeit: 2.220 km/h

Reichweite: 12.300 km

Dienstgipfelhöhe: 16.000 m

Besatzung: 4

Bewaffnung: bis zu 45.000 kg Waffenzuladung intern, darunter AS-22- und AS-23-Luft-Boden-Raketen

Wiederaufnahme der Produktion

In einer überraschenden Entscheidung wurde 2015 beschlossen, die Produktion der Tu-160 wieder aufzunehmen und gleichzeitig die Produktion der PAK DA, eines zukünftigen Stealth-Bombers, hinauszuzögern. Das erste neue Flugzeug flog 2017, wobei es sich um eine Flugzeugzelle handelte, die Mitte der 1990er-Jahre unvollendet geblieben war. Das erste komplett neue Flugzeug flog im folgenden Jahr und zeigte, dass Tupolew die Fertigungskompetenzen wiedererlangt hatte, die nach der Einstellung der Produktion im Jahr 1994 verloren gegangen waren. Im Jahr 2018 wurde ein Vertrag über zehn Tu-160M unterzeichnet. Diese Flugzeuge werden eine Reihe von Überarbeitungen aufweisen, die auch in die alten Maschinen Einzug halten dürften, wenn diese einer gründlichen Wartung unterzogen werden. Dazu gehören der Austausch fast aller Avioniksysteme, ein Glascockpit, ein neues Novella-N1.70-Radar sowie neue, leistungsstärkere NK-32-Triebwerke. Das erste der neuen Flugzeuge flog im Januar 2022. Bis zum Ende des gleichen Jahres war ein zweites fertiggestellt und vier ältere Flugzeuge auf den Tu-160M-Standard aufgerüstet worden. Derzeit ist geplant, insgesamt 50 neu gebaute Flugzeuge zu kaufen, wobei zwei bis drei pro Jahr produziert werden sollen.

Xi'an JH-7A (1992)

Nach einer langen Entwicklungsphase ist die JH-7 bei der chinesischen Marine und Luftwaffe zu einer kostengünstigen Ergänzung der „Flanker" geworden. Wenngleich sie nicht auf dem neuesten Stand der Luft- und Raumfahrttechnik ist, verleiht ihr die Ausrüstung mit den neuesten chinesischen Waffen eine starke Schlagkraft.

Die Xi'an JH-7 (NATO-Codename: „Flounder") geht auf die Mitte der 1970er-Jahre zurück. Angesichts der sich abkühlenden Beziehungen zur Sowjetunion wurde beschlossen, einen Ersatz für die Flugzeuge H-5 Beagle und Q-5 Fantan der PLAAF im eigenen Land zu produzieren. Gleichzeitig zeigten die Auseinandersetzungen mit Vietnam um die Paracel-Inseln einen Mangel an nützlicher maritimer Luftunterstützung auf, was zu einem Bedarf der PLANAF an einem maritimen Kampfflugzeug führte. Beide Streitkräfte benötigten einen Langstrecken-Jagdbomber, der bei jedem Wetter Tieffliegerangriffe durchführen konnte, und es wurde beschlossen, die Anforderungen zusammenzulegen und ein einziges Flugzeug zu produzieren, das beide Aufgaben erfüllen konnte. Dies führte letztendlich zu Verzögerungen, da die PLANAF für die Bekämpfung von Schiffen eine Tandemsitzanordnung bevorzugte, während die PLAAF für eine bessere Zusammenarbeit der Besatzung bei Tiefflügen über Land zur Bekämpfung von Konvois eine Nebeneinander-Sitzanordnung wünschte. Das Beispiel der mit Exocet bewaffneten Super Etendard im Falklandkrieg 1982 lenkte die Aufmerksamkeit Chinas auf die Bedeutung kombinierter Operationen im maritimen Umfeld. Am Ende dieses Jahres wurde daher der PLANAF-Variante Vorrang eingeräumt, und der Typ wurde offiziell als JH-7 (für Jianjiji Hongzhaji – Jagdbomber) bezeichnet. Es scheint auch, dass um diese Zeit die ursprüngliche PLAAF-Variante aufgegeben wurde, wobei der genaue Zeitablauf unklar ist.

Im Gegensatz zu früheren chinesischen Flugzeugen basierte die Konstruktion nicht auf einem bestehenden sowjetischen Typ und hat ein unverwechselbares Aussehen, das an die europäischen Modelle „Tornado" und „Jaguar" erinnert. Die Flugzeugzelle ist relativ klar gestaltet, mit einem tiefen vorderen Rumpf und quadratischen Lufteinlässen, die auf beiden Seiten des hinteren Cockpits angebracht sind.

Der hoch montierte Hauptflügel verfügt über drei Aufhängepunkte auf jeder Seite, wobei der an der Spitze für Luft-Luft-

Kabinenhaube
Die JH-7A unterscheidet sich von früheren Modellen durch die einteilige Windschutzscheibe, die die Sicht nach vorne verbessert.

Radar
Das Multimode-Radar JL-10A ist der Hauptsensor der JH-7A und kann in verschiedenen Modi eingesetzt werden, darunter Geländefolge und Luft-Luft-Kampf.

Behälter
Die JH-7A verfügt über zwei vordere Rumpfpylone, die für die Montage von Pod-Systemen wie Zielmarkierungsgeräten und Raketendatenverbindungen vorgesehen sind.

Fahrwerk
Um den Einsatz auf unbefestigten Pisten zu ermöglichen, erhielt die JH-7 ein sehr robustes Fahrwerk mit Doppelrädern an allen Fahrwerksbeinen. Ziel war es, den Druck auf weichen Boden zu verringern.

Triebwerke
Die Entwicklungszeit des Xian WS-9, im Wesentlichen eine in China hergestellte Version des Rolls-Royce Spey, dauerte mehr als zwei Jahrzehnte. Diese Verzögerung führte dazu, dass einige Flugzeuge mit gebrauchten F-4M-Phantom-Triebwerken ausgestattet wurden.

Unten: Diese JH-7A mit der Seriennummer 73270 dient in der 126. Luftwaffenbrigade der PLAAF, die Teil der Nanning-Basis innerhalb des Southern Theatre Command und in Liuzhou stationiert ist.

Heck
Das große, gepfeilte Seitenleitwerk wurde bei den späteren JH-7-Modellen durch zwei Bauchflossen ergänzt, was auf eine gewisse Richtungsinstabilität hindeutet.

Tragflächen
Der Hauptflügel hat eine Pfeilung von etwa 45 Grad mit einem Sägezahn bei etwa zwei Dritteln der Spannweite. Auf jeder Seite befinden sich drei Unterflügelpylone sowie eine Flügelspitzen-Raketenstation.

Raketen reserviert ist. Das große Seitenleitwerk wird durch eine Bauchflosse bei der Aufrechterhaltung der Richtungsstabilität unterstützt. Die Leistung wird von zwei Rolls-Royce-Spey-Mk.-202-Triebwerken geliefert, da kein geeignetes chinesisches Triebwerk verfügbar war. Dieses wurde schließlich in Lizenz als Xi'an WS-9 produziert, war jedoch erst 2003 serienreif. Der Erstflug der JH-7 erfolgte 1988 vom Flugplatz Yanliang aus, wobei vier Flugzeuge am Testprogramm teilnahmen, während ein fünftes für statische Belastungstests verwendet wurde. Obwohl in jenem Jahr ein Modell des Flugzeugs am Stand von Xi'an auf der Farnborough International Air Show zu sehen war, wurde der Typ erst 1996 auf der Zhuhai Air Show offiziell der Öffentlichkeit vorgestellt.

Zu diesem Zeitpunkt verfügte die PLANAF offenbar über etwa 18 Flugzeuge, die nach einem frühen Produktionsstandard gebaut worden waren. Diese wurden für operative Evaluierungen eingesetzt, und Ende 1996 starteten sie erstmals erfolgreich die YJ-81-Anti-Schiffsrakete (ASM), die bei der NATO als CSS-N-4 Sardine bekannt ist. Diese Versuche ergaben eine Reihe von Verbesserungsmöglichkeiten, vor allem im Bereich der Avionik, was zur nächsten Produktionsserie – Block 2 – führte, die auch die Integration der leistungsfähigeren YJ-83 ASM (CSS-N-8 Saccade) umfasste. Diese Flugzeuge dienten als Übergangslösung bis zur Einführung der JH-7A, die 2002 ihren Erstflug absolvierte und zwei Jahre später in Dienst gestellt wurde.

Technische Daten (Xi'an JH-7A)

Typ: Jagdbomber

Abmessungen: Länge: 22,3 m; Spannweite: 12,8 m; Höhe: 6,22 m

Gewicht: 28.475 kg max. Startmasse

Triebwerk(e): zwei Xian WS-9 Qinling-Mantelstrom-Triebwerke (Turbofans) mit jeweils 5.500 kg Trocken- bzw. 9.280 kg Nachbrennerschub

Höchstgeschwindigkeit: 1.800 km/h

Reichweite: 900 km

Dienstgipfelhöhe: 16.000 m

Besatzung: 2

Bewaffnung: eine 23-mm-Kanone vom Typ GSch-23M und bis zu 9.000 kg Waffenzuladung, darunter Luft-Luft-Raketen vom Typ PL-8, PL-9 und PL-12, Anti-Radar-Raketen vom Typ YJ-91, Anti-Schiffs-Raketen vom Typ CSS-N-8 und Luft-Boden-Raketen vom Typ YJ-82

Oben: Eine JH-7A der PLAAF während des internationalen Luftwaffenwettbewerbs „Aviadarts" 2018 auf dem Rollfeld des Flugplatzes Djagilewo im Westen Russlands

Rechts: Die Xi'an JH-7A verfügt über eine leichtere und stabilere Flugzeugzelle als die JH-7, wodurch das neuere Flugzeug eine maximale Waffenlast von 9.000 kg transportieren kann.

Dieses Modell baut auf den Verbesserungen des Block 2 auf, unterscheidet sich jedoch durch die einteilige Windschutzscheibe, das Fehlen von Grenzschichtzäunen und den Ersatz der einzelnen Bauchflosse durch zwei Flossen auf beiden Seiten des hinteren Rumpfes. Außerdem verfügt es über einen zusätzlichen Unterflügel-Hardpoint auf jeder Seite und unter dem mittleren Rumpf für Pod-Systeme. Dank der Verwendung von 3-D-Konstruktionssoftware konnte durch die Neukonstruktion der Tragflächen und des Leitwerks sowie den verstärkten Einsatz von Verbundwerkstoffen rund 400 kg Gewicht eingespart werden. Im Inneren verfügt die JH-7A über ein Glascockpit, ein verbessertes HUD und ein digitales FBW-System, das das frühere analoge System ersetzt. Die neuen Aufhängepunkte unterhalb des Rumpfes unter den Lufteinlässen können den Blue-Sky-Pod für die Navigation in geringer Höhe und einen Zielbehälter tragen. Es scheint auch Behälter zu geben, die mit bestimmten Raketensystemen sowie der elektronischen Kampfführung in Verbindung stehen, auch wenn die vollständigen Details zu ihren Fähigkeiten noch unbekannt sind.

Die JH-7A wurde bei der PLANAF 2004 in Dienst gestellt, während die PLAAF ihre ersten Flugzeuge 2005 in Empfang nahm. Die verbesserten Präzisionsschlagfähigkeiten des modernisierten Flugzeugs sowie eine echte Geländefolgefähigkeit bis hinunter zu 61 m

Höhe machten diesen Typ nun auch für die Luftstreitkräfte attraktiv. Obwohl beide Streitkräfte auch „Flanker"-Varianten anschafften, wurde eine kostengünstigere Alternative benötigt, um diese zu ergänzen und die erforderliche Größe der Luftwaffe zu erreichen. Nach einer langwierigen Entwicklungsphase erwies sich die JH-7A als idealer Kandidat für diese Aufgabe. Nominell haben Flugzeuge der PLANAF eine hellere graue Tarnung und tragen die nationalen Kennzeichen auf dem hinteren Rumpf sowie Seriennummern auf den Lufteinlässen. PLAAF-Flugzeuge hingegen tragen die nationalen Kennzeichen am Heck und Seriennummern an der Nase.

Obwohl die JH-7 seit über 20 Jahren im Einsatz ist, ist sie außerhalb Chinas nur selten zu sehen. Eine Ausnahme bildete 2013 ein Einsatz in Ostrussland im Rahmen einer gemeinsamen Übung. Obwohl sie als FBC-1 (Fighter Bomber China) für den Export angeboten wird, hat es bisher keine Verkäufe ins Ausland gegeben. Auch zukünftig dürfte sich dies kaum ändern. Für China wurden 270 Stück gebaut, meist Typ JH-7A, und auch wenn die Maschine nie ein Spitzenreiter der Flugzeugentwicklung war, trug sie zweifellos dazu bei, die chinesische Luft- und Raumfahrtindustrie voranzutreiben.

Chinesische Speys

Das Rolls-Royce-Spey-Triebwerk stammt aus den 1960er-Jahren und wurde erstmals militärisch in der Blackburn Buccaneer eingesetzt. In den 1970er-Jahren, als China sich mit der Entwicklung eigener Turbofan-Triebwerke schwertat, beschloss die chinesische Regierung, die Lizenzproduktion des Triebwerks aufzunehmen. Aufgrund der erheblichen Fortschritte, die Chinas Fertigungskapazitäten machen mussten, sah der daraus resultierende Vertrag auch die Lieferung von 50 Triebwerken ab 1976 vor. Allerdings sollten die in China hergestellten Triebwerke mit der Bezeichnung WS-9 erst 2003 die Zertifizierung erhalten. Folglich wurden in den ersten JH-7 die Original-Triebwerke aus den 1970er-Jahren verwendet. Als Übergangsmaßnahme wurde 1997 ein Vertrag über weitere 90 in Großbritannien hergestellte Triebwerke unterzeichnet. Tatsächlich handelte es sich dabei um gebrauchte Triebwerke, die ursprünglich in den F-4M Phantoms der RAF eingesetzt worden waren. Diese wurden für den Großteil der JH-7 des Blocks 2 verwendet und sind möglicherweise die einzigen Triebwerke, die jemals in zwei verschiedenen Serienkampfflugzeugen eingesetzt wurden.

Northrop Grumman B-2 „Spirit“ (1997)

Der B-2-Stealth-Bomber mit seinen Fledermausflügeln ist mit einem Preis von rund 900 Millionen US-Dollar das teuerste Kampfflugzeug, das jemals gebaut wurde. Auch wenn die Wartung schwierig ist, bleibt die kleine Flotte der „Spirits“ eine der mächtigsten Waffen im Arsenal der USA.

Im November 1988 wurde die B-2 aus ihrem Hangar der Air Force Plant 42 in Palmdale, Kalifornien, gerollt und der Öffentlichkeit vorgestellt. Der Stealth-Bomber absolvierte anschließend im Juli 1989 seinen ersten Flug. Hauptauftragnehmer für das Advanced-Technology-Bomber-(ATB-)Programm, aus dem die B-2 hervorging, war Northrop (heute Northrop Grumman), das für die gesamte Systemkonzeption und -integration verantwortlich war. Angesichts der Komplexität und bahnbrechenden Natur des Programms waren weitere Auftragnehmer beteiligt, darunter Boeing Military Airplanes, Hughes Radar Systems, General Electric Aircraft Engine und Vought Aircraft. Das ursprüngliche Ziel des ATB aus der Zeit des Kalten Krieges war es, einen schwer erkennbaren Bomber zu entwickeln, der in der Lage war, strategische Ziele der Sowjetunion, darunter mobile Interkontinentalraketenrampen, anzugreifen.

Insgesamt wurden sechs Prototypen finanziert. Ursprünglich hatte die U.S. Air Force einen Bedarf von bis zu 132 Flugzeugen,

Tragflächenform
In dieser Draufsicht ist deutlich die Ausrichtung der Vorder- und Hinterkanten nicht nur der Tragflächen, sondern auch der Ein- und Auslässe zu erkennen. Dadurch wird sichergestellt, dass die einfallende Radarenergie in eine vorhersehbare Richtung reflektiert wird.

Triebwerke
Die vier General-Electric-F118-GE-110-Turbofans stoßen ihre Abgase durch V-förmige Auslässe aus, die hinter und über den Hinterkanten der Tragflächen angeordnet sind, um sie vor bodengestützten Sensoren abzuschirmen.

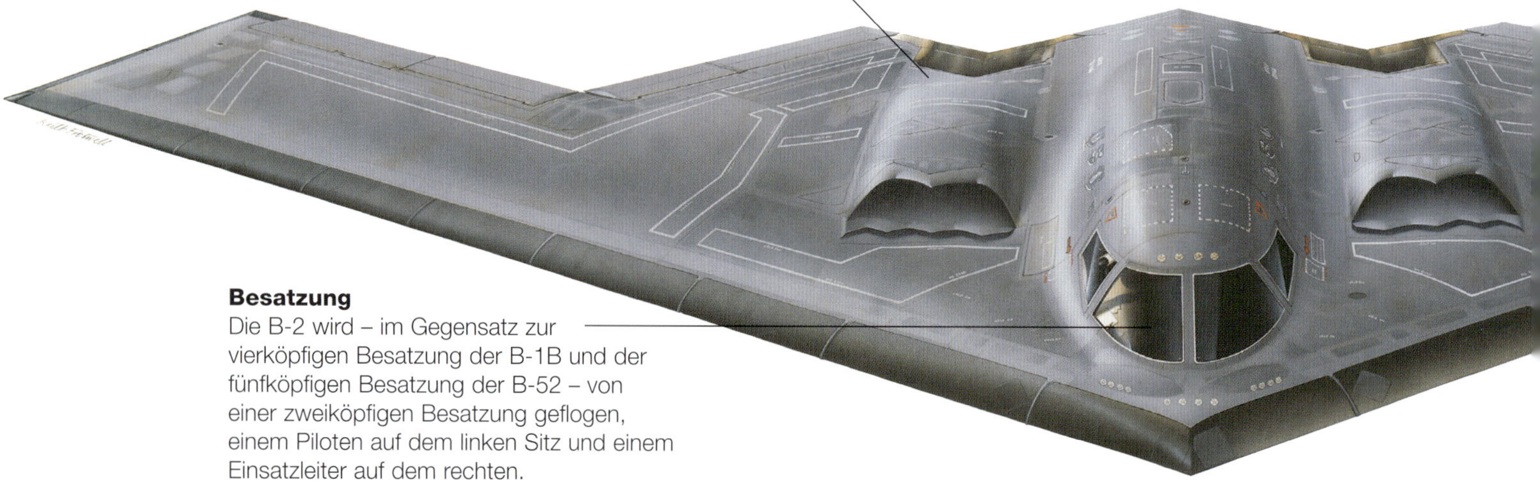

Besatzung
Die B-2 wird – im Gegensatz zur vierköpfigen Besatzung der B-1B und der fünfköpfigen Besatzung der B-52 – von einer zweiköpfigen Besatzung geflogen, einem Piloten auf dem linken Sitz und einem Einsatzleiter auf dem rechten.

Flügelvorderkante
Ursprünglich war eine scharfe Flügelvorderkante über die gesamte Spannweite vorgesehen, doch dann wurde die Mitte der Tragfläche zugunsten einer verbesserten Start- und Landeleistung durch ein abgerundetes Design ersetzt. Dies erforderte umfangreiche Arbeiten, um die Radarsignatur aufrechtzuerhalten.

Oben: Die B-2 Spirit ist ein Mehrzweckbomber, der sowohl konventionelle als auch nukleare Waffen transportieren kann.

Links: Diese B-2 mit dem Namen „Spirit of Mississippi“ wird vom 13. Bombengeschwader mit Sitz auf der Whiteman Air Force Base in Missouri betrieben.

Radarabsorbierende Beschichtung
Neben ihrer radarabweisenden Form verfügt die B-2 über radarabsorbierende Beschichtungen, die einer besonderen Wartung bedürfen. Dies macht eine umfangreiche Infrastruktur erforderlich.

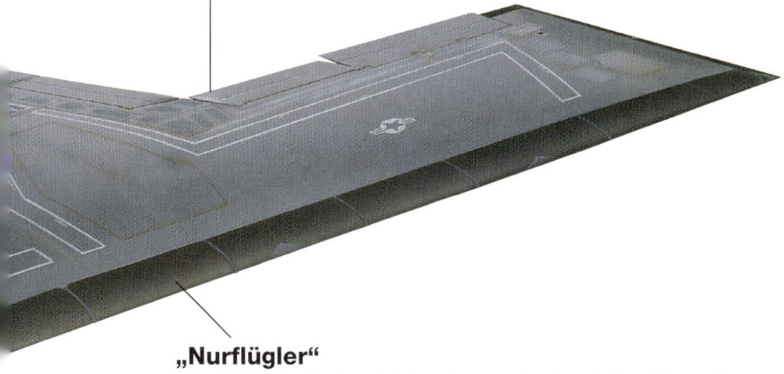

„Nurflügler“
Die B-2 bietet die gleiche Nutzlast wie ein herkömmliches Flugzeug, sie wiegt jedoch weniger und hat zudem einen geringeren Treibstoffverbrauch. Das Gewicht und der Luftwiderstand der Leitwerke entfallen ebenfalls, und die Flügelkonstruktion ist äußerst effizient. Außerdem werden die Stealth-Eigenschaften durch die Form verbessert.

doch aufgrund von Finanzierungsbeschränkungen wurde diese Zahl auf 21 reduziert.

Die Flotte der einsatzfähigen B-2-Flugzeuge der Air Force ist heute auf der Whiteman Air Force Base in Missouri konzentriert. Das erste Flugzeug mit dem Namen „Spirit of Missouri“ wurde im Dezember 1993 an die Basis ausgeliefert. Die letzte Spirit wurde im Juli 2000 in Whiteman übergeben. Dabei handelte es sich um den ersten Prototyp (AV-1/Air Vehicle One), der entsprechend aufgerüstet worden war. Die Flugzeuge wurden in aufeinanderfolgenden, immer leistungsfähigeren Blöcken konfiguriert, beginnend mit den Blöcken 10 und 20 bis hin zum Block 30, der voll funktionsfähige Waffen- und Navigationsfähigkeiten mit sich bringt. Das außergewöhnliche Aussehen der B-2 ist das Ergebnis der kombinierten Anforderungen an Tarnkappentechnologie, große Reichweite und beträchtliche Waffenlast.

Technische Daten (B-2 Spirit)

Typ: Strategischer Langstreckenbomber

Abmessungen: Länge: 21,03 m; Spannweite: 52,43 m; Höhe: 5,18 m

Gewicht: 152.635 kg max. Startmasse

Triebwerk(e): vier General-Electric-F118-GE-100-Mantelstrom-Triebwerke (Turbofans) mit jeweils 84,52 kN Schub

Höchstgeschwindigkeit: ca. 764 km/h in großer Höhe

Reichweite: 8.334 km auf Hi-Lo-Hi-Angriffsmission mit typischer Waffenzuladung

Dienstgipfelhöhe: 15.240 m

Besatzung: 2

Bewaffnung: bis zu 18.144 kg Waffenzuladung, die in zwei Waffenschächten unterhalb des Mittelteils transportiert werden

Die Konstrukteure von Northrop entschieden sich für eine Nurflüglerkonstruktion, die eine geringe Erkennbarkeit mit ausgezeichneter aerodynamischer Effizienz und großer Nutzlast kombinierte. Die Verwendung einer solchen Konstruktion stellt eine Herausforderung hinsichtlich der Steuerung und Stabilität dar, weshalb die B-2 mit einem vierfach redundanten digitalen Fly-by-Wire-System ausgestattet ist.

Die Tarnkappeneigenschaften der B-2 beruhen auf einer Kombination aus reduzierter Infrarot-, Akustik-, Elektromagnetik-, Sicht- und Radarsignatur. Viele Aspekte des Prozesses zur Erzielung der geringen Erkennbarkeit der „Spirit“ sind nach wie vor geheim. Zu den bekannt gewordenen Details gehören die umfangreiche Verwendung von Verbundwerkstoffen und speziellen Beschichtungen aus radarabsorbierendem Material. Diese tragen erheblich zu den Wartungskosten und Arbeitsstunden bei, die erforderlich sind, um die Flotte einsatzfähig zu halten. Bei der Konstruktion der „Spirit“ wird ein großzügiger Anteil an Verbundwerkstoffen als Teil einer radarabsorbierenden Wabenstruktur verwendet. Die Triebwerke sind so konstruiert, dass sie keine

Oben: Eine B-2 „Spirit“ wirft hier 32 Joint Direct Attack Munitions (JDAMs) über der Utah Testing and Training Range ab. Unter dem Flügel und dem Heck sind Aufzeichnungsgeräte zu sehen, mit denen die Abwurfvorgänge ausgewertet werden können.

Kondensstreifen hinterlassen, und es wurden zahlreiche weitere Maßnahmen zur Reduzierung der Infrarotstrahlung ergriffen.

Sobald sich die Besatzung in der Nähe des Ziels befindet, wird das AN/APQ-181-Angriffsradar nur kurzzeitig eingesetzt, um eine Entdeckung zu verhindern. Zur weiteren Avionik gehört eine umfassende elektronische Kampfführungsausstattung.

Neben der B-1B und der B-52H ist die B-2 Teil der bemannten Bomber-Triade der USAF und kann sowohl konventionelle als auch nukleare Waffen transportieren. Dank ihrer Stealth-Eigenschaften ist das Flugzeug in der Lage, überall auf der Welt massive Feuerkraft durch bislang undurchdringliche Verteidigungsanlagen zu entfalten. Zu den typischen Kriegsmissionen gehören daher Angriffe auf hochwertige, stark verteidigte Ziele. Die „Spirit“ hat eine Reichweite von etwa 9.600 km, ohne auftanken zu müssen.

Die „Spirit“ im Einsatz

Die B-2 kam erstmals während der Operation Allied Force über dem ehemaligen Jugoslawien zum Einsatz, wo sie in den ersten acht Wochen für die Zerstörung von 33 Prozent aller serbischen Ziele verantwortlich war. Diese ersten Einsätze wurden nonstop von der Heimatbasis der Spirit in Whiteman AFB nach Kosovo geflogen.

Zur Unterstützung der Operation Enduring Freedom (Bild oben) flog die B-2 einige ihrer bislang längsten Einsätze von Whiteman nach Afghanistan und zurück. Während der Operation Iraqi Freedom flogen B-2 insgesamt 22 Einsätze von einem vorgeschobenen Einsatzort sowie 27 Einsätze von der Whiteman AFB aus und warfen mehr als 680.000 kg Bomben ab. Drei B-2 flogen in der ersten Nacht der Operation Odyssey Dawn Einsätze und griffen im März 2011 hochrangige libysche Ziele an. Eine ähnliche Mission wurde im Januar 2017 von zwei B-2-Flugzeugen geflogen, die 105 Joint Direct Attack Munitions (JDAMs) mit einem Gewicht von jeweils 227 kg auf ISIL-Ziele in der Nähe von Sirte, Libyen, abwarfen – eine 33-stündige Rundreise von Whiteman aus.

Die B-2 erreichte im Dezember 2003 ihre volle Einsatzfähigkeit. Im Jahr 2009 übernahm das neueste Kommando der US-Luftwaffe – das Air Force Global Strike Command – die Verantwortung für die B-2 vom Air Combat Command. Die operative Einheit der B-2-Flotte ist der 509th Bomb Wing, der auch dem 412th Test Wing auf der Edwards AFB in Kalifornien einzelne Test-B-2 zur Verfügung stellt. Die B-2 soll künftig durch die B-21 „Raider“ ersetzt werden. Der genaue Zeitpunkt steht noch nicht fest, aber die erste Indienststellung des neuen Bombers wird für 2026/27 erwartet.

Suchoi Su-30MKK „Flanker“ (2000)

Die Su-30-Familie wurde aus einem Langstreckenabfangjäger entwickelt und hat sich zu zwei unterschiedlichen Familien von Mehrzweck-Kampfflugzeugen mit einem Schwerpunkt auf Bodenangriffe weiterentwickelt. Da es in Südostasien mehrere Nutzer gibt, ist es möglich, dass zwei Betreiber miteinander in Konflikt geraten könnten.

Die Bezeichnung Su-30 umfasst eine Reihe von kampffähigen Derivaten der zweisitzigen Su-27 „Flanker“, beginnend mit der Su-27PU (PU steht für Punkt Upravleniya – Kontrollpunkt), wobei das Ziel darin bestand, einen Langstrecken-Abfangjäger zu entwickeln. Dies wurde Ende der 1980er-Jahre umgesetzt, indem man die Fähigkeiten der „Flanker“ um Luft-Luft-Betankung ergänzte, wodurch die Flugdauer auf zehn Stunden erhöht wurde. Gleichzeitig wurde das hintere Cockpit mit zusätzlicher Avionik ausgestattet, um das Flugzeug als Kommandozentrale einsetzen zu können, die – ähnlich wie bei der MiG-31 – über einen Data Link mit anderen „Flankern“ Daten austauschen kann. Unter der neuen Bezeichnung Su-30 wurden Mitte der 1990er-Jahre letztlich nur fünf Exemplare gebaut, die den größten Teil ihrer Zeit beim russischen Kunstflugteam „Russian Falcons“ verbrachten. Sie bildeten jedoch die Grundlage für ein exportfähiges Mehrzweckflugzeug, das in etwa der F-15E „Strike Eagle“ entspricht.

Indien war der erste Kunde für diesen Typ und erwarb zunächst 18 Su-30K, bei denen es sich im Wesentlichen um Su-30 mit französischer und israelischer Avionik handelte und die ab Ende 1996 ausgeliefert wurden. Es folgten jedoch über 270 Su-30MKI (Modernizirovannyi Kommercheskiy Indiski – Modernisierte kommerzielle Inder), die deutlich leistungsfähiger waren und den NATO-Codenamen „Flanker-H“ trugen. Das Flugzeug erhielt Canards und Schubvektorsteuerung, wobei Erstere teilweise dazu dienten, das erhöhte Gewicht des passiven elektronisch gesteuerten Phased-Array-Radars N011M Bars auszugleichen. Neben Luft-Luft-Modi kann dieses Radar Panzer und andere Fahrzeuge in einer Entfernung von bis zu 50 km erkennen. Das Cockpit wurde mit einem israelischen Elbit-HUD und mehreren Flachbildschirmen ausgestattet, wobei das hintere Besatzungsmitglied über einen großen Bildschirm zur Steuerung von Luft-Boden-Raketen verfügt, die über einen Litening-Zielbehälter gelenkt werden können. Während die

Radar
Die Su-30SM ist für den russischen Einsatz mit dem Phased-Array-Radar N011M Bars ausgestattet. Exportkunden haben verschiedene Optionen, wobei die chinesische Su-30MKK je nach Baujahr mit dem N001VEP- oder Zhuk-MSE-Radar ausgestattet ist.

Canards
Die Su-30SM- und -MKI sind mit Canards ausgestattet, um das Gewicht des Bars-Radarsystems teilweise auszugleichen, indem der Auftriebsschwerpunkt nach vorne verlagert wird.

Fin Tips
Die Su-30MK verfügt über abgewinkelte Enden an den Seitenleitwerken. Die MKK hingegen hat eine abgeflachte Flossenspitze, wie auf dem Foto oben („White 502“ der russischen Luftwaffe) zu sehen ist.

ersten 50 Flugzeuge in Russland hergestellt wurden, baute Hindustan Aeronautics Limited (HAL) die übrigen in Indien, wobei der Anteil an inländischen Komponenten zunehmend stieg. Eine Weiterentwicklung der Su-30MKI wurde anschließend mit einer Mischung aus französischer und indischer Avionik unter der Bezeichnung Su-30MKA an Algerien verkauft. Seit 2007 wurden insgesamt 59 Flugzeuge ausgeliefert.

Der nächste Kunde für die Su-30 war Malaysia, das sich ebenfalls für eine MKI-Variante entschied (die MKM), bei der die

Unten: Suchoi Su-30SM „Blue 48“ der russischen Marine, die vermutlich bis zu 72 dieser Flugzeuge landgestützt einsetzt

Heck
Bei der Su-30 wurde das charakteristische Heck der „Flanker“-Familie beibehalten. Dieses wurde während der Erprobung des Su-27-Prototyps entwickelt, um die Seitenleitwerke an den Außenseiten der Triebwerke anbringen zu können.

Triebwerke
Alle Su-30 werden von einer Variante des Saturn-AL-31F-Turbofan-Triebwerks angetrieben. Einige Modelle verfügen außerdem über eine 2-D-Schubvektorsteuerung, um die Manövrierfähigkeit zu erhöhen.

Suchoi Su-30MKK „Flanker“

Eine Su-30SM der russischen Luftwaffe, aufgenommen im Januar 2022

israelische Avionik durch französische und indische Systeme ersetzt wurde – in diesem Fall durch den Laser-Zielbehälter Thales Damocles anstelle des Litening-Behälters. 18 Flugzeuge wurden seit 2007 ausgeliefert; sie sind alle bei der RMAF Gong Kedak im Nordosten des Landes stationiert.

Im Jahr 2012 bestellte die russische Luftwaffe ihre eigene Version der Su-30MKI mit der Bezeichnung Su-30SM, die zu einem größeren Teil mit russischer Avionik ausgestattet ist. Mindestens 116 Su-30SM wurden bestellt, wobei etwa ein Viertel davon für die landgestützte Nutzung bei der russischen Marine vorgesehen ist.

Derzeit läuft ein Modernisierungsprogramm, um sie mit dem N035-Irbis-Radar und den gleichen AL-41-Triebwerken, die auch in der Su-35S zum Einsatz kommen, auf den Su-30SM2-Standard zu bringen. Russische Su-30 haben an Operationen in Syrien teilgenommen, wo sie strategische Bomber eskortierten und eigene Bombenangriffe flogen. Sie waren auch an der Invasion der Ukraine beteiligt und haben dort zwar acht Luftsiege errungen, aber mindestens sechs Maschinen sind an die ukrainischen Streitkräfte verloren gegangen, während andere – vor allem durch Drohnenangriffe – am Boden zerstört wurden.

Eine parallele Entwicklung war die Su-30MKK, „Flanker-G“, eine ursprünglich für China (Russisch: Kitayski) entwickelte Familie, die Ende 2000 erstmals ausgeliefert wurde. Für diese Flugzeuge wurden in größerem Umfang Verbundwerkstoffe verwendet, wodurch das Leergewicht reduziert und die maximale G-Belastung erhöht werden konnten. Der offensichtlichste Unterschied zu den früheren Su-30-Varianten ist das Fehlen der Canards, die durch das leichtere und einfachere N001VE-Radar sowie die Verlagerung des Schwerpunkts aufgrund der Verwendung von Verbundwerkstoffen überflüssig wurden. Obwohl man bei der MKK aufgrund der Schwierigkeit, westliche Systeme zu erwerben, stärker auf russische Avionik angewiesen war als bei der MKI, stellte sie einen bedeutenden Fortschritt gegenüber den damals in China verwendeten Modellen dar. Die MKK verfügt außerdem über eine verstärkte Struktur, wodurch das maximale Startgewicht von 34.500 kg auf 38.000 kg erhöht werden konnte. Dies ermöglicht den Einsatz mit voller Waffen- und Treibstoffzuladung, wobei nun zusätzlich 280 kg Treibstoff in jeder Seitenflosse mitgeführt werden können. Für die PLAAF wurden 76 Su-30MKK hergestellt. Gleichzeitig wurden 24 Su-30MK2 an die PLANAF ausgeliefert. Diese Flugzeuge unterscheiden sich von den MKK durch das überarbeitete N001VEP-Radar, das den Einsatz der Anti-Schiffs-Raketen AS-17 Krypton und AS-13 Kingbolt ermöglicht. Die Su-30 der PLAAF sind in der Regel in einem zweifarbigen Grauton mit einer dunkleren Oberseite lackiert, während die Flugzeuge der PLANAF meist vollständig hellgrau sind.

Technische Daten (Su-30MKK)

Typ: Mehrzweck-Kampfflugzeug

Abmessungen: Länge: 21,9 m; Spannweite: 14,7 m; Höhe: 6,36 m

Gewicht: 34.500 kg max. Startmasse

Triebwerk(e): zwei Saturn-AL-31FL/FP-Mantelstrom-Triebwerke (Turbofans) mit jeweils 7.500 kg Trocken- bzw. 12.500 kg Nachbrennerschub

Höchstgeschwindigkeit: 2.120 km/h

Reichweite: 3.000 km

Dienstgipfelhöhe: 17.300 m

Besatzung: 2

Bewaffnung: eine 30-mm-Maschinenkanone vom Typ GSch-30-1 und bis zu 8 000 kg Waffenzuladung, darunter Luft-Luft-Raketen vom Typ AA-10 und AA-12, Anti-Radar-Raketen vom Typ AS-17 sowie Luft-Boden-Raketen vom Typ AS-13 und AS-14

Eine Su-30MKM der Royal Malaysian Air Force beim Start vom Flughafen Langkawi im Jahr 2019. Diese Variante basiert auf der Su-30MKI, wobei die Canards und die Schubvektorsteuerung des indischen Flugzeugs beibehalten wurden. Sie unterscheidet sich jedoch von dieser in der Avionik.

Die einzige Ausnahme bildete bislang die 18. Jagdfliegerdivision der PLAAF, die für das Training unterschiedlicher Luftkampftechniken verschiedene farbenfrohe Tarnschemata verwendet. Die chinesischen Su-30-Varianten wurden seit ihrer Einführung mit überarbeiteter Avionik und erweiterten Fähigkeiten ausgestattet, wobei die MKK regelmäßig mit dem KG600/KL700-ECM-Behälter zu sehen ist und eine größere Auswahl chinesischer Waffen in beide Versionen integriert wurde.

Venezuela hat 36 Su-20MK2 seit 2008 eingeführt. Diese basieren auf der etwas kleineren Su-35 und werden als Su-30MK2 AMV bezeichnet. Indonesien und Uganda haben jeweils eine Handvoll Su-30MK2 erworben, während Vietnam über 36 Su-30MK2V verfügt. Dies scheint das Ende der russischen Su-30MK-Produktion zu sein, da seit der Auslieferung der letzten vietnamesischen Flugzeuge im Jahr 2016 keine weiteren Bestellungen bekannt geworden sind. Allerdings baut China mit der J-16 nun eine eigene Version, und die indische HAL ist weiterhin in der Lage, Su-30MKIs zu produzieren.

Die chinesische „Flanker“

Die 2015 eingeführte Shenyang J-16 ist aus der in Lizenz gebauten einsitzigen J-11 „Flanker“ entstanden, wobei unklar ist, ob die Entwicklung tatsächlich unter die Lizenzvereinbarung fiel. Genaue Details sind schwer zu ermitteln – allerdings zeichnet sich die J-16 durch einen verstärkten Einsatz von Verbundwerkstoffen und das gleiche verstärkte Fahrwerk wie die Su-30MKK aus. Die Avionik stammt überwiegend aus chinesischer Produktion, darunter ein AESA-Radar, das eine bessere Integration von im Inland entwickelten Waffen ermöglicht. Das Cockpit scheint ebenfalls erheblich verbessert worden zu sein und verfügt nun über zwei Panorama-Touchscreen-Displays und NVG-Kompatibilität. Die Leistung wird von dem Shenyang WS-10B-Turbofan-Triebwerk bereitgestellt, das zusätzlich 1.000 kg Schub pro Triebwerk erzeugt. Mit der J-16D wurde auch eine Variante für die elektronische Kampfführung entwickelt, die über große Flügelspitzenbehälter ähnlich denen der EA-18G sowie zusätzliche Antennen und dielektrische Panels rund um das Flugzeug verfügt. Es scheint, dass die Kanone und das IRST durch zusätzliche Avionik ersetzt wurden, ansonsten wird jedoch davon ausgegangen, dass sie ihre volle Luft-Luft-Fähigkeit beibehalten hat und die Anti-Radar-Rakete YJ-91 tragen kann.

Xi’an H-6K (2009)

Ursprünglich ein in Lizenz gebautes Derivat der Tupolew Tu-16, wurde die Xi’an H-6 zu einer eigenständigen Familie chinesischer strategischer Bomber weiterentwickelt. Die neuesten Versionen verfügen über leistungsstärkere Triebwerke, fortschrittliche Avionik und Hyperschallwaffen.

Die Xi’an H-6K geht auf die Tupolew Tu-16 „Badger“ zurück, die 1954 in der Sowjetunion in Dienst gestellt wurde. Die Lizenzproduktion in China wurde 1956 genehmigt, das erste Flugzeug wurde aus Teilen sowjetischer Fabriken gebaut und flog 1959. Die Serienproduktion verzögerte sich jedoch durch die Entscheidung, die Montagelinie von Harbin nach Xi’an zu verlegen, und erst im Dezember 1969 flog die erste im Inland produzierte Tu-16, die zu diesem Zeitpunkt als Hongzhaji-6 (Bomber-6) bezeichnet wurde. Bei diesen Flugzeugen wurden die sowjetischen Mikulin-RD-3M-500-Triebwerke durch in Lizenz gebaute Äquivalente mit der Bezeichnung WP-8 ersetzt.

Eine der aus sowjetischen Komponenten gebauten H-6 wurde für Atomwaffentests im Lop-Nur-Testgebiet eingesetzt und warf am 29. September 1969 Chinas erste thermonukleare Bombe ab. Unterdessen übernahm die H-6A die ungewöhnliche Aufgabe, das Wintereis auf dem Gelben Fluss zu bombardieren, um es aufzubrechen und die Bildung von Dämmen zu verhindern. Für die PLANAF wurde aus der H-6A die H-6D entwickelt und mit einem Überwachungsradar vom Typ 245 in einem vergrößerten Radom unter der Nase ausgestattet. So konnte die Maschine bis zu zwei YJ-6L-Anti-Schiffs-Raketen mitführen. Die Arbeiten an der H-6D begannen 1975, wobei die Tests des Waffensystems erst Anfang der 1980er-Jahre stattfanden, bevor das Flugzeug 1985 in Dienst gestellt wurde. Vier dieser Modelle wurden 1987 auch an die irakische Luftwaffe geliefert und während des Iran-Irak-Krieges gegen iranische Schiffe eingesetzt, wobei mehrere Tanker und Massengutfrachter getroffen wurden und eine der H-6D durch eine iranische F-14 „Tomcat“ abgeschossen wurde.

Die H-6 diente auch als Grundlage für Tankervarianten für die PLAAF und die PLANAF. Die HY-6 flog 1990 als erste dieser Varianten. Die Luftbetankungsbehälter befinden sich unter den Tragflächen und scheinen dem Mk.32-Behälter von Flight

Struktur
Während die ursprüngliche Tu-16 und die frühen H-6-Modelle noch vollständig aus Metall in Halbschalenbauweise gefertigt waren, werden seit der H-6K zunehmend Verbundwerkstoffe verwendet. Hierdurch konnte das Leergewicht des Flugzeugs reduziert werden.

Pylone
Wo der H-6M-Marschflugkörperträger über vier Unterflügelpylone verfügte, hat das N-Modell sechs. Dabei ist das äußere Paar offenbar für den Transport von EW-Behältern vorgesehen.

Refuelling Ltd nachempfunden zu sein, von dem vermutlich Exemplare aus dem Iran oder Israel erworben wurden.

Die HY-6 hat eine solide Nase anstelle der verglasten Nase der Bombervarianten. Die HY-6DU wurde durch Umbau von H-6D-Bombern hergestellt, wobei ein Teil der Verglasung beibehalten wurde. Wie die HY-6 wird sie von der PLAAF eingesetzt. Die PLANAF verwendet die HY-6D, bei der ebenfalls die verglaste Nase und vermutlich auch das Feuerleitsystem beibehalten wurden, sodass sie auch als Raketenträger fungieren kann.

Basierend auf der H-6D, wurde mit der H-6H ein Landangriffs-Marschflugkörperwerfer für die PLAAF eingeführt, der 2002 in Dienst gestellt wurde. Sie ist mit zwei KD-63-Marschflugkörpern für Landangriffe bewaffnet, verfügt über ein neues Radom am hinteren Rumpf für die zugehörige Datenverbindung, und die Heckgeschütze wurden entfernt. Im Jahr 2005 wurde von der PLANAF die H-6G eingeführt, die bis zu vier Schiffsabwehrraketen tragen kann. Auch dieses Modell verfügt über ein größeres zylindrisches Radom unter der Nase und eine verbesserte Verteidigungsausrüstung. Die H-6M ist das PLAAF-Äquivalent zur H-6G für den Landangriff, von denen zumindest einige vermutlich aus früheren Modellen umgebaut wurden.

Die H-6G war eine Übergangslösung bis zur Einführung der H-6K im Jahr 2011. Dabei handelte es sich um eine umfassende Überarbeitung des ursprünglichen Flugzeugs. Die auffälligsten äußeren Unterschiede sind der Ersatz der verglasten Nase durch ein solides Radom, der Wegfall der Verteidigungsgeschütze und die vergrößerten Triebwerkseinlässe. Letztere sorgen für einen erhöhten Luftstrom für die leistungsstärkeren und treibstoffsparenden Solowjow-D-30KP-Turbofan-Triebwerke. Gegenüber den ursprünglichen Mikulin-Turbostrahltriebwerken liefern diese jeweils über zwei Tonnen mehr Schub bei geringerem Kraftstoffverbrauch. Für die Gesamtkonstruktion werden verstärkt Verbundwerkstoffe eingesetzt, wodurch das Leergewicht reduziert und die verfügbare Nutzlast weiter erhöht wird. Unter der Nase ist eine elektrooptische Sensorkuppel angebracht, während das Cock-

Oben: Die H-6N, die erstmals bei der Parade zum 70. Jahrestag der Volksrepublik China im Oktober 2019 zu sehen war, ist für den Westen nach wie vor eine unbekannte Größe. Sie soll jedoch eine nukleare Rolle spielen und luftgestützte ballistische Raketen transportieren können.

pit mit großen Flachbildschirmen ausgestattet wurde, die die traditionellen Instrumente ersetzen.

Das neue Radom beherbergt ein AESA-Radar, und es wurden eine Datenverbindung sowie ein Satellitenkommunikationssystem hinzugefügt. Die H-6K verfügt über sechs Unterflügelpylone für Marschflugkörper, Schiffsabwehrraketen oder ECM-Pods. Zudem wurde beobachtet, dass die Maschine die luftgestützte ballistische Rakete KD-21 transportieren kann. Gemeinsame chinesisch-russische Übungen im Jahr 2017 zeigten dank modernerer Avionik eine größere Zielgenauigkeit als die Tu-22M3 „Backfire", wenngleich die H-6K in puncto Geschwindigkeit nicht mithalten konnte. Weitere Verbesserungen betreffen die zusätzlichen Flügelpylone in der Nähe der Flügelspitzen, die offenbar für den Transport von ECM-Pods vorgesehen sind, sowie eine Datenverbindung für die Landangriffs-Marschflugkörper KD-63 unter dem hinteren Rumpf.

Die PLANAF betreibt die Version H-6J, die bis zu sechs YJ-12-Anti-Schiffs-Raketen tragen kann. Mit der erhöhten Reichweite des Flugzeugs und den auf Atollen im Südchinesischen Meer errichteten Stützpunkten könnte China damit den Zugang zu den Meeren bis nach Japan, den Philippinen und Singapur verwehren. Die erhöhte Waffenkapazität ermöglicht theoretisch Sättigungsangriffe gegen US-Flugzeugträgergruppen in der Region.

Die neueste Version ist die H-6N, bei der auf den Bombenschacht verzichtet wurde, die stattdessen aber über eine Aussparung unter dem Rumpf für den halbkonformen Transport einer großen luftgestützten ballistischen Rakete verfügt. Das auffälligste Erkennungsmerkmal ist eine vor dem Cockpit angebrachte Betankungssonde, wobei die H-6N die erste Variante ist, die damit ausgestattet ist.

Technische Daten (H-6K)

Typ: Strategischer Bomber

Abmessungen: Länge: 34,8 m; Spannweite: 33,0 m; Höhe: 10,36 m

Gewicht: 95.000 kg max. Startmasse

Triebwerk(e): zwei Solowjow-D-30KP-2-Mantelstrom-Triebwerke (Turbofans) mit jeweils 12.000 kg Schub

Höchstgeschwindigkeit: 1.050 km/h

Reichweite: 6.000 km

Dienstgipfelhöhe: 12.800 m

Besatzung: 4

Bewaffnung: KD-63 und CJ-20 Landangriffs-Marschflugkörper sowie die luftgestützte ballistische Rakete KD-21

Die H-6K verfügt über vergrößerte Triebwerkseinlässe für die Solowjow-D-30-Turbofan-Triebwerke, wodurch das Flugzeug eine angegebene Kampfreichweite von 3.500 km erreicht.

Obwohl die H-6 in Bezug auf Reichweite und Nutzlast nicht so leistungsfähig ist wie russische oder amerikanische strategische Bomber, verschafft sie China eine bedeutende regionale Schlagkraft. Mit einer Reihe von Flugplätzen auf Inseln im Südchinesischen Meer können die H-6 der PLAAF und der PLANAF sicher innerhalb des chinesischen Anti-Access Area-Denial-(A2AD-) Raums operieren und US-Seestreitkräfte in 1.500 km Entfernung angreifen, wodurch diese im Falle einer Invasion Taiwans effektiv an einer Intervention gehindert werden können.

Luftgestützte ballistische Rakete

Für die Hauptbewaffnung der H-6N gibt es zwei Optionen. Die erste ist vermutlich die KF-21, die auf der ballistischen Mittelstreckenrakete DF-21 East Wind basiert und von einem zweistufigen Feststoffraketenbooster angetrieben wird. Der Luftstart ermöglicht eine Reichweite von 3.000 km mit einer Wiedereintrittsgeschwindigkeit von Mach 12 und einer Endgeschwindigkeit von etwa Mach 2, da die Rakete in der dichteren unteren Atmosphäre langsamer wird. Die Reichweite ist zwar beträchtlich, aber um ein manövrierendes Schiff über solche Entfernungen hinweg im Visier zu halten, sind ständige Aktualisierungen durch mehrere Ressourcen erforderlich, die alle selbst zum Ziel werden können, wodurch die „Kill Chain“ unterbrochen wird. Die Alternative ist eine auf dem DZ-ZF basierende Hyperschall-Gleitrakete, die nach dem Wiedereintritt in die Atmosphäre eigenständig manövrieren kann, wodurch ihre Reichweite auf Kosten der Geschwindigkeit vergrößert wird. Der im Vergleich zu einer ballistischen Rakete flachere Anflugwinkel macht es aufgrund der verkürzten Vorwarnzeit theoretisch schwieriger, sich dagegen zu verteidigen. Allerdings erschwert der Wenderadius bei Mach 5 es dem DZ-ZF erheblich, ein sich bewegendes Ziel zu treffen.

Suchoi Su-34 „Fullback“ (2014)

Die Su-34 „Fullback“ ist die größte Weiterentwicklung der Su-27-Familie und sollte als Low-Level-Abfangjäger die Su-24 ersetzen. Aufgrund ihrer markanten breiten Nase wird sie auch „Platypus“ (Schnabeltier) oder „Hellduck“ (Höllenente) genannt.

Die Entwicklung der Su-34 „Fullback“ geht bis in die 1980er-Jahre zurück. Zu diesem Zeitpunkt wurde die Su-27 als Basis ausgewählt, um die Su-24 „Fencer“ als Low-Level-Jagdflugzeug und taktischen Bomber zu ersetzen. Die Auflösung der Sowjetunion verlängerte jedoch den Entwicklungsprozess erheblich.

Das ursprünglich als Su-27IB bezeichnete aerodynamische Testflugzeug flog erstmals 1990. Während die Tragflächen, Triebwerksgondeln und das Heck denen des Standardflugzeugs entsprachen, verfügte der vergrößerte vordere Rumpf über ein nebeneinander angeordnetes Cockpit für die zweiköpfige Besatzung mit einem breiten, abgeflachten Radom und Canards. Dieses erste Flugzeug hatte keine Missionsausrüstung und verfügte noch nicht über die verstärkte Struktur der späteren Serienflugzeuge. Es bewies jedoch die Flugeigenschaften der neuen Konstruktion, wobei die Canards die zusätzliche Masse des neuen vorderen Rumpfes ausglichen und Turbulenzen in niedriger Höhe abmilderten, wodurch wiederum die Ermüdung verringert wurde.

Der zweite Prototyp, der 1993 flog, erhielt das Tandemrad, das Hauptfahrwerk und den vergrößerten Heckflügel des endgültigen Designs. Obwohl das erste Vorserienflugzeug bereits 1994 flugfähig war, gab es bis 2003 nur sechs Su-34, die alle an Test- und Freigabeflügen beteiligt waren, welche schließlich 2006 abgeschlossen wurden. Damit konnte die Produktion beginnen, und eine erste Bestellung von fünf Flugzeugen wurde bis 2009 ausgeliefert.

Die Serienflugzeuge haben gegenüber der Standard-Su-27 ein um 50 Prozent höheres maximales Startgewicht, was eine verstärkte Struktur erforderte. Durch Neukonstruktionsarbeiten wurde dies bei einer Gewichtsreduzierung von zehn Prozent erreicht. Um weiteres Gewicht einzusparen, sind die Triebwerkseinlässe nun feststehend, wodurch die Höchstgeschwindigkeit auf 1.400 km/h begrenzt ist, was angesichts der vorgesehenen Einsatzumgebung in geringer Höhe keine wesentlichen Auswirkungen auf den Betrieb hat. Im Heckausleger ist außerdem ein Hilfstriebwerk eingebaut, das am Boden für die Stromversorgung sorgt. Das Radom in der Nase beherbergt ein passives elektronisch gesteuertes Phased-Array-Radar vom Typ V004, das im Luft-Luft- und Luft-Boden-Modus betrieben werden kann. Zusätzlich zu einem elektrooptischen Platan-System, das zwischen den Triebwerken untergebracht ist, speist das Radar das Waffenkontrollsystem Sch-141, dessen Informationen an Multifunktionsdisplays im Cockpit weitergeleitet werden. Der

Cockpit
Die Su-34 unterscheidet sich von anderen „Flanker“-Varianten durch die nebeneinander angeordneten Sitze, wobei der Pilot links sitzt. Die moderne Avionik ist mit fünf Multifunktionsdisplays zur Überwachung der Flug- und Missionssysteme ausgestattet.

Radom
Das passiv scannende Phased-Array-Radar Leninets V-004 füllt fast die gesamte Breite des Radoms aus und kann Berichten zufolge Lastwagen erkennen, die sich mit einer Geschwindigkeit von nur 30 km/h bewegen.

Bugfahrwerk
Im Gegensatz zu anderen „Flankern“ wird das Bugfahrwerk der Su-34 nach hinten eingefahren; gleichzeitig ermöglicht der Schacht den Zugang zum Cockpit über eine Leiter an der Rückseite der Fahrwerksstrebe.

Einstieg ins Cockpit erfolgt über den Bugfahrwerksschacht, das Fahrwerk selbst wurde neu konstruiert.

Das Cockpit bietet ausreichend Platz für die Besatzung, um aufstehen und sich bei längeren Missionen bei Bedarf hinlegen und ausruhen zu können. Zudem gibt es eine kleine Bordküche und Toiletten. Die Swesda-K-36DM-Schleudersitze verfügen über eine Rückenmassagefunktion, um die Ermüdung bei Langstreckenflügen zu verringern. Der Pilot sitzt auf der linken Seite des Cockpits, der Waffensystemoperator auf der rechten Seite, wobei beide Positionen über Flugsteuerungen verfügen, um Redundanz zu gewährleisten. Der Schutz der Besatzung wird

Unten: Die „42 Blue“ war der erste Prototyp der Su-27IB. Sie flog erstmals am 13. April 1990 und wurde später in Su-34 umbenannt. Als umgebaute Su-27UB mit neuem Radar und neuem vorderen Rumpf verfügte die Su-27IB weiterhin über das einrädrige Hauptfahrwerk der Standard-„Flanker“.

Heckausleger
Wenngleich in der Serienproduktion der Su-34 ein nach hinten gerichtetes Radar getestet wurde, beherbergt der vergrößerte Heckausleger heute das Hilfstriebwerk sowie die Abwurfvorrichtungen für Gegenmaßnahmen.

Suchoi Su-34 „Fullback“

Technische Daten (Su-34)

Typ: Jagdbomber

Abmessungen: Länge: 23,43 m; Spannweite: 14,7 m; Höhe: 6,09 m

Gewicht: 45.100 kg max. Startmasse

Triebwerk(e): zwei Saturn-AL-31FM1-Mantelstrom-Triebwerke (Turbofans) mit jeweils 8.000 kg Trocken- und 13.500 kg Nachbrennerschub

Höchstgeschwindigkeit: 1.900 km/h

Reichweite: 1.100 km mit 12 Tonnen Zuladung

Dienstgipfelhöhe: 17.000 m

Besatzung: 2

Bewaffnung: eine 30-mm-Kanone vom Typ GSch-30-1 und bis zu 14.000 kg Waffenzuladung, darunter Luft-Luft-Raketen vom Typ AA-10, AA-11 und AA-12, Anti-Radar-Raketen vom Typ AS-17, Luft-Boden-Raketen vom Typ AS-18 sowie gelenkte und ungelenkte Bomben

Bewaffnung

Mit zwölf Aufhängepunkten und einer Nutzlastkapazität von bis zu 14 Tonnen ist die Su-34 für die meisten Waffen aus dem russischen Arsenal zugelassen. Zur Selbstverteidigung kann sie zusätzlich zu einer 30-mm-Kanone vom Typ GSch-30-1 auch Kurzstrecken-Luft-Luft-Raketen vom Typ AA-10 und AA-11 sowie Mittelstrecken-Luft-Luft-Raketen vom Typ AA-12 tragen. Diese können je nach Mission anstelle der aktiven Störsender an den Flügelpylonen angebracht werden. Für die SEAD-Rolle können als Hard-Kill-Option AS-11- und AS-17-Anti-Radar-Raketen mitgeführt werden, wobei Letztere eine Geschwindigkeit von Mach 3,5 erreichen können. AS-13- und AS-18-Marschflugkörper bieten Landangriffsfähigkeiten, und die aus der SS-N-22-Sunburn-Rakete abgeleitete, aus der Luft abgefeuerte Kh-41 steht für Anti-Schiffs-Missionen zur Verfügung. Es können sowohl konventionelle als auch intelligente Bomben mitgeführt werden, darunter die 500 bis 1.500 kg schweren Bomben der KAB-Familie mit TV-, LASER- oder GPS-Steuerung sowie die 250- bis 1.500-kg-Bomben der FAB-Familie, die mit dem UMPK-Gleitkit ausgestattet sind. Auf diese Weise können sie außerhalb der effektiven Reichweite jeglicher Luftabwehr eingesetzt werden.

Bei der MAKS-Flugschau in Schukowski im August 2015 zeigte sich, dass die Su-34 trotz ihres fast doppelt so hohen Startgewichts gegenüber der frühen Su-27 viel von der erstaunlichen Wendigkeit ihrer „Flanker"-Vorgänger bewahrt hat.

durch eine 17 mm dicke Titanpanzerung um das Cockpit sowie ein Radar für kritische Systeme und elektronische Informationsgewinnung gewährleistet.

Während passiver Schutz durch Panzerung und Hochgeschwindigkeitsflüge in geringer Höhe gewährleistet wird, verfügt die Su-34 auch über eine umfangreiche Ausrüstung zur Verteidigung. Diese umfasst ein Radar-Zielsuch- und Warnempfangssystem (Radar Homing and Warning Receiver System – RHAWS) in Kombination mit APP-50A-Chaff- und Flare-Werfern sowie ein aktives Störsystem KNIRTI L175V. Die Sender für das System sind im Heckausleger und in optionalen, an den Flügelspitzen montierten Behältern untergebracht. Der Transport eines L-700-Breitbandstörsenders in einem Pod unter dem Rumpf ermöglicht es der Su-34, als Begleitstörsender zu fungieren.

Nach einer langen Entwicklungsphase sollte sich die Auslieferung im Laufe der 2010er-Jahre beschleunigen, sodass bis 2021 neun Bomberregimenter mit 136 Flugzeugen ausgerüstet wurden. Mindestens eine Aufklärungsstaffel wurde auf die Su-34 umgestellt. Hierfür stehen Pod-Systeme zur Verfügung, etwa elektrooptische Systeme, Synthetic Aperture Radar (SAR) und elektronische Informationsgewinnung. Deren Daten können über eine Echtzeitverbindung bis zu 500 km weit übertragen werden.

Zwar kam die Su-34 bereits in Tschetschenien und Georgien zum Einsatz, in großem Umfang wurde die „Fullback" jedoch erstmals während der russischen Intervention im Syrischen Bürgerkrieg verwendet, wo die Flugzeuge im September 2015 stationiert wurden. Angesichts der begrenzten Luftabwehrbedrohung führten die Su-34 den Großteil ihrer Einsätze aus mittlerer Höhe durch und machten Präzisionsschläge gegen Ziele wie Befestigungsanlagen, Kommandozentralen und Munitionsdepots durch. Nach dem Abschuss einer Su-24 durch die türkische Luftwaffe im November 2015 begannen die „Fullbacks", Luft-Luft-Raketen zur Selbstverteidigung mitzuführen – eine Fähigkeit, über die die ältere Suchoi nicht verfügt.

Eine Folge des langwierigen Entwicklungsprozesses war die allmähliche Veralterung der Systeme der Su-34. Daher begann 2021 die Auslieferung der modernisierten Su-34M. Diese baut auf den Erfahrungen in Syrien auf und wurde mit neuen Radar-, Ziel- und Kommunikationssystemen ausgestattet. Die ersten Exemplare wurden Ende 2022 ausgeliefert. Ältere Flugzeuge werden auf einen ähnlichen Standard aufgerüstet.

Russisch-Ukrainischer Krieg

Die russische Invasion in der Ukraine ist der erste Kampfeinsatz der Su-34 gegen einen nahezu gleichwertigen Gegner. Dabei hat die Maschine einige Schwächen gezeigt. Obwohl sie für Angriffe aus geringer Höhe und mit hoher Geschwindigkeit – bis zu 1.100 km/h bei voller Nutzlast – konzipiert ist, erwies sie sich nicht als die Verteidigungsinstanz, die man sich gegen Boden-Luft-Raketen erhofft hatte. In den ersten drei Wochen gingen fünf Flugzeuge durch tragbare Luftabwehrsysteme (MANPADS) und Kurzstrecken-SAMs verloren. Da der Großteil der Flotte nicht dem Su-34M-Standard entspricht, schränken die veralteten Systeme die Wirksamkeit der „Fullback" ein. Das ursprüngliche elektrooptische System „Platan" bietet aufgrund von fehlendem Infrarotmodus keine vollständige Nachtangriffsfähigkeit. Die Verteidigungsausrüstung ist gegen moderne Boden-Luft-Raketen nahezu unwirksam. Im ersten Kriegsjahr gingen mindestens 17 „Fullbacks" aus einer Flotte von etwa 136 verloren. Weitere neun sind seitdem durch SAMs und Drohnenangriffe auf ihre Heimatbasen verloren gegangen. Der Krieg in der Ukraine untermauert nicht die Kampffähigkeit der Su-34, zeigt aber allgemein die Grenzen des Tiefflugs zum Schutz schneller Jets über dem modernen Gefechtsfeld auf.

0043
437TH AW
315TH AW

Transport- & Aufklärungsflugzeuge

Wenngleich nicht ganz so glamourös wie die Kampfflugzeuge und Bomber dieser Welt, sind Transport- und Aufklärungsflugzeuge unverzichtbare Kraftmultiplikatoren. Ohne sie wäre es nicht möglich, den Luftraum und die Ozeane der Welt zu überwachen, etwa um die Bewegungen Russlands zu verfolgen. Ein Hinweis auf ihre Bedeutung ist die Vielzahl von Luftüberwachungs- und Kampfflugzeugen für die elektronische Kampfführung, die derzeit von China entwickelt werden. Diese basieren häufig auf der Y-8, einer eigenständigen Weiterentwicklung des Transportflugzeugs An-12 Cub. Westliche Politiker sind immer wieder versucht, die Anzahl solcher Flugzeuge aus Kostengründen zu reduzieren, doch führt dies meist zu höheren Ausgaben, weil die Kapazitäten dann letztendlich doch wieder hergestellt werden müssen.

Gegenüber: Eine C-17 „Globemaster III" der US-Luftwaffe startet hier im Mai 2002 vom Flugplatz Bagram in Afghanistan. Die C-17 spielte eine entscheidende Rolle dabei, dass die USA und ihre Verbündeten ihre Streitkräfte in Afghanistan aufrechterhalten konnten.

Iljuschin Il-76 & Il-78 „Candid“ (1974)

Die Il-76 „Candid“, das erste Transportflugzeug der Sowjetunion mit Strahltriebwerken, ist ein robustes, leistungsfähiges Flugzeug, das schon Fracht rund um die Welt transportiert hat. Es wird noch immer produziert und dient in Form der Il-78 Midas speziell auch als Tankflugzeug.

Die Entwicklung der Iljuschin Il-76 begann 1967, um den Bedarf an einem jetgetriebenen Transportflugzeug als Ersatz für die Antonow An-12 zu decken. Die Spezifikationen sahen ein Flugzeug vor, das doppelt so viel Reichweite und Nutzlast wie sein Vorgänger haben sollte, nämlich 40 Tonnen über 5.000 km, und das gleichzeitig auf unbefestigten sowie auf verschneiten Pisten starten und bei normalem Gewicht in nur 900 m starten und in 500 m landen können sollte. Neben militärischen Anwendungen sollte dies den Transport von Material und Ausrüstung zu abgelegenen Siedlungen in Sibirien ermöglichen.

Das daraus resultierende Flugzeug war ein Hochdecker mit vier Solowjow-D-30-Mantelstromtriebwerken und einem T-Leitwerk. Wie die meisten sowjetischen Transportflugzeuge und Bomber ihrer Zeit verfügte die Il-76 über einen großzügig verglasten Navigationsplatz in der Nase, in diesem Fall hinter dem Wetterradar. Das markante Frontprofil ist auf ein zweites Radom unter der Nase für ein 360-Grad-Bodenradar zurückzuführen.

Der erste Prototyp flog im März 1971 und wurde einem gezielten Testprogramm unterzogen, um ihn auf der Paris Air Show, die am 25. Mai begann, präsentieren zu können. Nach seiner Rückkehr in die Sowjetunion wurde das Testprogramm mit einem zweiten Prototyp fortgesetzt, der 1973 kurz vor der Auslieferung der ersten Serienflugzeuge hinzukam.

Flügel
Der Hauptflügel der Il-76 verfügt über zweigeteilte Dreifachspaltklappen an der Flügelhinterkante und Vorderkantenvorflügel für kurze Start- und Landestrecken. Jeder Flügel hat außerdem acht Spoiler auf der Oberseite.

Unten: Die beeindruckende Fähigkeit der Il-76TD, auf unbefestigten Plätzen zu operieren, ist nicht zuletzt ihrem 20-Rad-Fahrwerk geschuldet.

Cockpit
Die Besatzung sitzt auf zwei Ebenen, wobei sich die Piloten und der Flugingenieur auf dem Oberdeck befinden, während der Navigator in der unteren, verglasten Position unter ihnen sitzt. Der Lademeister hat seinen eigenen Platz im vorderen Teil des Frachtraums.

Triebwerke
Ursprünglich war das Flugzeug mit Solowjow-D-30KP-Triebwerken ausgestattet, doch seit 2004 wird optional auch das Triebwerk Aviadvigatel PS-90 angeboten, um die europäischen Lärmschutzvorschriften zu erfüllen. Beide Triebwerkstypen sind mit Clam-Shell-(Muschelschalen-)Schubumkehrern ausgestattet.

Oben: Die Il-76MD ist die Militärversion der Il-76 und entspricht in etwa der zivilen Il-76TD. Neben dem Heckgeschütz verfügt das Militärflugzeug auch über Chaff- und Flare-Werfer sowie zusätzliche Avionik. Einige dieser Maschinen wurden auch an zivile Betreiber verkauft, wobei die Geschützposition verkleidet wurde.

Heck
Das komplette Höhenleitwerk ist beweglich, um das Flugzeug trimmen zu können, während die über die gesamte Spannweite reichenden Höhenruder die Nicksteuerung übernehmen.

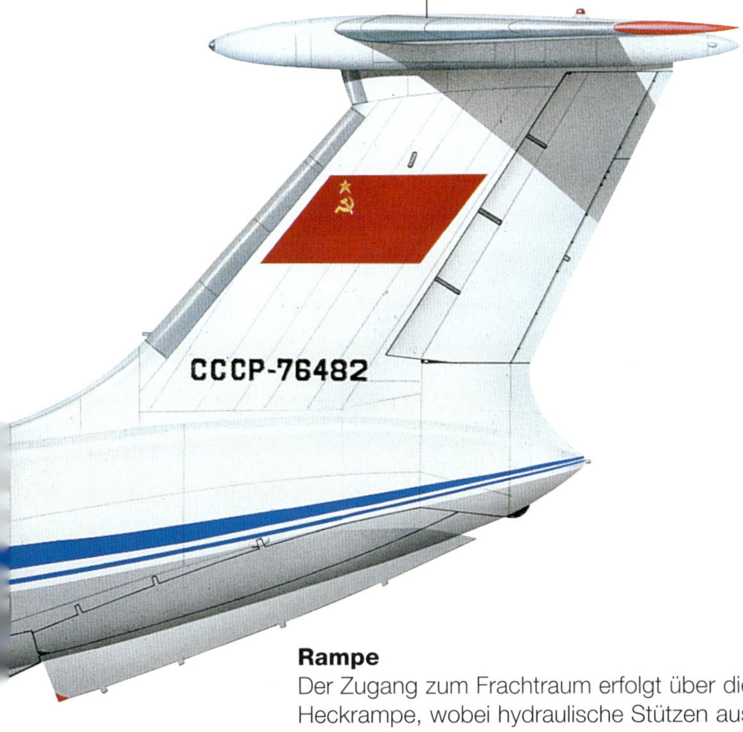

Rampe
Der Zugang zum Frachtraum erfolgt über die Heckrampe, wobei hydraulische Stützen aus dem Heck des Rumpfes ausgefahren werden, um das Flugzeug beim Verladen schwerer Ausrüstung zu stabilisieren.

Bis zu diesem Zeitpunkt wurde die Il-76 nur in ziviler Konfiguration gebaut – das zweite Serienflugzeug war das erste Militärmodell mit einer Heckgeschützposition an der Basis des Ruders. Dabei handelt es sich um dieselbe radargesteuerte Einheit, die auch in der Tu-22M und der Tu-95MS verbaut ist und die Chaff- sowie Flare-Geschosse abfeuern kann. Die Auslieferungen an die sowjetischen Luftstreitkräfte begannen 1974 und führten zu einer erheblichen Steigerung ihrer Lufttransportkapazitäten. Der Frachtraum hat ein Volumen von 321 qm, und mithilfe von Deckenhebezeug können Ladungen innerhalb des Frachtraums bewegt und über die Heckrampe hinaus zum Be- und Entladen von Lastwagen ausgefahren werden. Die Frachtrampe kann 30 Tonnen heben, was nützlich sein kann, wenn Fahrzeuge den Winkel zwischen Rampe und Laderaumboden nicht überwinden können. Um zu verhindern, dass das Flugzeug dabei nach hinten kippt, fährt eine hydraulische Stütze aus der Rampe aus. Die Il-76 kann Fracht während des Fluges über die hintere Tür abwerfen, während Fallschirmjäger auch aus den Türen auf beiden Seiten des vorderen Rumpfes abspringen können.

Zum Zeitpunkt der sowjetischen Invasion in Afghanistan war die Il-76 (NATO-Codename: „Candid") weit verbreitet und wurde intensiv für Fracht- und Medevac-Missionen eingesetzt.

Eine neue Iljuschin IL-76MD-90A bei der MAKS-2013-Flugschau in Schukowski. Diese Version ist mit den leiseren und sparsameren PS90-Triebwerken ausgestattet.

Technische Daten (Il-76MD)

Typ: Strategisches Transportflugzeug

Abmessungen: Länge: 46,59 m; Spannweite: 50,5 m; Höhe: 14,76 m

Gewicht: 190.000 kg max. Startmasse

Triebwerk(e): vier Solowjow-D-30KP-Mantelstrom-Triebwerke (Turbofans) mit jeweils 12.000 kg Schub

Höchstgeschwindigkeit: 900 km/h

Reichweite: 7.400 km mit 20 Tonnen Nutzlast

Dienstgipfelhöhe: 13.000 m

Besatzung: 5

Bewaffnung: zwei 23-mm-Kanonen in der hinteren Kuppel

Diese waren nicht ohne Risiken, denn die erste Il-76 ging am Tag der Invasion, dem 25. Dezember 1979, verloren, als sie beim Anflug auf Kabul einen Bergrücken streifte. Nachdem 1984 eine „Candid" durch eine erbeutete SA-7-Schulter-SAM abgeschossen worden war, setzte man die Flüge aus, während ein Programm zur Nachrüstung mit Chaff- und Flare-Werfern gestartet wurde. Im Jahr 1978 wurde die Produktion auf die Il-76M umgestellt, deren Frachtkapazität dank einer verstärkten Struktur auf 48 Tonnen erhöht wurde und die zudem über eine größere Treibstoffkapazität verfügte. Die zivile Il-76T konnte dank des Wegfalls des Heckgeschützes und anderer militärischer Ausrüstung zwei Tonnen zusätzlich transportieren. Im Jahr 1981 folgte die Il-76MD, die die gleiche Nutzlast aufwies, deren Reichweite aber dank einer höheren Treibstoffkapazität von 6.500 km auf 7.400 km bei einer Beladung von 20 Tonnen erhöht werden konnte.

Das zivile Äquivalent ist die Il-76TD, wobei bei einigen Il-76T- und -TD die Position des Heckschützen ohne die Geschütze beibehalten wurden und einige -M und -MD-Versionen über den spitzen Heckkonus der zivilen Modelle verfügen. Eine ganze Reihe von Spezialversionen der Il-76 wurden für eine Vielzahl von Aufgaben hergestellt, darunter mobile Krankenstationen, elektronische Informationsbeschaffung und Triebwerksprüfstände. Eine Variante für die Brandbekämpfung – die Il-76P – kann 49 Tonnen Wasser im Laderaum transportieren, das über die Rampe abgelassen wird. Basierend auf der Il-76MD wurde Anfang der 1980er-Jahre die Il-78 „Midas" als Tankervariante der „Candid" entwickelt und 1987 in Dienst gestellt. UPAZ-1-Tankbehälter wurden an den Außenflügeln der Triebwerke angebracht, während ein dritter auf einem markanten Pylon auf der Backbordseite des hinteren Rumpfes befestigt wurde. Die Heckkanone wurde entfernt, um Platz für den Operator des Betankungssystems zu schaffen, und zusätzliche 28 Tonnen Treibstoff werden in zwei abnehmbaren Tanks im Frachtraum mitgeführt, sodass insgesamt knapp 86 Tonnen Treibstoff übertragen werden können. Während die Frachtkapazität der Il-76MD bei der Il-78 beibehalten wurde, verzichtete man bei der IL-78M auf die dazugehörige Ausrüstung und die hinteren Türen. Diese Variante flog erstmals 1987, erhielt einen dritten Rumpftank und hat eine um 20 Tonnen größere Treibstoffkapazität als die Il-78, was einer Gesamtübertragungskapazität von 106 Tonnen entspricht. Neben der sowjetischen und später der russischen Luftwaffe betreibt auch die PLAAF eine kleine Flotte von Il-78M, ebenso wie Algerien, Indien und Pakistan.

Da die Il-76 in Usbekistan gebaut wurde, ging die Produktionsrate nach der Auflösung der Sowjetunion drastisch zurück. Im Jahr 2006 wurde beschlossen, die Montagelinie nach Uljanowsk in Russland zu verlegen und gleichzeitig ein aktualisiertes Modell zu entwickeln. Im September 2012 flog die erste Il-76MD-90A. Unter Beibehaltung des Rumpfes des Vorgängermodells verfügt die -90A über neu gestaltete Tragflächen, ein modernisiertes Cockpit und PS-90A-76-Turbofans. Die neuen Triebwerke entwickeln eine Schubkraft von 14,5 Tonnen und verbrauchen dabei zwölf Prozent weniger Treibstoff als die früheren D-30. Zusammen ermöglichen es die neuen Fähigkeiten der Il-76MD-90A, 60 Tonnen Fracht über 4.000 km zu transportieren – eine deutliche Verbesserung gegenüber den früheren Modellen.

Flucht aus Kandahar

Auch wenn die sowjetischen Truppen Afghanistan 1989 verlassen hatten, wurde die Regierung von Burhanuddin Rabbani weiterhin in ihrem Kampf gegen die Taliban unterstützt. Im August 1995 wurde eine von der russischen Fluggesellschaft Airstan gecharterte Il-76TD von einer MiG-19S der Taliban abgefangen und mit ihrer Waffenladung zur Landung in Kandahar gezwungen. Während sich die Verhandlungen der russischen Regierung um die Freilassung der Besatzung über ein Jahr hinzogen, plante diese gleichzeitig ihre Flucht. Nachdem die Crewmitglieder ihre Entführer davon überzeugt hatten, ihnen die Wartung der Il-76 zu gestatten, nutzten sie deren Unachtsamkeit und schafften es am 16. August 1996, mit drei Taliban an Bord zu starten. Obwohl zwei MiGs gestartet waren, um sie abzufangen, gelang es nur einer, in die Luft zu kommen, während der Pilot der anderen, der davon ausging, dass die IL-76 nach Russland fliegen würde, nach Norden abflog. Tatsächlich flogen die Russen jedoch in geringer Höhe in Richtung Vereinigte Arabische Emirate, um dem Radar zu entgehen, und hinterließen eine Staubwolke. Die Il-76 landete sicher in Sharjah und ist seit 2024 weiterhin im Einsatz.

Shaanxi Y-8 & KJ-200 (1981)

Die chinesische Y-8 war ursprünglich eine Kopie des russischen Transportflugzeugs An-12, hat sich jedoch zu einem eigenständigen Typ entwickelt. Dieser ist für eine Vielzahl von Aufgaben angepasst worden, die über seinen ursprünglichen Verwendungszweck hinausgehen.

Mitte der 1960er-Jahre beschaffte China Antonow-An-12-Transportflugzeuge aus der Sowjetunion, und als Teil des Geschäfts wurde eine Lizenz für die inländische Produktion vereinbart. Aufgrund der sich verschlechternden Beziehungen zwischen den beiden Ländern zog die Sowjetunion jedoch ihre technische Unterstützung zurück, sodass die Konstruktion vor Baubeginn rückentwickelt werden musste. Diese Aufgabe wurde von der Xi'an Aircraft Company übernommen, die zudem einige Änderungen vornahm und die Nase des H-6-Bombers, der selbst auf der sowjetischen Tu-16 basierte, übernahm. Die Produktion begann 1981 nach Abschluss des Flugtestprogramms. Wie die An-12 ist auch die Y-8 ein Hochdecker mit vier Turboprop-Triebwerken, wobei es sich um Kopien der Ivchenko-AI-20-Triebwerke der An-12 handelt. Der von der H-6 abgeleitete verglaste Navigationsplatz in der Nase ist länger und spitzer als der der An-12, wodurch die Maschine knapp einen Meter länger ist als das sowjetische Flugzeug; ansonsten sind beide äußerlich identisch. Bei den frühen Flugzeugen wurde wiederum das interne Frachtumschlagsystem verbessert. Nachdem die Konstruktionsarbeiten 1972 abgeschlossen waren, begann der Bau in der Xi'an Aircraft Factory, und das erste Flugzeug hob Ende 1974 ab. Zu diesem Zeitpunkt wurde beschlossen, die Produktion in die Shaanxi Aircraft Factory zu verlegen, wo ein Jahr später das erste Flugzeug flog. Im Gegensatz zur An-12 gab es keine Laderampe. Stattdessen verfügte die untere Hälfte des Heckbereichs über zwei nach innen klappbare Türen, während

Flügel
Der hoch angebrachte Flügel hat an den Außenflächen eine negative Pfeilung; die vier Turboprop-Triebwerke sind unter der Vorderkante angebracht.

Cockpit
Bei den frühen Y-8 wurde das ursprüngliche An-12-Cockpit mit dem Navigatorsitz aus dem von der Tu-16 abgeleiteten Bomber H-6 beibehalten. Bei späteren Flugzeugen ersetzte man die verglaste Nase durch ein Radar und ein verfeinertes Frontprofil.

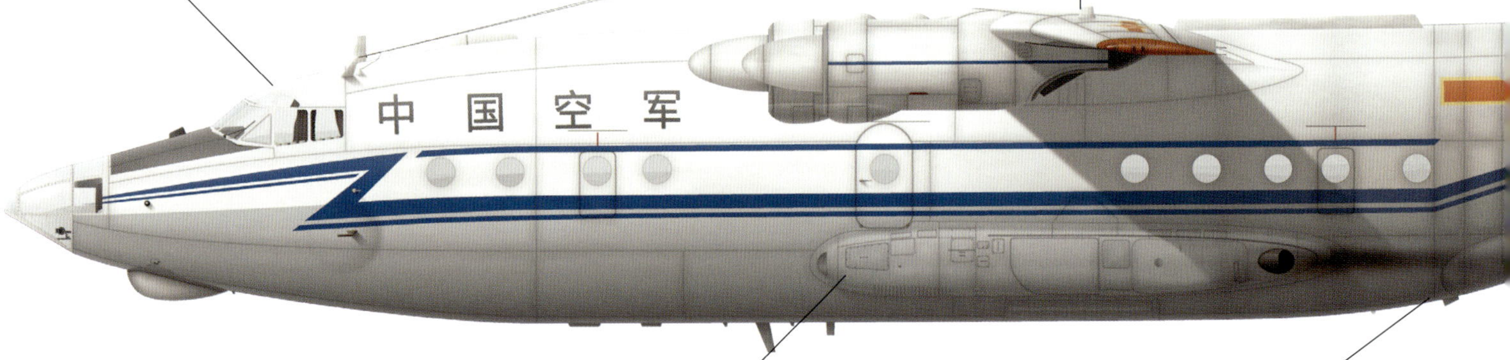

Hilfstriebwerk (Auxiliary Power Unit – APU)
Die Fahrwerksausbuchtung enthält zudem ein 18-kW-Hilfstriebwerk, bei dem es sich vermutlich um eine nicht lizenzierte Kopie eines russischen Triebwerks handelt. Dies ermöglicht autonome Starts an abgelegenen Orten.

Frachtraum
Die Y-8C hat einen vollständig druckbeaufschlagten Frachtraum, über den die An-12 nicht verfügte, da es den sowjetischen Ingenieuren nicht gelungen war, eine effektiv abdichtende hintere Ladetür zu entwickeln.

die obere Hälfte in das Dach eingezogen werden konnte. Die Kapazität beträgt 20 Tonnen oder 96 Soldaten, wobei je nach Ausstattung auch verschiedene andere Lasten transportiert werden können. Im Fall der Y-8F sind dies bis zu 350 Ziegen oder Schafe in speziellen Käfigen.

Im November 1984 nahm China den ersten von 24 Sikorsky-S-70C „Black Hawk"-Hubschraubern in Empfang. Um deren Transport innerhalb Chinas zu erleichtern, wurde die Y-8A entwickelt. Mit Unterstützung von Lockheed wurde eine Laderampe im Stil der C-130 in das Heck integriert, die die geteilten Hecktüren ersetzte. Gleichzeitig wurde die Frachtumschlagausrüstung entfernt, um das Gewicht der Y-8A zu reduzieren und die Kopffreiheit im Frachtraum zu vergrößern. Lockheed war auch an der Entwicklung der Y-8C beteiligt, die über eine Frachtrampe und einen vollständig druckbeaufschlagten Frachtraum verfügte. Während ursprünglich der Einsatz von General-Electric-CT-7-Triebwerken geplant war, führten die zunehmenden politischen Spannungen zwischen China und den Vereinigten Staaten dazu, dass die meisten westlichen Unterstützer sich zurückzogen. Unter Beibehaltung des WJ6-Triebwerks wurde die Y-8C zu einer der am häufigsten eingesetzten Varianten, da der Druckraum den Transport einer vollen Passagierauslastung in Höhen über 3.048 m ermöglichte.

Spezialmodelle

Die Y-8 diente auch als Grundlage für eine Vielzahl von Spezialflugzeugen. So ist beispielsweise die Y-8E, die 1989 ihren Erstflug absolvierte, ein Drohnenträger, der unter jedem Flügel eine Chang Hing 1 aufnehmen kann. Die Chang Hing selbst wurde anhand von Ryan AQM-34N Firebees nachgebaut, von denen einige über China abgeschossen worden waren. Sie wird von Operatoren im Startflugzeug gesteuert. Zudem wurden mehrere

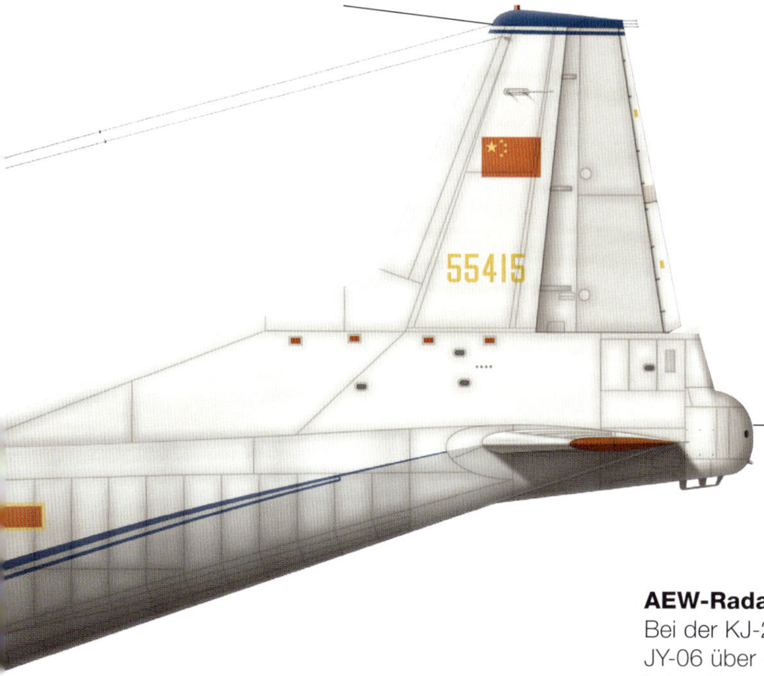

Links: Diese Y-8C (Seriennummer 55415) ist die Basisversion für Transportzwecke. Sie wurde im April 2023 auf dem internationalen Flughafen Zhengzhou in China gesichtet.

Unten: Die KJ-200B ist die neueste Version der Serie und wurde Anfang 2023 vorgestellt. Diese Version verfügt über eine SATCOM-Antenne oben auf dem vorderen Rumpf, eine neue vordere AEW&C-Antenne in einem größeren Nasenkonus, ähnlich wie bei der KJ-200A, seitlich ausgerichtete ESM-Antennen am hinteren Rumpf und eine neue ESM-Antenne oben auf der vertikalen Heckflosse.

Varianten der Y-8 für die elektronische Kampfführung entwickelt, von denen die meisten die Bezeichnung Y-8GX-X tragen. Die Y-8GX-1 beispielsweise ist eine Plattform für elektronische Aufklärung mit einer langen Verkleidung unter dem vorderen Rumpf.

Die Y-8GX-3 hingegen ist ein Flugzeug für elektronische Gegenmaßnahmen (Electronic Counter Measures – ECM) mit einer soliden Nase und großen „Hamsterbacken"-Verkleidungen auf beiden Seiten des vorderen Rumpfes.

KJ-200

Die Y-8 war Gegenstand mehrerer Versuche, eine luftgestützte Frühwarnplattform (Airborne Early Warning – AEW) zu entwickeln. Der erste Versuch mündete in der Y-8J mit der NATO-Bezeichnung Mask, die ein RACAL-Sky-Master-Radar in einem bauchigen Radom in der Nase hatte und über vier Bedienstationen im druckbeaufschlagten vorderen Teil des Rumpfes verfügte. Die Y-8J flog erstmals 1998, und insgesamt vier Flugzeuge wurden für den Einsatz bei der PLAN umgerüstet. Es folgte die Y-8W, bei der NATO auch bekannt als KJ-200 oder Moth. Diese verfügt über ein AESA-Radar, das in einer rechteckigen Verkleidung über dem Rumpf untergebracht ist. Das Flugzeug selbst basiert auf der Y-8-Plattform der Kategorie III, die durch einen modifizierten Rumpf gekennzeichnet ist, keine Heckrampe mehr hat und nicht wie ihre Vorgänger über eine verglaste Nase verfügt. Die Triebwerke treiben effizientere Sechsblattpropeller an, wodurch die Reichweite erhöht und der Geräuschpegel reduziert wird.

Das Cockpit wurde ebenfalls aufgerüstet – mit moderner Avionik und Flachbildschirmen. Der Erstflug einer KJ-200 fand im Januar 2005 statt, allerdings gab es im Juni 2006 einen Rückschlag, als der zweite Prototyp aufgrund von Vereisung abstürzte. Bei der anschließenden Neukonstruktion wurde der hintere Rumpf verlängert und das Höhenleitwerk mit Finlets versehen, wodurch die Richtungsstabilität verbessert wird. Die PLAAF hat mindestens fünf KJ-200 erhalten, während bislang sechs mit PLANAF-Kennzeichen gesichtet wurden. Eine Einschränkung des in der KJ-200 verwendeten Phased-Array-Radars ist die fehlende 360-Grad-Abdeckung, da es aufgrund seiner festen Bauweise nur zu einer Seite scannen kann. Um dies auszugleichen, wurden die Flugzeuge der PLAAF mit einem in einem vergrößerten Radom montierten Radar in der Nase modifiziert.

Neben AEW-Flugzeugen für China hat Shaanxi noch die Y-8P für die pakistanische Luftwaffe entwickelt. Das Flugzeug ähnelt weitgehend der KJ-200 und verfügt über ein einfacheres, passives, elektronisch gesteuertes Phased-Array-Radar. Die Y-8 ist weit verbreitet, und mit rund 30 Varianten wird sie noch einige Zeit im Einsatz bleiben. Die zukünftige Entwicklung wird sich jedoch auf die deutlich verbesserte Y-9 Claw konzentrieren.

Technische Daten (KJ-200)

Typ: AWACS-Flugzeug

Abmessungen: Länge: 34,02 m; Spannweite: 38,0 m; Höhe: 11,0 m

Gewicht: 62.000 kg max. Startmasse

Triebwerk(e): vier Solowjow-Zhuzhou WoJiang-6 WJ-6-Turboprop-Triebwerke mit einer Leistung von jeweils 3.169 kW

Höchstgeschwindigkeit: 660 km/h

Reichweite: 5.500 km

Dienstgipfelhöhe: 10.400 m

Besatzung: 7

Bewaffnung: keine

Eine Shaanxi Y-8C der chinesischen Luftwaffe bereitet sich 2014 auf den Start von der Royal Malaysian Airforce Base in Subang vor.

U-Boot-Jagd

Die Y-8Q ist eine spezielle Variante der Y-8 für die U-Boot-Bekämpfung (Anti-Submarine Warfare – ASW) und wird von der NATO als March bezeichnet. Die 2011 erstmals geflogene Maschine basiert auf der Kategorie-III-Entwicklung und verfügt über einen vollständig druckbeaufschlagten Rumpf, eine solide Nase, Sechsblattpropeller und ein modernes Cockpit. Für die ASW-Funktion ist unter der Nase ein Oberflächen-Suchradar angebracht, während sich unter dem vorderen Rumpf, direkt vor dem Bombenschacht, eine elektrooptische Kuppel befindet. Der Bombenschacht kann vermutlich Wasserbomben oder bis zu sechs leichte Torpedos vom Typ Yu-7K aufnehmen. Sonarbojen können über vier Röhren hinter dem Bombenschacht abgefeuert werden. Ein Magnetfelddetektor (Magnetic Anomaly Detector – MAD) ragt aus dem Heck des Flugzeugs heraus, während Sensoren am hinteren Rumpf die anhaltende Wirksamkeit der visuellen Suche für bestimmte Aufgaben belegen. Für weitere Einsätze ist die Y-8Q mit einer taktischen Datenverbindung ausgestattet, wobei auch schon einige Exemplare mit einer SATCOM-Antenne gesehen wurden. Die Auslieferungen an die PLANAF begannen 2015, und die Flugzeuge sind in Hainan für Einsätze im Südchinesischen Meer, in Shanghai für das Ostchinesische Meer und in Dalian für das Gelbe sowie das Japanische Meer stationiert. Im Jahr 2020 wurden auch Flugzeuge auf dem Fiery-Cross-Atoll inmitten des Südchinesischen Meeres auf den umstrittenen Spratly-Inseln gesichtet.

Berijew A-50 (1985)

Die Berijew A-50, das zweite AWACS-Flugzeug der Sowjetunion, wurde seit dem Ende des Kalten Krieges nur eingeschränkt weiterentwickelt. Die kleine Flotte hat unter den Erfordernissen des Krieges in der Ukraine stark gelitten.

Die Berijew A-50 wurde entwickelt, um das erste Luftüberwachungs- und Kontrollflugzeug (Airborne Early Warning and Control Aircraft – AEW&C) der sowjetischen Luftstreitkräfte – die Tupolew Tu-126 – zu ersetzen. Das Programm begann Ende der 1960er-Jahre mit der Entwicklung des Missionssystems Schmel (Hummel) durch das Moskauer Forschungsinstitut für Instrumententechnik (MNIIP). Im Jahr 1969 schlug Iljuschin vor, dieses System in die Il-76 zu integrieren, und 1973 beauftragte die sowjetische Regierung Berijew mit der Entwicklung der A-50 auf der Grundlage dieses Konzepts. Das 1978 erstmals geflogene Flugzeug basierte auf der Il-76 „Candid“, verfügte jedoch über einen Rotodome mit einem Durchmesser von 10,8 m, der 3,2 m über dem Rumpf auf aerodynamischen Beinen direkt hinter der Flügelhinterkante montiert war. Die A-50-Flotte wurde 1984 in Dienst gestellt und war zunächst in Litauen stationiert. Nachdem die NATO 1978 durch den sowjetischen Radartechniker Adolf Tolkatschow auf die Existenz der A-50 aufmerksam geworden war, gab sie ihr die Bezeichnung „Mainstay“.

Das Herzstück der A-50 ist das Schmel-Radar- und Missionssystem. Der Rotodome dreht sich alle zehn Sekunden einmal und beherbergt ein S-Band-Radar mit einer Erkennungsreichweite von 230 km für niedrig fliegende Ziele in der Größe von Kampfflugzeugen und der doppelten Reichweite für Überwasserschiffe. Die Daten werden an das Missionssystem im Rumpf weitergeleitet, wo drei Verfolgungsoperatoren bis zu 15 Ziele gleichzeitig überwachen und drei Navigatoren jeweils bis zu vier befreundete Flugzeuge leiten können. Das zusätzliche Missionspersonal besteht aus einem Kommandanten und drei Ingenieuren, wobei

Unten: In der A-50M kamen das überarbeitete Schmel-2-Radar und eine verbesserte Avionik sowie an den Seiten des hinteren Rumpfes angebrachte Chaff- und Flare-Werfer zum Einsatz.

Radom
In den russischen A-50 ist das Schmel-Puls-Doppler-Radar verbaut, während in der indischen Variante ein israelisches EL/W-2090 zur Anwendung kommt. Beide haben die gleiche rotierende Kuppel, die über dem hinteren Rumpf angebracht ist.

Missionssysteme
Der Frachtraum dient zur Unterbringung der Missionssysteme und der zehn Operatoren. Bei den frühen Flugzeugen führte dies aufgrund der Größe und des Gewichts der sowjetischen Elektronik zu einem sehr beengten Arbeitsumfeld.

Heck
Es wird angenommen, dass der Nachlauf des Radoms die Wirksamkeit des Seiten- und Höhenleitwerks verringert. Dies wird jedoch teilweise durch die stabilisierende Wirkung des Radoms selbst und durch Strakes am Heck der Fahrwerkspontons der Serienmodelle ausgeglichen.

die fünfköpfige Flugbesatzung der Standardbesatzung einer Il-76 entspricht.

Zusätzlich zum Schmel-System ist die A-50 mit einer ECM-Ausrüstung ausgestattet, die aktive Störsender und Chaff-/Flare-Werfer, eine taktische Datenverbindung und ein Satellitenkommunikationssystem umfasst. Bereits 1990 wurde ein Modernisierungsprogramm für das Flugzeug gestartet, das zur A-50U (U für uproschonni – „vereinfacht") führt. Die ursprüngliche, ehrgeizigere A-50M-Modernisierung scheiterte aus Kostengründen. Zwar begannen die Arbeiten zur Modernisierung einer Maschine im Jahr 1993, doch mit der Auflösung der Sowjetunion war selbst dies für die russische Luftwaffe unerschwinglich geworden. Gleichzeitig wurde die A-50-Flotte 1989 nach Russland zurückverlegt, zunächst nach Petschora und dann 1998 nach Iwanowo in der Nähe von Moskau.

A-50U

Um die Jahrhundertwende wurden die Arbeiten an der A-50U wieder aufgenommen, wobei Berijew eine Neukonstruktion erarbeitete, während Vega, der Nachfolger des MNIIP, ein Upgrade in Form des als Schmel-M bezeichneten Missionssystems entwickelte. Während die Radarantenne beibehalten wurde, verfügt das Schmel-M anstelle des früheren analogen Systems über einen digitalen Signalprozessor, der die Leistung erhöht und Gewicht einspart. Auch die Display-Technologie wurde verbessert: Die ursprünglichen Kathodenstrahlröhren wurden durch LCD-Bildschirme mit höherer Auflösung ersetzt.

Die Gesamtleistung ermöglicht nun Berichten zufolge die Erkennung von 150 Zielen in einer Entfernung von bis zu 600 km. Die erste A-50U wurde 2007 an die russische Luftwaffe ausgeliefert und staatlichen Abnahmetests unterzogen, die 2009 abgeschlossen waren. Bis Ende 2021 wurden insgesamt

Berijew A-50

Eine Berijew A-50 bei der Eröffnungsfeier zum 100-jährigen Jubiläum der russischen Luftstreitkräfte im August 2012. „Red 42" soll 2024 über dem Asowschen Meer abgeschossen worden sein.

sieben Maschinen übergeben, sodass drei flugtaugliche A-50 für den Umbau zur Verfügung stehen. Die zu Beginn der Invasion der Ukraine verhängten Sanktionen haben es jedoch nahezu unmöglich gemacht, die für die Umrüstung erforderlichen Elektronikkomponenten zu beschaffen, und es ist unklar, ob weitere Umrüstungen stattfinden werden.

Die A-50EI der indischen Luftwaffe ist der A-50 sehr ähnlich. Im Gegensatz zu den russischen Flugzeugen sind die Maschinen der IAF jedoch mit dem israelischen AESA-Radar EL/M-2090 ausgestattet. Die 2003 bestellten Flugzeuge wurden in der Il-76-Produktionslinie in Taschkent hergestellt, zur Modifizierung an Berijew in Taganrog geschickt und dann nach Israel geliefert, wo IAI und Elta die Missionssysteme installierten. Zwischen 2009 und 2011 wurden drei Flugzeuge ausgeliefert. Zwei weitere wurden 2016 bestellt, aber bis heute nicht ausgeliefert.

Seit Beginn der Invasion durch Russland sind die A-50 vorrangiges Ziel der ukrainischen Streitkräfte. Das erste Opfer war eine A-50U, die von der Machulishchy-Luftwaffenbasis in Belarus aus operierte und im Februar 2023 von Partisanen angegriffen wurde, während sie am Boden stand. Eine Drohne mit einer Sprengladung wurde auf dem Flugzeug abgesetzt, doch wenngleich der Angriff Schäden verursachte, konnte die A-50U zur Reparatur ins Berijew-Werk in Taganrog in Russland überführt werden. In der Nacht vom 14. Januar 2024 wurde eine über dem Asowschen Meer operierende „Mainstay" von ukrainischen Streitkräften abgeschossen. Gleichzeitig wurde eine Il-22 schwer beschädigt, vermutlich wurden beide Flugzeuge von Boden-Luft-Raketen getroffen. Danach wurden die A-50-Einsätze weiter von der Frontlinie entfernt über russischem Gebiet durchgeführt. Am 23. Februar wurde jedoch ein zweites Flugzeug etwa 250 km vor der ukrainischen Grenze abgeschossen.

Technische Daten (A-50U)

Typ: AWACS-Flugzeug

Abmessungen: Länge: 49,59 m; Spannweite: 50,5 m; Höhe: 14,76 m

Gewicht: 170.000 kg max. Startmasse

Triebwerk(e): vier Solowjow-D-30KP-Mantelstrom-Triebwerke (Turbofans) mit jeweils 12.000 kg Schub

Höchstgeschwindigkeit: 900 km/h

Reichweite: 7.500 km

Dienstgipfelhöhe: 12.000 m

Besatzung: 15

Bewaffnung: keine

Eine Berijew A-50 („Red 50") der russischen Luftwaffe im Landeanflug

Vermutlich kam wieder eine SAM zum Einsatz, etwa eine ältere SA-5. Diese Verluste belasten die ohnehin schon begrenzten Hauptstreitkräfte Russlands zusätzlich.

Die Entwicklung eines Ersatzes für die A-50U begann 2007. Berijew wurde beauftragt, die modernisierte Il-76MD-90A als Basis für ein neues Flugzeug zu verwenden. Die Vega Radio Engineering Corporation hat das AESA-Radar Premier als primären Sensor entwickelt. Wie das alte System ist es in einer rotierenden Kuppel über dem Rumpf montiert, die Abtastrate wurde jedoch auf einen Fünf-Sekunden-Intervall erhöht, während der Radarstrahl in der Höhe elektronisch gesteuert werden kann. Luftziele können Berichten zufolge in einer Entfernung von 600 km erkannt werden. 2016 wurde eine A-50U zu einem fliegenden Testbed für die A-100-Systeme umgebaut und als A-100LL bezeichnet. Die Arbeiten an den ersten beiden Il-76MD-90A-Flugzeugzellen begannen 2014, die Tests des Missionssystems 2018. Auch wenn die A-100 der A-50 stark ähnelt, verfügt sie über viele Antennen am horizontalen Leitwerk und ein großes rundes Gehäuse für ein passives elektronisches Überwachungssystem über dem Cockpit. Das A-100-Programm stellt sicherlich einen bedeutenden Fortschritt gegenüber der A-50U dar, verzögert sich jedoch aufgrund technischer Probleme und wird wahrscheinlich auch durch die anhaltenden Sanktionen des Westens beeinflusst.

KJ-2000

Auch China war ein Kunde für die A-50EI. Aufgrund des Drucks seitens der USA war Israel im Juli 2000 gezwungen, sich aus dem Geschäft zurückzuziehen. Stattdessen wurde ein im Inland entwickeltes AWACS-System konzipiert, für das zunächst eine teilweise umgebaute A-50EI-Zelle genutzt wurde. Die 2003 erstmals geflogene KJ-2000 verfügt über ein festes Radom, in dem drei AESA-Antennen in einem gleichseitigen Dreieck untergebracht sind. Dies ermöglicht eine 360-Grad-Abdeckung mit einer deutlich höheren Aktualisierungsrate und die kontinuierliche Überwachung hochwertiger Ziele. Vier weitere Flugzeuge sollten durch den Umbau von Il-76MDs hergestellt werden, die zuvor bei China United Airlines im Einsatz waren. Diese sollten die aktive Flotte der PLAAF bilden, wobei der Prototyp anschließend für Triebwerkstests verwendet werden sollte. Die von der NATO als „Mainring" bezeichnete KJ-2000 ähnelt äußerlich der A-50, wobei der auffälligste Unterschied eine stärker gewölbte SATCOM-Kuppel vor dem Flügel ist. Die KJ-2000 mit Basis in Wuxi können Aktivitäten in der Taiwanstraße und im Japanischen Meer überwachen. Die Bemühungen um die Produktion weiterer Exemplare wurden durch Probleme bei der Beschaffung von Il-76-Flugzeugzellen für den Umbau behindert, und China konzentriert sich nun vermutlich auf die KJ-3000, die auf dem Transportflugzeug Y-20A basiert.

Boeing C-17A „Globemaster III“
(1995)

Nach einem etwas holprigen Start hat sich die C-17 zum leistungsfähigsten Transportflugzeug der westlichen Welt entwickelt. Es kann auf unbefestigten Pisten mit einer Länge von weniger als 1.000 m landen und übergroße Nutzlasten wie Panzer und Hubschrauber transportieren.

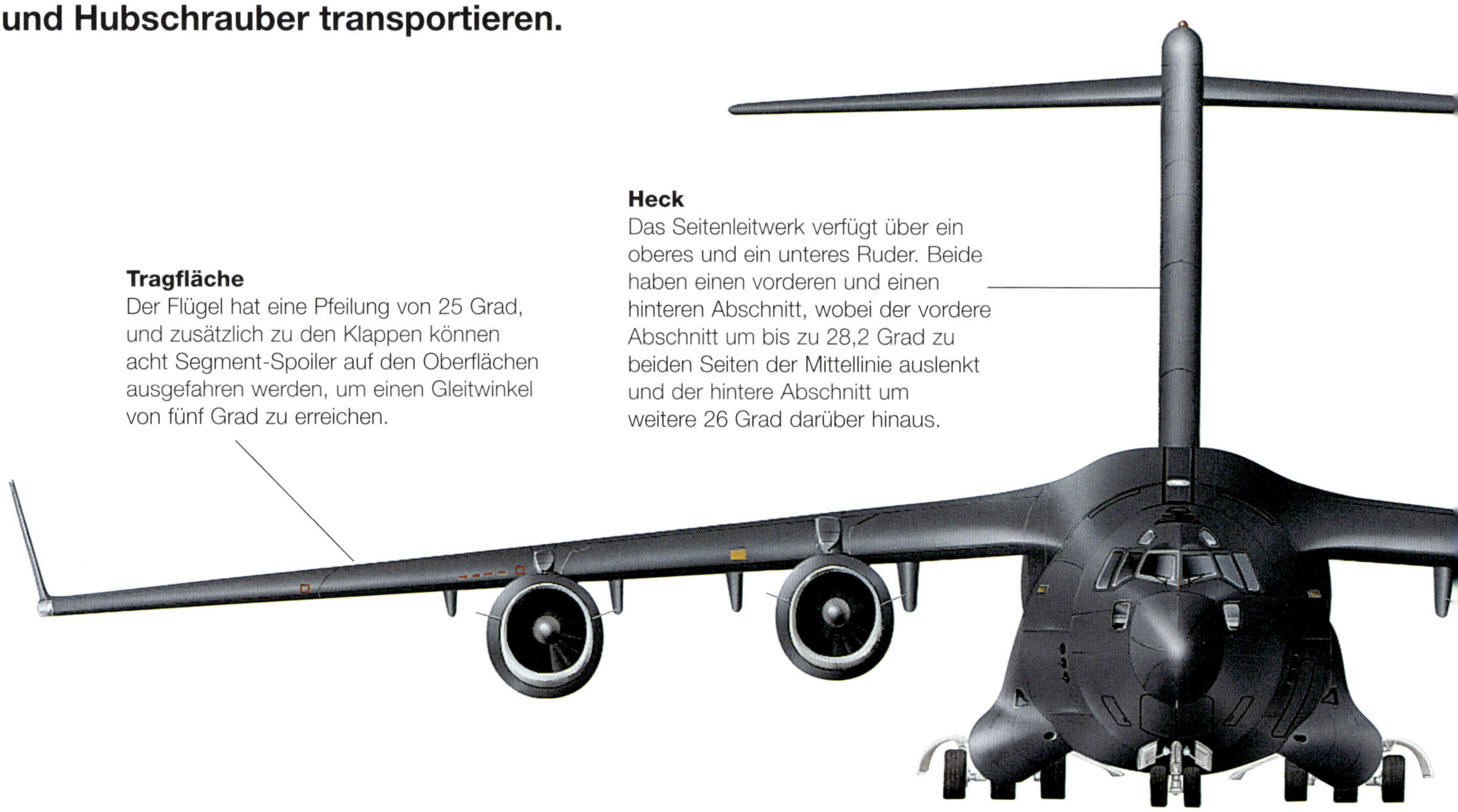

Die Ursprünge der C-17 reichen bis in die späten 1970er-Jahre zurück, als das AMST-(Advanced-Medium-Short-Takeoff-and-Landing-Transport-)Programm der US-Luftwaffe aufgrund des Bedarfs an mehr Langstrecken-Lufttransportkapazitäten eingestellt wurde. Dies führte zum Wettbewerb um das C-X-Lufttransportsystem, das auf den Anforderungen der U.S. Army und des USMC basierte, übergroße Frachtgüter – darunter Panzer – über interkontinentale Entfernungen transportieren zu können. Die Zielnutzlast betrug 59 Tonnen, wobei das Flugzeug auch auf Start- und Landebahnen mit einer Länge von nur 914 m operieren können sollte. Am 15. Februar 1980 wurde eine Ausschreibung veröffentlicht, auf die Boeing, Lockheed und McDonnell Douglas reagierten, wobei letzteres Unternehmen im August des folgenden Jahres den Zuschlag erhielt.

Der siegreiche Entwurf basierte auf den Erfahrungen mit dem YC-15-Demonstrator für das AMST und weist eine gewisse Ähnlichkeit zu diesem auf. Der runde Rumpf verfügt über einen 5,49 m breiten Frachtraum, der sich über 20,78 m vom Cockpitbereich bis zur Heckrampe erstreckt, mit weiteren 6,04 m Bodenfläche auf der Rampe, die selbst bis zu 18 Tonnen Fracht aufnehmen kann. Der Laderaum hinter den Tragflächen ist 4,5 m hoch, während er im vorderen Bereich durch den mittleren Flügelabschnitt auf 3,76 m begrenzt wird. Die Fracht wird über die Rampe am Heck des Flugzeugs mit einem im Boden installierten Handhabungssystem und einer hydraulischen Winde verladen. Beim Laden schwerer Fracht werden im Rumpf integrierte Streben ausgefahren, um ein Kippen des Flugzeugs zu verhindern. Der vordere Teil des Rumpfes enthält das Cockpit und den Ruhebereich für die Besatzung im Obergeschoss, während sich im Hauptgeschoss die Lademeisterstation, die Toiletten und die Bordküche befinden. An den Haupttragflächen mit negativer V-Form sind vier Pratt & Whitney-F117-PW-100-Turbofans an

Fahrwerk
Mit seinen zwei dreirädrigen Fahrwerksträgern auf jeder Seite ist das Hauptfahrwerk für hohe Sinkgeschwindigkeiten ausgelegt. Das Bugfahrwerk bewegt sich bei Start und Landung um zwölf Grad zu jeder Seite, während es beim Rollen bis zu 65 Grad auslenkbar ist, sodass das Flugzeug auch auf engstem Raum manövrieren kann.

Rampe
Die Laderampe bildet die untere Hälfte der Unterseite des hinteren Rumpfes; die obere Hälfte lässt sich nach oben einfahren, um das Be- und Entladen höherer Ladungen zu ermöglichen.

Links und oben: Diese C-17A war das erste Serienflugzeug und wurde für Tests auf der Edwards Air Force Base eingesetzt.

Winglets
Die Flügel sind mit 2,9 m langen Winglets aus Verbundwerkstoffen versehen. Sie verbessern die aerodynamische Effizienz und erhöhen die Reichweite des Flugzeugs.

Pylonen montiert, die sich von der Vorderkante aus nach vorne erstrecken.

Basierend auf der für die YC-15 entwickelten Technologie strömt das Abgas der Triebwerke über Fowler-Klappen mit doppelter Spaltklappe, die sich über zwei Drittel der Spannweite erstrecken. Dies erhöht den Auftrieb und ermöglicht einen Anflug mit einer Geschwindigkeit von nur 115 Knoten bei einem Gleitwinkel von fünf Grad anstelle der üblichen drei Grad. Dadurch kann die C-17A mit einer Ladung von 75 Tonnen auf einer Landebahn von nur 914 m Länge landen. Das Bremsen wird durch Umkehrschub unterstützt, der auch zum Zurücksetzen des Flugzeugs und zum Drehen um 180 Grad verwendet werden kann, sodass ein Betrieb mit minimaler Bodenunterstützung möglich ist. Eine Ladung von 111 Tonnen Treibstoff wird in vier Flügeltanks transportiert, während ab der 71. Flugzeugzelle der ungenutzte Hohlraum im Mittelteil umgebaut wurde, um zusätzliche 29 Tonnen aufnehmen zu können. Alle Flugzeuge, die damit ausgestattet sind, werden informell als C-17A ER für Extended Range (erweiterte Reichweite) bezeichnet. Um Fracht so nah wie möglich an den Bestimmungsort zu liefern, kann die C-17 von einer Vielzahl von Pisten aus operieren, darunter auch unbefestigte Landebahnen, wenngleich mit Einschränkungen bezüglich der Ladekapazität. Ist dies nicht möglich, kann die Ladung während des Fluges mit Fallschirmen abgeworfen werden, gegebenenfalls auch über das Low-Altitude Parachute Extraction System (LAPES). Um Massenabwürfe zu erleichtern, ist ein Formation Flight System (FFS) integriert. Damit können bis zu 36 Flugzeuge bei Nullsicht in Formation fliegen, eine Fähigkeit, die von der U.S. Army in der Strategic-Brigade-Airdrop-Anforderung aufgestellt wurde und die es ermöglicht, dass das gesamte zugehörige Personal und die Fracht innerhalb von 30 Minuten am Abwurfort ankommen. Damit die Streitkräfte auf dem Weg zum Abwurfgebiet Informationen austauschen können, wurde ab Block 17 ein fliegendes lokales Netzwerk (Flying Local Area Network – FLAN) eingeführt.

Obwohl das Angebot von McDonnell Douglas erfolgreich war, wurde der eigentliche Entwicklungsauftrag erst im Juli 1982 vergeben, nachdem das Verteidigungsministerium alle anderen Optionen geprüft hatte. Tatsächlich kam es im Laufe der Jahre regelmäßig zu Verzögerungen, da die U.S. Air Force und das Verteidigungsministerium den Kauf zusätzlicher C-5 Galaxy-Flugzeuge in Betracht zogen, um ihren Lufttransportbedarf zu decken. Die ursprünglich geplante Anschaffung von 210 Flugzeugen wurde im März 1990 auf 120 reduziert, was zu einem Anstieg des Stückpreises führte, da die Entwicklungskosten nun auf weniger Flugzeuge verteilt werden mussten. Die C-17 wurde nach dem Erstflug des Prototyps im September 1991 einer weiteren Prüfung unterzogen, wobei Produktionsverzögerungen, Kostenüberschreitungen und Testfehlschläge weitere Zweifel an der Zukunft des Projekts aufkommen ließen und ein alternativer Kauf von C-5Ds und Boeing 747-400Fs in Betracht gezogen wurde. Dank der konzertierten Bemühungen von McDonnell Douglas kam es jedoch ab 1994 zu einer Wende. Nachdem das Vertrauen zurückgewonnen war, wurde 1996 ein Auftrag über 80 Flugzeuge vergeben, während eine Überprüfung der Lufttransportanforderungen im Jahr 2000 zu einem finanzierten Bedarf von 180 C-17 führte. Im Jahr 1997 kaufte Boeing McDonnell Douglas auf, nachdem dieses Unternehmen sich im JSF-Wettbewerb als unterlegen erweisen hatte, und erlangte damit das Eigentum am C-17-Programm. Letztendlich kaufte die USAF 224 C-17, darunter den Prototyp und einen Ersatz für ein abgestürztes Flugzeug, sodass eine operative Flotte von 222 Flugzeugen entstand.

Die „Globemaster" führte 1995 im Rahmen der Operation Joint Endeavour ihre ersten operativen Einsätze durch und beförderte dabei Passagiere sowie Material zur NATO-Friedenstruppe in Bosnien und Herzegowina.

Unten: Eine C-17 „Globemaster III" der U.S. Air Force wirft im Juni 2010 Fracht über der Forward Operating Base Baylough in Afghanistan für Einheiten des 4. Infanterieregiments der U.S. Army ab.

Technische Daten (C-17A ER)

Typ: Strategisches und taktisches Transportflugzeug

Abmessungen: Länge: 53,04 m; Spannweite: 51,74 m; Höhe: 16,79 m

Gewicht: 265.352 kg max. Startmasse

Triebwerk(e): vier Pratt & Whitney-F117-PW-100-Mantelstrom-Triebwerke (Turbofans) mit je 185,55 kN Schub

Höchstgeschwindigkeit: 833 km/h

Reichweite: 11.538 km Überführungsreichweite

Dienstgipfelhöhe: 14.000 m

Besatzung: 3

Bewaffnung: keine

Oben: Eine C-17A „Globemaster“ des 62nd Airlift Wing startet zu einem Einsatz im Rahmen der Operation Enduring Freedom.

Ausländische „Globemaster“

Der erste ausländische Nutzer der C-17 war die Royal Air Force, wobei zunächst ein siebenjähriger Leasingvertrag geschlossen wurde, an dessen Ende die Option bestand, die Flugzeuge zu kaufen oder an Boeing zurückzugeben. Die vier Flugzeuge wurden alle bis 2001 ausgeliefert und erwiesen sich als so leistungsfähig, dass bereits 2004 beschlossen wurde, sie zu kaufen. Letztendlich erwarb die RAF acht „Globemaster“. Die Royal Australian Air Force war der nächste Kunde und erwarb ab 2005 ebenfalls acht Flugzeuge. Die Vereinigten Arabischen Emirate und Katar folgten mit einer jeweils ähnlichen Anzahl von C-17, wobei Katar eines davon in den Farben seiner nationalen Fluggesellschaft lackierte, um es vor allem für humanitäre Einsätze zu nutzen. Indien wurde mit elf Flugzeugen zum größten ausländischen Betreiber der C-17, die Auslieferungen begannen 2013. Insgesamt wurden 279 C-17 in Long Beach gebaut, bevor das Werk 2015 geschlossen wurde. Boeing unternahm sogar den ungewöhnlichen Schritt, die letzten zehn Flugzeuge ohne feste Bestellungen zu bauen, so zuversichtlich war man, Käufer dafür zu finden.

Im November 2001 flogen C-17-Maschinen innerhalb von acht Tagen 64 Einsätze, bei denen sie 481 Soldaten und 1.450 Tonnen Fracht zur Landezone Camp Rhino in Kandahar transportierten. Im März 2003 wurde die 173. Luftlandebrigade der U.S. Army mit 15 „Globemaster“-Maschinen zum Flugplatz Bahur im Nordirak transportiert. In der ersten Nacht wurden 1.000 Fallschirmjäger eingeflogen, im Anschluss weitere 1.003 Soldaten und 3.000 Tonnen Ausrüstung in den nächsten vier Tagen. Anfang April folgten C-17-Maschinen mit fünf Abrams-M1-Panzern, fünf M2-Bradley-Schützenpanzern, 15 M113-Panzerfahrzeugen und 41 Hummern. Diese Operationen waren nicht ohne Risiko, wobei Flugzeuge bei Einsätzen in Afghanistan beschädigt wurden und eines beim Start in Bagdad einen Treffer durch eine Boden-Luft-Rakete überstand.

Die C-17A hat dieses Einsatzniveau beibehalten und wird weiterhin modernisiert, um ihre Leistungsfähigkeit zu sichern. Von der Antarktis bis zu den Wüsten des Nahen Ostens wird die „Globemaster“ auch in den kommenden Jahren das Herzstück der Lufttransportkapazitäten der USA bleiben.

Lockheed Martin C-130J „Super Hercules" (1999)

Die C-130J „Super Hercules" hat gegenüber den Vorgängermodellen eine erhebliche Leistungssteigerung erfahren, mit größerer Reichweite und besserer Startleistung. Die „Hercules" wurde fortlaufend produziert und ist das über den längsten Zeitraum hergestellte Militärflugzeug überhaupt.

Cockpit
Das Cockpit der „Super Hercules" wurde gegenüber dem Vorgängermodell stark überarbeitet, wobei die mechanischen Instrumente durch Multifunktionsanzeigen ersetzt wurden. Dank technologischer Fortschritte konnte die Cockpit-Besatzung von vier auf nur noch zwei Piloten reduziert werden.

Triebwerke
Obwohl die neuen Triebwerke nur etwa 75 kW mehr Leistung erzeugen, wird diese durch die sechsblättrigen Propeller besser ausgenutzt und sorgt so für eine verbesserte Kurzstreckenleistung und eine höhere Geschwindigkeit.

Die erste C-130 „Hercules" wurde auf Grundlage der Erfahrungen aus dem Koreakrieg und der Berliner Luftbrücke entwickelt. Sie wurde 1956 in Dienst gestellt, über 2.500 Exemplare wurden gebaut, und sie ist nach wie vor in 65 Ländern im Einsatz. Anfang der 1990er-Jahre schlug Lockheed eine aktualisierte Version mit neuen Triebwerken, Propellern und Avionik vor, um ein taktisches Transportflugzeug für das 21. Jahrhundert zu entwickeln. Angesichts ihrer alternden C-130-Flotte wurde die Royal Air Force 1994 zum Erstkunden und bestellte 25 J-Modelle, um die Hälfte ihrer früheren Exemplare zu ersetzen, während sie auf die Entwicklung der A400M wartete. Die ersten Auslieferungen waren für 1996 geplant, wurden jedoch durch unerwartete Probleme verzögert.

Bei der C-130J wurden die vier 3.423 kW starken Allison-T56-Turboprop-Triebwerke durch Rolls-Royce Allison 2100 mit einer Leistung von 3.458 kW ersetzt. Gleichzeitig wurden die vierblättrigen Propeller durch ein fortschrittliches sechsblättriges Design mit gepfeilten Blattspitzen ausgetauscht. Diese Änderungen versprachen eine um 40 Prozent größere Reichweite, eine um 80 km/h höhere Höchstgeschwindigkeit und eine um 41 Prozent kürzere Startstrecke. Leider beeinträchtigten sie auch die Stall-Eigenschaften, und die von den neuen Propellern erzeugten Wirbel interagierten je nach Flugregime und Klappenkonfiguration auf unterschiedliche Weise mit der Oberseite der Tragfläche. Nachdem über 20 aerodynamische Korrekturen vorgenommen worden waren, darunter Flügelzäune und Wirbelgeneratoren, wurde schließlich ein Stick-Pusher eingeführt, um zu verhindern, dass das Flugzeug in einen Strömungsabriss gerät. Die Tests zur Behebung dieses Problems verzögerten das Programm um neun Monate, und Schwierigkeiten bei der Software-Integration bedeuteten einen weiteren Aufschub von drei Monaten. Da die neuen Triebwerke nicht genügend Zapfluft lieferten, um das alte

Antennen
Die EC-130J verfügt über mehrere Antennen, um Medien über bis zu 14 verschiedene Radio- und Fernsehkanäle zu übertragen. Neben den vier großen Antennen, die auf beiden Seiten des Heckauslegers angebracht sind, befindet sich eine große Blendenantenne zwischen dem äußeren Triebwerk und dem Flügelspitzenbehälter.

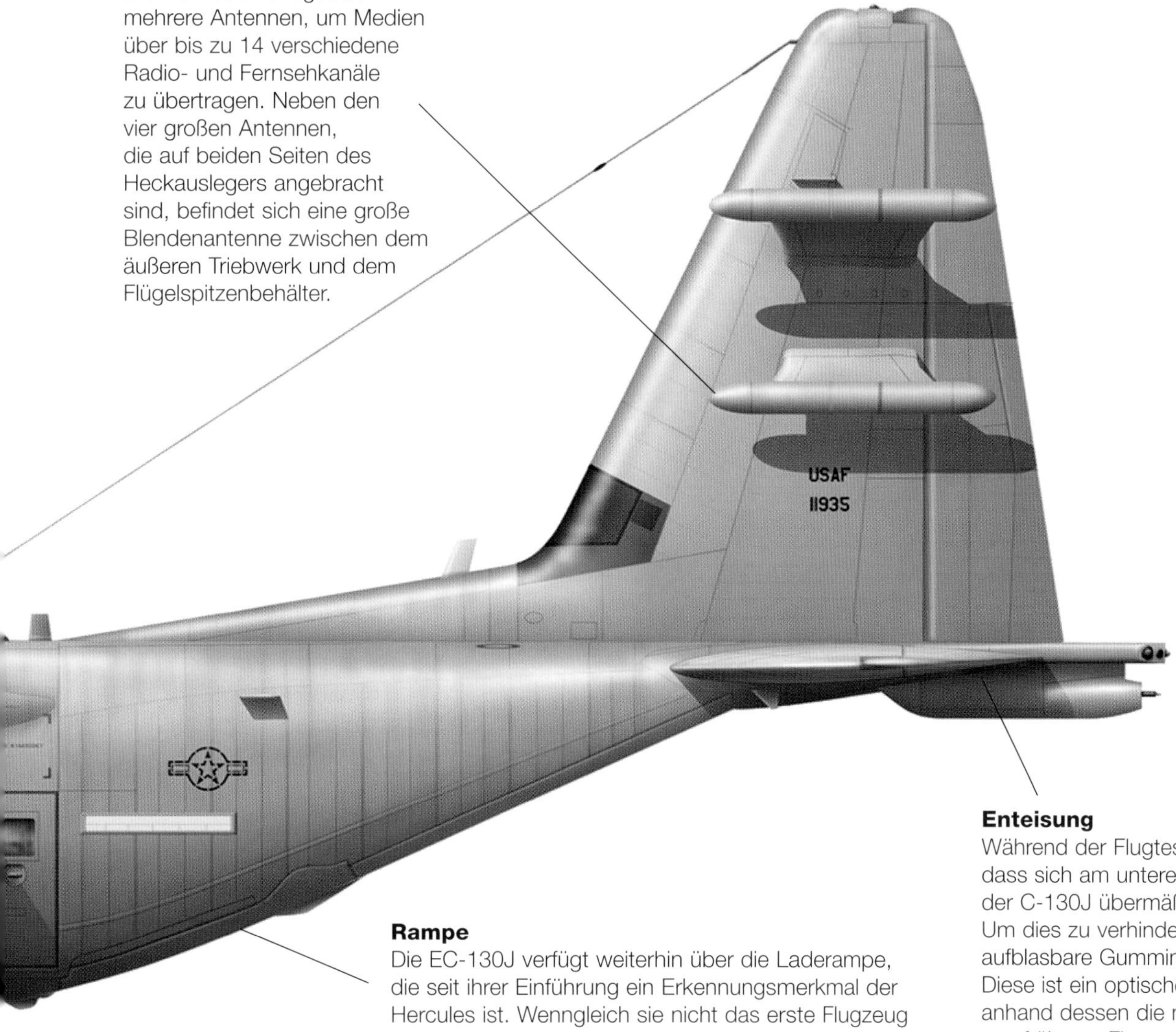

Enteisung
Während der Flugtests wurde festgestellt, dass sich am unteren Teil des Heckbereichs der C-130J übermäßig viel Eis ansammelte. Um dies zu verhindern, wurde an der Basis eine aufblasbare Gummimanschette angebracht. Diese ist ein optisches Erkennungsmerkmal, anhand dessen die neueren Hercules-Modelle von früheren Flugzeugen unterschieden werden können.

Rampe
Die EC-130J verfügt weiterhin über die Laderampe, die seit ihrer Einführung ein Erkennungsmerkmal der Hercules ist. Wenngleich sie nicht das erste Flugzeug mit einer Heckrampe war, setzte die Hercules den Standard für fast alle nachfolgenden Frachtflugzeuge.

Die EC-130J, auch als Commando Solo III bezeichnet, wird von der U.S. Air Force für psychologische Operationen sowie zur Unterstützung von Katastropheneinsätzen eingesetzt, wo ihre Fähigkeit, Informationen über das gesamte Spektrum hinweg übertragen zu können, Leben retten kann.

Enteisungssystem für das Seitenleitwerk anzutreiben, musste auch dieses System überarbeitet werden. Dies führte erneut zu einer Verzögerung.

Letztendlich erfolgten die ersten Lieferungen an die RAF erst 1998, was Strafzahlungen in Höhe von rund 50 Millionen US-Dollar nach sich zog.

Die „Super Hercules“ verfügt über ein komplett neues Cockpit, in dem die alten analogen Anzeigen durch mehrere Multifunktions- und Head-up-Displays ersetzt wurden, wodurch sich die Situationswahrnehmung des Piloten deutlich verbessert hat. Die moderne Avionik hat auch dazu geführt, dass der Flugingenieur und der Navigator weggefallen sind, sodass die Standardbesatzung nun aus zwei Piloten und je nach Mission einem oder zwei Lademeistern besteht. Der Frachtraum ist wie beim Vorgängermodell 3,05 m breit, 2,74 m hoch und 12,5 m (Basismodell) bzw. 17,5 m lang (verlängertes Modell C-130J-30). Die maximale Kapazität beträgt 19 Tonnen (20 Tonnen in der -30) oder 92 Passagiere auf Sitzen an den Seiten und in der Mitte des Frachtraums (128 Passagiere in der -30). Für Luftlandeeinsätze können 64 Fallschirmjäger befördert werden (92 Fallschirmjäger in der -30). Um die Arbeitsbelastung der Besatzung zu reduzieren, kann das überarbeitete Frachtumschlagsystem schnell an jede Kombination aus Passagier-, Fracht- oder Luftrettungseinsätzen angepasst werden. Die Lieferung von Ausrüstung aus der Luft kann durch Fallschirme erfolgen, die die Ladung aus dem Flugzeug ziehen, oder mithilfe des Container Delivery System, wobei die Schwerkraft genutzt wird. Mit dem Formation Flight System

Oben: Eine C-130J „Super Hercules“ startet auf der Farnborough International Air Show im Juli 2010 zur Vorführung. Das Flugzeug gehört zum 86. Lufttransportgeschwader, das auf der Ramstein Air Base im Südwesten Deutschlands stationiert ist.

(FFS) können C-130J auch bei schlechter Sicht die Formation aufrechterhalten, um koordinierte Abwürfe zu ermöglichen. Alternativ kann die „Super Hercules“ von einfachen Landeplätzen mit einer unbefestigten Piste von nur 914 m Länge aus operieren.

Im Anschluss an die RAF gaben die USAF und die Royal Australian Air Force Ende 1995 Bestellungen für die C-130J auf, deren Auslieferungen an beide Luftstreitkräfte 1999 begannen. Während die meisten Betreiber ihre „Super Hercules“ für Frachttransporte einsetzen, hat die U.S. Air Force eine Reihe von Spezialversionen beschafft. Im Jahr 1999 bestellte sie die EC-130J Commando Solo III als Ersatz für frühere Flugzeuge auf Basis der C-130E. Diese wurden mit Radio- und Fernsehübertragungseinrichtungen ausgestattet, um psychologische Kriegsführung betreiben und nach Naturkatastrophen lebensrettende Informationen verbreiten zu können.

Unterdessen erwarb das U.S. Marine Corps (USMC) die KC-130J-Variante, die über eine Luft-Luft-Betankungsfähigkeit verfügt und damit neben dem Transport von Fracht auch die Betankung von Starrflügel-, Drehflügel- und Kipprotorflugzeugen ermöglicht. Diese Variante kann mehr Treibstoff abgeben und diesen über einen größeren Geschwindigkeitsbereich liefern als alle vorherigen C-130-Tankflugzeuge. Um die Fähigkeiten der KC-130J zu erweitern, erwarb das USMC 2010 die Harvest HAWK-Fähigkeit („Hercules Airborne Weapons Kit“), die es ermöglicht, AGM-114-Hellfire-Raketen unter den Tragflächen mitzuführen und AGM-176-Griffin-Raketen von der Laderampe aus einzusetzen. An der Rückseite eines der Unterflügeltanks ist eine elektrooptische Kuppel vom Typ AN/AAQ-30 angebracht,

Technische Daten (C-130J)

Typ: Taktisches Transportflugzeug

Abmessungen: Länge: 29,79 m; Spannweite: 40,41 m; Höhe: 11,84 m

Gewicht: 70.300 kg max. Startmasse

Triebwerk(e): vier Rolls-Royce-AE 2100D3-Turboprop-Triebwerke mit einer Leistung von je 3 458 kW

Höchstgeschwindigkeit: 670 km/h

Reichweite: 2.070 km mit einer Nutzlast von 15 Tonnen

Dienstgipfelhöhe: 8.600 m mit einer Nutzlast von 19 Tonnen

Besatzung: 3

Bewaffnung: keine

mit der die KC-130J verbündete Streitkräfte überwachen kann. Das System selbst kann innerhalb eines Tages entfernt werden, um das Flugzeug bei Bedarf wieder für Transportaufgaben einsetzen zu können.

Die US-Luftwaffe hat unterdessen die spezielle Gunship-Variante AC-130J mit der Bezeichnung „Ghostrider“ erworben, die zusätzlich zu Hellfire- und Griffin-Raketen mit 30-mm- und 105-mm-Kanonen ausgerüstet ist. Letztere sind im Frachtraum montiert, wobei die Läufe durch Öffnungen auf der linken Seite des Flugwerks zeigen. Dadurch kann das Flugzeug kreisen und die Waffen während des gesamten Einsatzes auf das Zielgebiet richten.

Für Such- und Rettungsmissionen über große Entfernungen wurde die HC-130J entwickelt. Bei der US-Luftwaffe soll die Variante Combat King II bei der Bergung von Personal hinter den feindlichen Linien helfen, entweder direkt durch Landung auf schwierigem Gelände oder durch Betankung von Rettungshubschraubern und Übernahme der Missionsleitung. Sie kann auch humanitäre Katastrophenhilfe und medizinische Evakuierungen durchführen. Die HC-130J der US-Küstenwache sind mit Peilgeräten, Multimode-Radar und einer elektrooptischen Sensorkuppel für die Suche und Rettung auf See ausgestattet.

Bis zum heutigen Tag wurden über 540 C-130J produziert, die in 22 Ländern im Einsatz sind. Insgesamt gibt es 18 Varianten, und die weltweite Flotte hat über 2,9 Millionen Flugstunden absolviert.

Hurrikan-Jäger

Das 53rd Weather Reconnaissance Squadron ist der einzige Betreiber der WC-130J-Variante zur Verfolgung von Hurrikanen. Die Option zum Kauf der WC-Version wurde 1998 wahrgenommen. Allerdings verzögerten Anlaufschwierigkeiten den Einsatz bis 2005. Auch wenn das Flugzeug leistungsfähiger war als seine Vorgängermodelle, waren seine Verbundpropeller anfällig für Hagelschäden beim Durchfliegen eines Hurrikans, sodass Modifikationen erforderlich waren, um seine Missionen erfolgreich durchführen zu können. Während des Fluges in tropische Stürme kann die WC-130J mithilfe ihrer Wetterüberwachungsgeräte das Zentrum des Sturms und Bedingungen wie Temperatur, Druck und Windgeschwindigkeit bestimmen. Dabei können Dropsonden eingesetzt werden, die auf die Oberfläche fallen und Temperatur-, Druck-, Feuchtigkeits- sowie Winddaten messen, um ein vertikales Profil der Atmosphäre zu erstellen. Diese Daten werden dann in Echtzeit an das Nationale Hurrikanzentrum in Miami zurückgemeldet. Seit 2007 verfügt das Flugzeug über ein nach unten gerichtetes Mikrowellenradar zur Überwachung von Oberflächenwinden und Niederschlägen. Die WC-130J fliegt in Stürme in einer Höhe von 3.048 m und liefert wichtige Daten, die die Genauigkeit von Hurrikanvorhersagen verbessern.

Unten: US-Soldaten bereiten sich hier im Jahr 2015 auf einen Trainingssprung aus einer C-130 „Hercules“ über einem Absprunggebiet in Deutschland vor.

Shaanxi Y-9 (2012)

Als bedeutende Weiterentwicklung des Transportflugzeugs Y-8 kann die Y-9 mehr Fracht schneller und über weitere Entfernungen transportieren. Sie bildet außerdem die Grundlage für eine wachsende Zahl spezialisierter Flugzeuge, die für die elektronische Kampfführung und die U-Boot-Jagd eingesetzt werden.

Nase
Der vordere Rumpf zeigt die deutlichsten Unterschiede zwischen der Y-8 und der Y-9: Neben dem Wegfall der Nasenverglasung zugunsten eines Radoms wurden auch die Cockpitfenster überarbeitet, sodass das Flugzeug nun eher einem modernen Regionalflugzeug als einem Transportflugzeug aus der Zeit des Kalten Krieges ähnelt.

Die auch als „High New 9“ bezeichnete Y-9XZ gilt als Plattform für psychologische Kriegsführung und kann über eine Reihe von Kommunikationskanälen senden. Zusätzlich zu den rund um den Rumpf angebrachten Sendeantennen befindet sich hinter dem Hauptflügel eine SATCOM-Kuppel auf dem Rücken des Flugzeugs.

Nachdem Shaanxi Ende der 1970er-Jahre die An-12 Cub kopiert und daraus die Y-8 gemacht hatte, entwickelte das Unternehmen 2002 in Zusammenarbeit mit Antonow, dem in der Ukraine ansässigen Hersteller der Cub, die Y-8X. Bis 2005 war das Design so weit ausgereift, dass es die neue Bezeichnung Y-9 erhielt, wobei Merkmale der später eingestellten Y-8F600 übernommen wurden. Die Y-9 basiert klar auf der Y-8, hat jedoch einen zwei Meter längeren Rumpf und eine solide Nase, die den verglasten Navigationsplatz ersetzt.

Das Cockpit ist mit farbigen Multifunktionsdisplays und einem elektronischen Fluginformationssystem (EFIS) ausgestattet. Die Sicherheit bei schlechter Sicht wird durch ein Bodenannäherungswarnsystem (Ground Proximity Warning System – GPWS) und ein Kollisionsvermeidungssystem (Collison Avoidance Sysstem – CAS) erhöht, wobei die meisten Flugzeuge zusätzlich über eine elektrooptische Kuppel unter dem vorderen Rumpf verfügen. In der Nase befindet sich ein Wetterradar, während einigen Berichten zufolge ein weiteres Radar in der Kuppel am Heck des Flugzeugs installiert ist. Wie bei den meisten späteren Y-8-Modellen sind an den Enden der Höhenleitwerke kleine Flossen angebracht, um die Richtungsstabilität bei niedrigen Geschwindigkeiten zu verbessern, die zuvor Probleme bereitet hatte, was zum Verlust der ersten JG-200 AEW-Variante der Y-8 beigetragen hat. Die Gesamtleistung wird durch eine 3.803 kW starke Variante des WJ-6C-Turboprop-Triebwerks verbessert, das im Gegensatz zu den vierblättrigen Propellern der Y-8 moderne sechsblättrige Propeller antreibt.

Die Y-9 flog erstmals 2010 und wurde 2012 bei der PLAAF in Dienst gestellt. Sie kann bis zu 25 Tonnen Fracht, 106 Fallschirmjäger oder 72 Verwundete mit medizinischem Begleitpersonal transportieren.

Leitwerk
Die Y-9 verfügt über kleine Finlets am Seitenleitwerk, um die Richtungsstabilität zu verbessern. Diese hatte sich bei einigen Spezialmissionen der Y-8 als Problem herausgestellt, bei denen Modifikationen an der Grundkonstruktion zu einer unsicheren Situation geführt hatten.

Rumpf
Obwohl der Rumpf im Wesentlichen mit dem der Y-8 identisch ist, kann die Y-9 nun 25 Tonnen Fracht – gegenüber den 15 bis 20 Tonnen beim Vorgängermodell – transportieren. Bei den Spezialflugzeugen wird in der Regel auf eine Laderampe verzichtet, was das Aussehen eines Verkehrsflugzeugs noch verstärkt.

Wie bei der Y-8 ist auch hier eine Laderampe am Heck des Frachtraums angebracht, die jedoch bei einigen Spezialmissionsvarianten entfernt wurde. Der Frachtraum selbst verfügt über ein Rollensystem.

Spezialtypen

Wie bereits ihr Vorgänger bildet auch die Y-9 die Grundlage für eine Vielzahl von Spezialflugzeugen sowohl für die PLAAF als auch für die PLANAF. Die Y-9XZ der PLAAF, auch als „High New 9" bezeichnet, ist eine Plattform für psychologische Operationen (PSYOP). Sie ist mit großen horizontalen Antennen auf beiden Seiten des Seitenleitwerks und des hinteren Rumpfes sowie einer SATCOM-Kuppel über dem Flügel ausgestattet. Diese ermöglichen es ihr, die Kommunikation des Feindes zu stören, um falsche Informationen und Propaganda zu verbreiten, ähnlich wie die Commando-Solo-C-130-Varianten der USAF. Die Y-9G, auch als „High New 11" bezeichnet, ist ein Flugzeug zur Störung der Kommunikation – sie verfügt über ein neues Radom unter dem Rumpf und drei große Antennenpaneele, die beide Seiten des Rumpfes abdecken. Das Seitenleitwerk hat auf beiden Seiten eine große Flachantenne, die die Heckflossen überflüssig macht, während eine Reihe von Blade-Antennen die Unterseite des Rumpfes bedeckt. Die Y-9G wurde erstmals 2019 bei einer Parade zum 70. Jahrestag der Volksrepublik China gesehen und soll vermutlich feindliche Radar- und Kommunikationssysteme stören. Bislang wurde sie im Südchinesischen Meer, unter anderem bei den umstrittenen Spratly-Inseln, sowie in der Nähe von Taiwan und Japan gesichtet.

Die Y-9Z, eine Variante für elektronische Aufklärung (ELINT), wurde erstmals im November 2017 beobachtet. Eine große recht-

Ein Transportflugzeug vom Typ Y-9 bei einer Vorführung während der Zhuhai Airshow 2021

eckige ESM-/ELINT-Antenne (Electronic Support Measures) ist an beiden Seiten des hinteren Rumpfes angebracht, ähnlich wie bei der Y-9G. Die Oberseite des Seitenleitwerks verfügt über ein vergrößertes Gehäuse für eine ESM-Antenne, während eine SATCOM-Kuppel auf dem Rumpf in einer Linie mit der Flügelhinterkante angebracht ist.

Technische Daten (Shaanxi Y-9)

Typ: Transportflugzeug/Flugzeug für Spezialmissionen

Abmessungen: Länge: 36,07 m; Spannweite: 38,0 m; Höhe: 11,3 m

Gewicht: 65.000 kg max. Startmasse

Triebwerk(e): vier WoJiang-WJ-6C-Turboprop-Triebwerke mit einer Leistung von je 3.800 kW

Höchstgeschwindigkeit: 660 km/h

Reichweite: 2.200 km mit einer Nutzlast von 15 Tonnen

Dienstgipfelhöhe: 10.400 m

Besatzung: 4

Bewaffnung: keine

Es wird angenommen, dass die lange Verkleidung an der Unterseite des Rumpfes eine Synthetic-Aperture-Radar-(SAR-)Antenne enthält. Zusätzliche Antennen ragen aus den Seiten des Rumpfes heraus, die vermutlich für PSYOPS bestimmt sind, wodurch sich hinsichtlich der Fähigkeiten eine gewisse Überschneidung mit der Y-9XZ ergibt. Dies würde auf eine ähnliche Konfiguration wie bei einigen MC-130J der US-Luftwaffe hindeuten, die mehrere elektronische Kampffähigkeiten in einem einzigen Flugwerk vereinen. Bislang wurde dieser Typ im Einsatz in der Nähe von Taiwan und Japan beobachtet.

TACAMO-Plattform

Die PLANAF betreibt eine Y-9T, bei der es sich vermutlich um eine Take-Charge-and-Move-Out-(TACAMO-)Plattform handelt, ähnlich der E-6B Mercury der U.S. Navy. Die Y-9T dient als Kommunikationsrelais und verfügt über eine Reihe von Außenantennen, darunter insbesondere zwei Schleppantennen, die aus dem hinteren Teil des Flugzeugs und aus einer Position in der Mitte des Heckbereichs ausgerollt werden. Sobald diese vollständig ausgefahren sind, fliegt die Y-9T eine Umlaufbahn, sodass sie fast senkrecht herunterhängen. Auf diese Weise können sie als Längstwellensender (Very Low Frequency – VLF) zur Kommunikation mit untergetauchten U-Booten eingesetzt werden.

Im Relaisbetrieb kann die Y-9T Nachrichten zwischen der Zentralen Militärkommission (Central Military Commission – CMC) und den Angriffs-U-Booten vom Typ 093 (SSN) sowie den ballistischen Raketen-U-Booten vom Typ 094 (SSBN) der PLAN sicher austauschen.

In jüngerer Zeit wurde zudem die Y-9Q für die PLANAF entwickelt. Aufbauend auf dem U-Boot-Bekämpfungsflugzeug Y-8Q (ASW), verfügt die -9Q vermutlich über ein neues AESA-Radar in einem vergrößerten Radom in der Nase (im Gegensatz zum System unter dem Rumpf der -8Q). Der Heckausleger für den Magnetfelddetektor (Magnetic Anomaly Detector – MAD) ist kleiner als bei dem älteren Flugzeug. Zusätzlich zum Waffenschacht im vorderen Rumpf, der auch ein Merkmal der 8Q ist, deuten einige Berichte darauf hin, dass Anti-Schiffs-Raketen auf Pylonen unter den Tragflächen mitgeführt werden können.

In vielerlei Hinsicht ist die Y-9 das chinesische Pendant zur C-130J „Super Hercules", da auch bei ihr ein bewährtes Design mit einer Vielzahl neuer Technologien aktualisiert wurde. Die Y-9 erfüllt eine Reihe von Aufgaben, nicht zuletzt als Transportflugzeug, und wird wahrscheinlich noch viele Jahre lang produziert und eingesetzt werden.

Radom
Auch wenn sie der KJ-200 ähnelt, basiert die KJ-500 auf der Y-9 und verfügt über ein festes Radom. Dieses enthält drei Phased-Array-Antennen, die als gleichseitiges Dreieck angeordnet sind und so eine effektive 360-Grad-Abdeckung ermöglichen.

KJ-500

Die KJ-500 ist die Luftüberwachungsvariante (AEW) der Y-9. Im Gegensatz zur früheren KJ-200 ist sie durch den Einsatz von drei AESA-Antennen in Dreieckskonfiguration in der Lage, eine 360-Grad-Abdeckung zu gewährleisten. Die Antennen sind in einem nicht drehbaren, kreisförmigen Radom untergebracht, das über dem Rumpf angebracht ist. Obwohl das System dem der auf der Il-76 basierenden KJ-2000 ähnelt, gilt das Radar als fortschrittlicher und soll eine größere Leistungsfähigkeit bei geringerem Gewicht bieten. Große Radome an Nase und Heck können zusätzliche Antennen für bestimmte Funktionen wie Wetterradar beherbergen. Eine SATCOM-Antenne ist oben auf dem Haupt-AESA-Radom angebracht, und ESM-Antennen sind auf beiden Seiten des hinteren Rumpfes in langen rechteckigen Verkleidungen befestigt. Die KJ-500 wurde 2014 bei der PLAAF und 2015 bei der PLANAF in Dienst gestellt. Die Maschinen wurden während der Spannungen mit Indien und im Südchinesischen Meer in Tibet eingesetzt. Obwohl es sich um ein relativ neues Flugzeug handelt, befindet sich mit der KJ-700 bereits ein Nachfolger in der Entwicklung, der über eine noch fortschrittlichere Sensorausstattung verfügt.

Boeing E-7 „Wedgetail" (2012)

Zwar erhielt die E-7 erst nach zwei Jahrzehnten im Einsatz eine inländische Bestellung, doch kann sie eine stetige Bilanz an Exportverkäufen vorweisen. Mit ihrem leistungsstarken MESA-Radar ist die „Wedgetail" eine bedeutende Weiterentwicklung ihres Vorgängers E-3.

Antennen
Zusätzlich zum MESA-Array ist die E-7 mit einer Vielzahl von Antennen für sichere Sprachübertragung, Datenverbindungen und SATCOM ausgestattet.

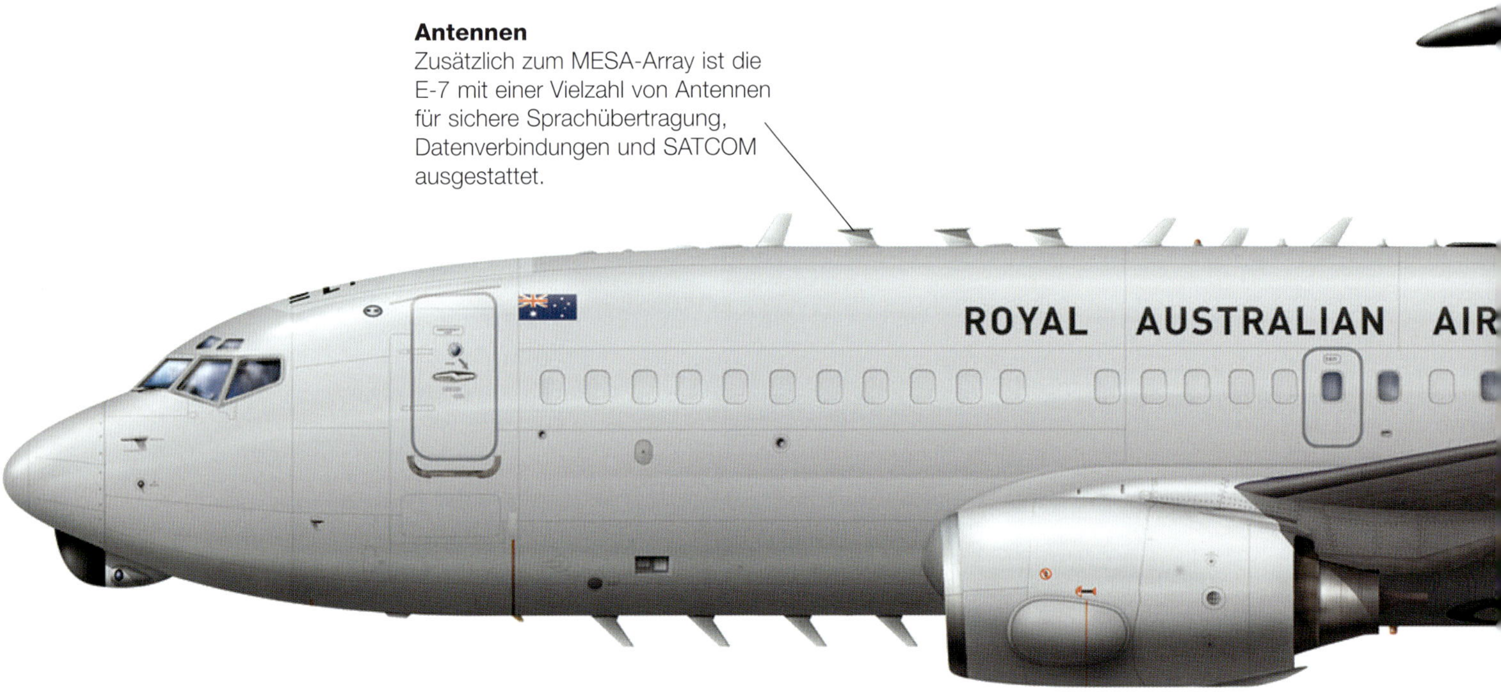

Die E-7 wurde entwickelt, um den australischen Bedarf an einer luftgestützten Frühwarn- und Kontrollplattform (AEW&C bzw. AWACS) zu decken. Nach zehnjähriger Forschungsarbeit wurde 1996 eine Ausschreibung veröffentlicht. Im Rahmen des als „Project Wedgetail" (nach einem einheimischen Adler) bezeichneten Projekts gewann Boeing 1999 die Ausschreibung zur Lieferung von vier Flugzeugen und setzte sich damit gegen Angebote von Lockheed Martin und Raytheon durch. Zwei weitere Flugzeuge wurden 2004 bestellt. Der Auftrag wurde im Jahr 2000 vergeben, die Auslieferung des ersten Flugzeugs erfolgte Ende 2002, gefolgt vom Erstflug im Mai 2004. Wenngleich sich die Grundkonstruktion des Flugzeugs als solide erwies, traten Probleme mit dem Multirole Electronically Scanned Array (MESA) von Northrop Grumman auf, deren Behebung mehrere Jahre in Anspruch nehmen sollte. Ursprünglich sollte das Flugzeug 2007 in Dienst gestellt werden und Ende 2008 die volle Einsatzfähigkeit (FOC) erreichen, doch erst 2012 wurde die erste Einsatzfähigkeit (IOC) freigegeben.

Das MESA-Radar des E-7A basiert auf dem des Passagierflugzeugs Boeing 737-700 und ist in einer großen rechteckigen Verkleidung auf dem hinteren Rumpf untergebracht, die die markante Form eines Zylinderhuts aufweist. Um die Richtungsstabilität zu gewährleisten, wurden zwei Bauchflossen am hinteren Rumpf angebracht, die dem aerodynamischen Effekt des MESA entgegenwirken. Ein weniger auffälliger Unterschied zur 737-700 ist die Ausbuchtung an den Triebwerksverkleidungen, in der ein 90-kVa-Generator untergebracht ist, um den erhöhten Strombedarf der „Wedgetail" zu decken. Das Hauptradar bietet eine Abdeckung von 120 Grad auf jeder Seite. Ähnlich wie bei dem

MESA
Das auffälligste Merkmal der E-7 ist das MESA-System, bei dem zwei seitlich ausgerichtete Arrays mit einem darüber montierten Endfire-Array kombiniert sind, um eine Abdeckung im vorderen und hinteren Bereich zu gewährleisten.

Strakes
Um die Auswirkungen des MESA auf das Handling der E-7 auszugleichen, wurde die vergrößerte Kielfläche im vorderen Bereich, die die Seitenstabilität verringert, durch Strakes auf beiden Seiten des hinteren unteren Rumpfes ergänzt.

Die erste E-7A für die Royal Australian Air Force traf im November 2009 in Australien ein und wurde im Mai 2010 offiziell in Dienst gestellt. Das sechste und letzte Exemplar wurde im Mai 2012 an die RAAF übergeben, die erste Einsatzfähigkeit wurde im November 2012 erreicht. Die Flugzeuge werden vom Geschwader Nr. 2 auf der RAAF-Basis Williamtown betrieben.

in der chinesischen KJ-200 verwendeten System verschlechtert sich jedoch die Genauigkeit der festen Phased-Array-Antenne bei großen Schielwinkeln.

Um dies auszugleichen, beherbergt der „Zylinderhut“ eine Endfire-Anordnung, die in Längsrichtung sendet und so die Abdeckung in den jeweiligen 60-Grad-Sektoren erweitert. Das Radar kann Berichten zufolge Flugzeuge in einer Entfernung von etwa 600 km erkennen, und die Anordnung dient zudem als Sender für das Freund-Feind-Erkennungssystem (Identification Friend or Foe – IFF). Die unterstützende Elektronik für das MESA-System ist im hinteren Rumpf untergebracht, während sich die Konsolen für die zehn Missionsoperatoren in der Kabine vor den Tragflächen befinden, mit einem Ruhebereich für die Besatzung zwischen den beiden Flügeln.

Die Entwicklungsverzögerungen beim MESA-Radar hingen mit dessen Fähigkeit zusammen, Oberflächenstörungen zu verarbeiten, und mit der Schwierigkeit, tatsächliche Kontakte von den Radarreflexionen des Meeres und des Landes zu unterscheiden. Falsche Rückmeldungen durch Streuradarsignale waren ebenso ein Problem wie die Zuverlässigkeit des Missionssystems, das häufig nicht reagierte. Erst Ende 2012 konnten die Probleme weitgehend gelöst werden, sodass die IOC erklärt werden konnte. Die verbleibenden Schwierigkeiten betrafen die elektronischen Unterstützungsmaßnahmen (ESM) und Kommunikationssysteme der „WedgetailW, die erst 2015, als die FOC endlich erklärt werden konnte, den erforderlichen Betriebsstandards entsprachen.

Vor der FOC hatte die „Wedgetail“ Anfang 2014 eine Schlüsselrolle bei der Koordinierung der Suche nach dem Flug MH370

Technische Daten (E-7A)

Typ: AWACS-Flugzeug

Abmessungen: Länge: 33,6 m; Spannweite: 35,8 m; Höhe: 12,5 m

Gewicht: 77.600 kg max. Startmasse

Triebwerk(e): zwei CFM-International-CFM56-7B27A-Mantelstrom-Triebwerke (Turbofans)mit je 12.388 kg Schub

Höchstgeschwindigkeit: 870 km/h

Reichweite: 6.500 km

Dienstgipfelhöhe: 12.500 m

Besatzung: 8–10

Bewaffnung: keine

der Malaysian Airlines gespielt. Ab Oktober 2014 war das Modell an der Operation Okra beteiligt, dem australischen Beitrag zu den Operationen gegen den Islamischen Staat, die zur Erreichung der FOC beitrugen. Ein Zeichen, dass sich das Schicksal der E-7A wendete, war ihre Zuverlässigkeit über dem Irak während der Operation Okra, wo ein Flugzeug eine hundertprozentige Missionserfolgsrate erzielte und 36 zwölfstündige Einsätze flog – eine Seltenheit bei modernen Kampfflugzeugen.

Der zweite Kunde für die E-7 war die Türkei, die 2002 im Rahmen des Peace-Eagle-Programms vier Flugzeuge bestellte. Während die erste 737-700 von Boeing in den USA zu einer E-7 umgebaut wurde, nahm Turkish Aerospace Industries (TAI) die Modifikationen der folgenden drei Flugzeuge in der Türkei vor. Die Erstausbildung der Besatzungen erfolgte durch Boeing Australia. Die E-7T, wie sie in der Türkei bezeichnet wird, wurde zwischen 2014 und 2015 in Dienst gestellt. Auch Südkorea erwarb vier dieser Flugzeuge, hier unter der Bezeichnung „Peace Eye“.

Eine E-7A „Wedgetail“ der Royal Australian Air Force startet im Jahr 2024 zu einer Mission auf der Nellis Air Force Base der USAF in Nevada.

Die Bestellung erfolgte 2006 mit einer Lieferfrist bis 2012. Boeing führte erneut die erste Modifikation durch, und Korean Aerospace Industries (KAI) stellte die übrigen Exemplare fertig.

Der nächste Kunde für die E-7 war das Vereinigte Königreich, das Anfang 2019 fünf Flugzeuge mit der Bezeichnung „Wedgetail AEW Mk.1“ bestellte. Aus Kostengründen wurde diese Bestellung jedoch zwei Jahre später auf drei Flugzeuge reduziert, obwohl dies kaum ausreichte, um die erforderlichen Mindestaufgaben zu erfüllen. Ironischerweise stellte sich dann heraus, dass das Vereinigte Königreich vertraglich verpflichtet war, die gesamte Bestellung von fünf MESA-Radargeräten zu bezahlen, wobei dies die Möglichkeit offenlässt, die letzten beiden Flugzeuge noch zur Flotte hinzuzufügen, wenn die Finanzierung dies zulässt. Die „Wedgetail AEW Mk. 1“ soll demnächst in Dienst gestellt werden, wobei die Besatzungen bereits mit der 2. Staffel der RAAF in Australien trainieren, um die Einsetzung zu beschleunigen.

Ungewöhnlicherweise gab die USAF erst 2022 offiziell ihre Absicht bekannt, E-7 zu kaufen, um mit der Erneuerung ihrer E-3 Sentry-Flotte zu beginnen. Eine erste Bestellung über zwei Flugzeuge wurde 2023 aufgegeben, eine Folgebestellung über weitere 24 Flugzeuge, die 2027 in Dienst gestellt werden sollen, wird für 2025 erwartet. Diese Flugzeuge werden – wie die für die RAF – nach einem neuen Basisstandard gebaut und mit zusätzlichen Bildschirmen für die Operator ausgestattet. Zudem ist mit zusätzlichen Modifikationen speziell für die USAF zu rechnen. Obwohl die „Wedgetail“ der Konkurrenz durch mehrere AWACS-Optionen auf Basis von Geschäftsflugzeugen (etwa SAABs GlobalEye) ausgesetzt ist, bietet ihre Größe Vorteile – nicht zuletzt die Möglichkeit, mehr Mission Operator unterzubringen. Da die NATO kürzlich erklärt hat, dass auch sie ihre E-3-Flotte durch diesen Typ ersetzen wird, dürfte er noch jahrzehntelang im Einsatz bleiben.

MESA-Radar

Herkömmliche Radargeräte erzeugen einen einzigen Suchstrahl, der durch physische Bewegung der Sendeantenne ausgerichtet wird. Scanned-Array-Radargeräte verfügen hingegen über ein Raster aus Sende-/Empfangsmodulen. Wenn alle Module gleichzeitig senden, wird ein Signal senkrecht zum Array erzeugt. Durch die Verzögerung der Sendezeit zwischen aufeinanderfolgenden Reihen oder Spalten von Modulen bewirkt die konstruktive und destruktive Interferenz zwischen den Signalen jedoch eine Richtungsänderung des Strahls. Dadurch kann dieser elektronisch gesteuert werden, was wesentlich schnellere Abtastraten ermöglicht. Während passiv abtastende Arrays (PESA) in der Regel nur ein Signal gleichzeitig senden können, können aktiv scannende Arrays (AESA) auf mehreren Frequenzen senden, sodass beispielsweise gleichzeitig eine Luft- und Oberflächensuche durchgeführt werden kann. Außerdem können interessante Ziele kontinuierlich verfolgt werden, während weiterhin nach neuen Kontakten gesucht wird oder bestimmte Sektoren mit hoher Priorität mit einer höheren Rate gescannt werden. Durch die ständige Änderung der Frequenz ist es außerdem unwahrscheinlich, dass sie von Radarwarnempfängern entdeckt werden, die mehrere Übertragungen auf derselben Frequenz benötigen, um Radare aus dem Hintergrundrauschen herauszufiltern.

Boeing P-8 „Poseidon“ (2013)

Die Boeing P-8 hat die ehrwürdige Lockheed P-3 „Orion“ ersetzt. Mit ihr wurde ein neuer Ansatz in der U-Boot-Bekämpfung verfolgt, wobei sie in mittlerer Höhe statt in Wellenhöhe operiert. Dadurch kann sie ein größeres Gebiet überwachen, was jedoch die Entwicklung neuer Technologien erforderlich gemacht hat.

Nase
Die P-8 ist mit dem Cockpit der 737-800 (für zwei Besatzungsmitglieder) ausgestattet, auf der sie basiert. Das Wetterradar des Verkehrsflugzeugs wurde jedoch durch das Synthetic Aperture Radar APS-137D(V)5 ersetzt.

Besatzung
Anstelle von Economy-Class-Sitzen verfügt der Rumpf der P-8 über Arbeitsplätze für fünf Besatzungsmitglieder. Die großen Fenster auf beiden Seiten des vorderen Rumpfes dienen den Beobachtern zur visuellen Suche an der Oberfläche.

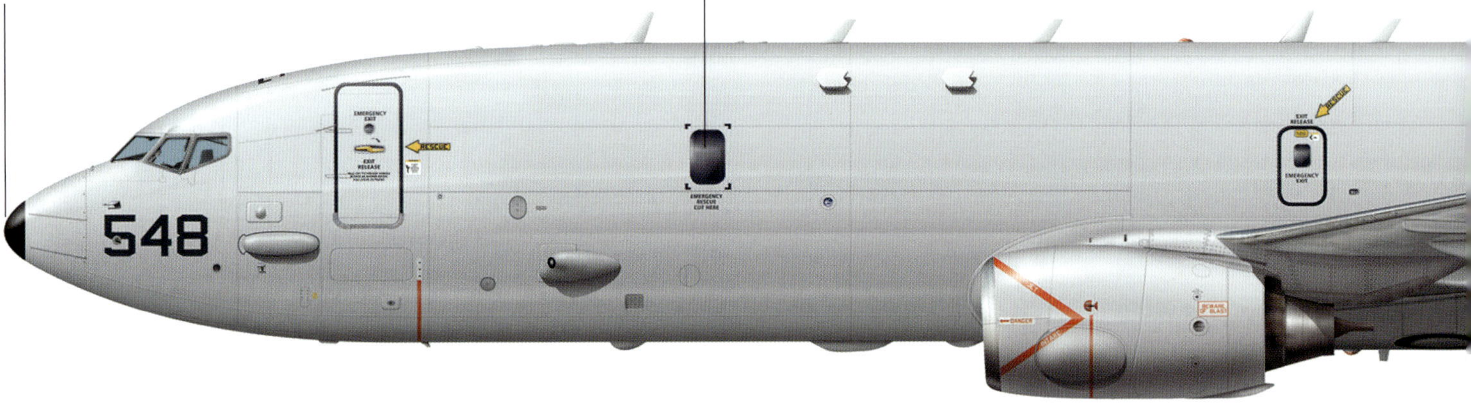

Der erste Versuch der U.S. Navy, ihr U-Boot-Jagdflugzeug P-3 „Orion“ zu ersetzen, führte zu dem kurzlebigen P-7-Programm, das weniger als zwei Jahre dauerte, bevor es 1990 aufgrund von Entwicklungsproblemen und Kostenüberschreitungen eingestellt wurde. Es sollte ein Jahrzehnt vergehen, bevor ein zweiter Wettbewerb durchgeführt wurde, während Lockheed eine aktualisierte P-3 und BAE Systems neu gebaute Modelle seiner unglückseligen Nimrod MRA MK4 anbot. Boeing gewann schließlich mit einem auf der 737 basierenden Flugzeug die Ausschreibung. Der Entwurf wurde Anfang 2004 als Sieger bekannt gegeben, und im März des folgenden Jahres wurde die Bezeichnung „P-8A Poseidon“ vergeben. Die Montage des ersten Testflugzeugs begann Ende 2007 und wurde Mitte des folgenden Jahres abgeschlossen. Nach Abschluss der statischen Tests flog das Flugzeug am 25. April 2009 zum ersten Mal, gefolgt von fünf weiteren Testflugzeugen, von denen die letzten drei schrittweise auf den Standard eines serienrepräsentativen Flugzeugs und dann auf den Standard einer ersten Kleinserie aufgerüstet wurden. Die erste Betriebsprüfung und -bewertung (Initial Operational Test & Evaluation – IOT & E) wurde 2012 auf der Naval Air Station Patuxent River durchgeführt und im folgenden Jahr abgeschlossen. VP-16, das erste operative P-8-Geschwader, stellte im folgenden Jahr auf diesen Typ um, bevor es im Dezember desselben Jahres auf der Kadena Air Base in Japan stationiert wurde.

Basierend auf der bewährten 737, wurde für die P-8A die Zelle der 737-800ERX mit struktureller Verstärkung, kombiniert mit den Tragflächen der 737-900 verwendet, die auf jeder Seite außerhalb der Triebwerke über zwei Aufhängepunkte verfügen. Anstelle des Wetterradars kommt ein AESA-Radar vom Typ Raytheon AN/APY-10 zum Einsatz. Dieses verfügt über mehrere Modi, darunter Oberflächensuche, Periskoperkennung, Synthetic Aperture Radar (SAR) und inverses SAR. Der SAR-Modus ermöglicht die Erzeugung eines Bildes von Merkmalen wie Häfen und Städten, indem die Rückmeldungen gespeichert werden, während das Flugzeug an ihnen vorbeifliegt. Dabei wird Software eingesetzt, um eine viel größere Radarantenne zu simulieren und so die Auflösung zu erhöhen. Der inverse SAR-Modus nutzt die Bewegung von Zielen wie Schiffen, um denselben Effekt zu

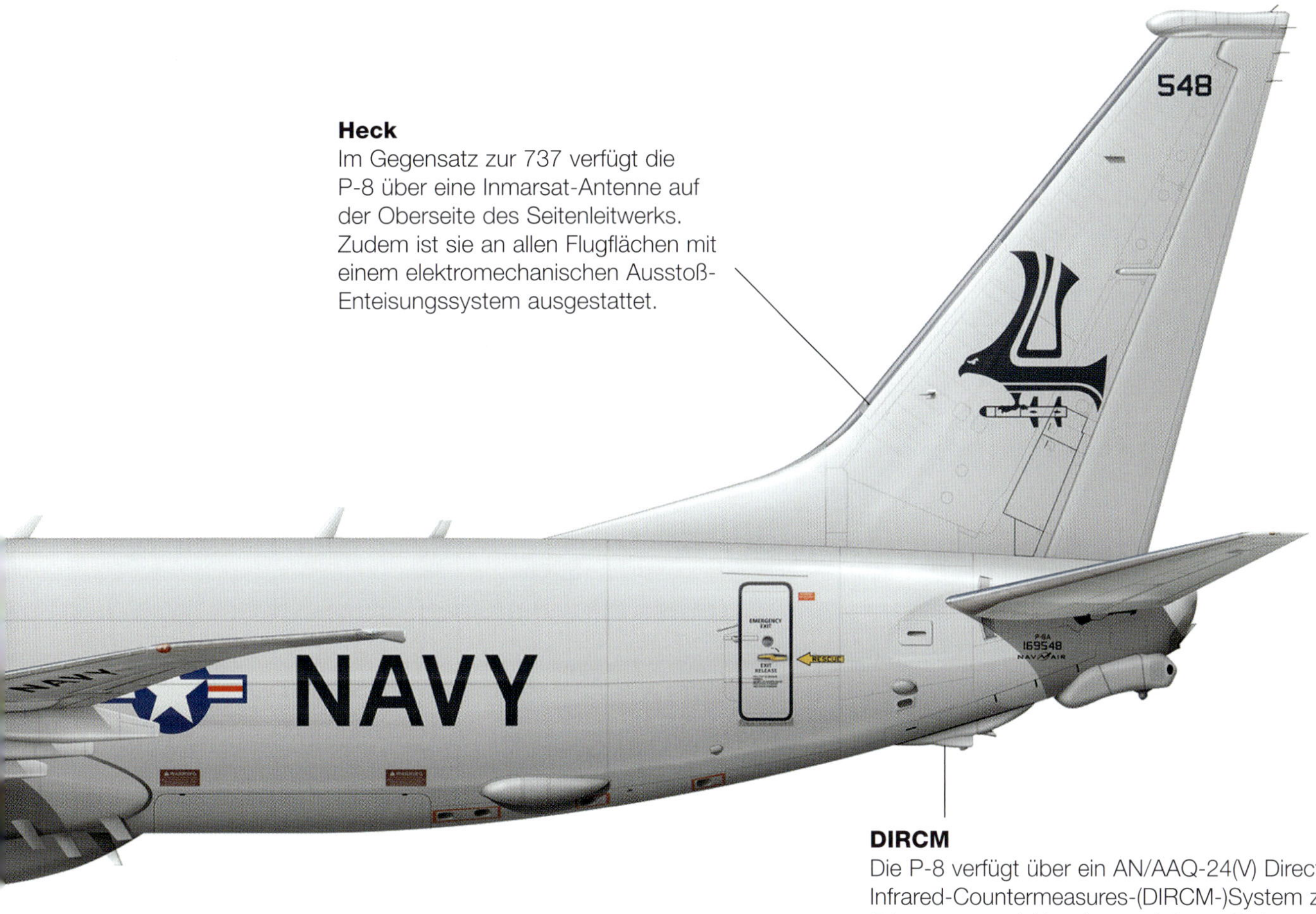

Heck
Im Gegensatz zur 737 verfügt die P-8 über eine Inmarsat-Antenne auf der Oberseite des Seitenleitwerks. Zudem ist sie an allen Flugflächen mit einem elektromechanischen Ausstoß-Enteisungssystem ausgestattet.

DIRCM
Die P-8 verfügt über ein AN/AAQ-24(V) Directional-Infrared-Countermeasures-(DIRCM-)System zur Erkennung und Abwehr von Infrarot-Raketen. Ein Teil des Systems ist unterhalb des Hecks deutlich sichtbar.

Das Patrol Squadron 9 (VP-9) war 2017 eines der letzten Geschwader, das von der P-3 auf die P-8 umgestellt wurde.

erzielen, sodass diese über die sichtbare Reichweite hinaus identifiziert werden können.

Für den Sichtweitenbereich befindet sich im vorderen Rumpf ein einziehbarer elektrooptischer/Infrarot-Sensorbehälter (EO/IR) vom Typ Wescam MX-20HD. Der Behälter kann mit einer Reihe weiterer Sensoren wie Low-Light- und Infrarotkameras oder Laser-Entfernungsmessern und -Zielmarkierern ausgestattet werden. Ein elektronisches Aufklärungsmesssystem (Electronic Support Measures – ESM) vom Typ AN/ALQ-240(V)1 dient zur Erkennung von Radarstrahlung aus nahezu jeder Quelle, wodurch Ziele passiv verfolgt und Radarkontakte identifiziert werden können. Sonobojen können über drei nachladbare Drehwerfer im hinteren Rumpf hinter dem Bombenschacht abgefeuert werden. Der Bombenschacht selbst verfügt über fünf Stationen, die jeweils 660 kg tragen können, sodass auch Torpedos transportiert werden können. Die Unterflügel-Hardpoints sind für 1.360 kg sowie für AGM-84D Harpoon- und AGM-88 HARM-Raketen freigegeben.

Ungewöhnlich für ein U-Jagd-Flugzeug ist die Tatsache, dass die „Poseidon“ standardmäßig nicht mit einem Magnetfelddetektor (MAD) ausgestattet ist. Diese werden in der Endphase der Positionsbestimmung eines U-Boots eingesetzt, wobei das Flugzeug tief über dem Wasser fliegt und die durch den metallischen Rumpf des U-Boots verursachten Störungen im Erdmagnetfeld erkennt. Da die P-8 ihre Missionen in mittlerer Höhe durchführen soll, entschied die U.S. Navy, dass ein solcher Detektor nicht erforderlich sei – eine Entscheidung, der bis auf Indien alle Exportkunden bis heute gefolgt sind. Zur Durchführung von U-Boot-Suchen verwendet die „Poseidon“ eine Kombination aus aktiven und passiven Sonobojen, wobei die aktive Einheit AN/SSQ-125 Schallsignale sendet, die von einem Feld aus AN/SSQ-53F/G-Bojen zur Richtungsfrequenzanalyse und -aufzeichnung (Directional Frequency Analysis and Recording – DIFAR) erfasst werden. Da die P-8 in größeren Höhen als herkömmliche U-Jagd-Flugzeuge operiert, kann sie Sonobojen

Boeing P-8 „Poseidon“

Die P-8A „Poseidon“ Nr. 760 startet vom Boeing-Werk in Seattle, Washington, zur Auslieferung nach Jacksonville, Florida. Die 760 war das 20. Serienflugzeug vom Typ P-8A für die U.S. Navy.

Technische Daten (P-8A)

Typ: Seeaufklärungsflugzeug

Abmessungen: Länge: 39,47 m; Spannweite: 37,64 m; Höhe: 12,83 m

Gewicht: 85.820 kg max. Startmasse

Triebwerk(e): zwei CFM56-7B27A-Mantelstrom-Triebwerke (Turbofans) mit je 12.300 kg Schub

Höchstgeschwindigkeit: 907 km/h

Reichweite: 8.300 km Überführungsreichweite

Dienstgipfelhöhe: 12.500 m

Besatzung: 9

Bewaffnung: fünf interne Aufhängepunkte für Mk.54- oder Sting-Ray-Torpedos, Wasserbomben und Seeminen, vier externe Aufhängepunkte für AGM-84-Harpoon-, AGM-88 HARM- und AGM-158-LRASM-Raketen

über eine größere Entfernung überwachen und so ein größeres Meeresgebiet absuchen. Sobald ein U-Boot entdeckt wird, kann es mithilfe der hochfliegenden High-Altitude Anti-Submarine Weapons Capability (HAAWC) ohne Abstieg angegriffen werden.

Seit der Indienststellung des Systems im Jahr 2022 können Torpedos durch das Anbringen von Flügeln und einem Leitsystem aus einer Höhe von bis zu 9.144 m abgefeuert werden. Sobald sich der Torpedo in der Nähe der Oberfläche befindet, wird er vom HAAWC innerhalb des normalen Abwurfbereichs sicher abgeworfen.

Die „Poseidon“ hatte zwar mit einigen Anlaufschwierigkeiten zu kämpfen, diese wurden jedoch durch Leistungsverbesserungen, sogenannte Increments, behoben. Das neueste Increment 3 aus dem Jahr 2020 umfasst Link 16, AGM-84L Harpoon Block II+ und Satellitenkommunikation. Die P-3 wurde bis 2023 vollständig in den Patrouillenstaffeln der U.S. Navy ersetzt, nur wenige Flugzeuge bleiben für Test- und Evaluierungszwecke im Einsatz. Auch auf dem Exportmarkt ist die P-8 ein Erfolg. Der erste Kunde war die indische Marine, die 2013 ihr erstes Flugzeug erhielt, um ihre Tu-142-„Bear“-Flotte zu ersetzen. Zusätzlich zum MAD verfügt die indische P-8I noch über ein nach hinten gerichtetes Radar.

Oben: Eine Boeing P-8A „Poseidon“ der U.S. Navy auf einem Testflug im Jahr 2009

Australien und Großbritannien folgten Indien beim Kauf der P-8 und orderten 14 bzw. neun Exemplare, wobei Großbritannien dies nach dem Scheitern seines eigenen Programms zur Modernisierung der BAE Nimrod beschloss. Das Land hat den luftgestützten Torpedo Sting Ray in seine Poseidon MRA Mk.1 integriert. Während dieser dieselbe Größe wie der in den Flugzeugen der U.S. Navy verwendete Mk.54-Lightweight-Torpedo hat, ist er doppelt so schnell, verfügt über eine größere Ausdauer und ist in der Lage, Ziele selbstständig zu erkennen, zu klassifizieren und zu verfolgen. Weitere Kunden der P-8 sind Norwegen, Neuseeland, Südkorea, Kanada und Deutschland. Mit bislang 180 ausgelieferten Exemplaren und einer offenen Produktionslinie zählt die P-8 zu den beliebtesten Seeaufklärungsflugzeugen und dürfte auch in weiteren Ländern zum Einsatz kommen.

Advanced Airborne Sensor

Der Advanced Airborne Sensor (AAS) AN/APS-154 wurde als Ersatz für das AN/APS-149-Littoral-Surveillance-Radar entwickelt, das von der P-3C Orion mitgeführt werden konnte. Es handelt sich um ein großes, seitlich gerichtetes AESA-Radar, das unter dem Flugzeug angebracht ist. Der 12,2 m lange Behälter befindet sich zwischen Bug- und Hauptfahrwerk und enthält zwei Radar-Arrays, die jeweils zu einer Seite ausgerichtet sind. Dank der Größe der Antenne können hochauflösende Bilder aufgenommen werden. Das System wurde erstmals 2020 mit VP-45 eingesetzt und verfügt über SAR- und inverse SAR-Modi mit einer viel höheren Auflösung als das interne Radar der P-8, wodurch Gebiete mit größerer Reichweite unter geringerem Risiko für das Flugzeug überwacht werden können. Die Moving-Target-Indicator-(MTI-)Funktion ermöglicht es, Schiffe, Fahrzeuge und sogar Personen zu verfolgen. Bei Bedarf können die Ziele dann von der P-8 mit Stand-off-Raketen angegriffen oder die erforderlichen Informationen über Link 16 an eine andere Plattform weitergegeben werden. Eine mit dem AAS ausgestattete P-8-Variante wurde 2010 als Ersatz für die E-8 Joint STARS vorgeschlagen, doch die USAF hat die E-8 letztendlich ersatzlos ausgemustert.

Airbus A400M „Atlas“ (2013)

Der A400M ist das Ergebnis eines europaweiten Projekts – mit dem Ziel, ein großes taktisches Transportflugzeug zu entwickeln, das strategische Reichweiten und Geschwindigkeiten zu erreichen vermag. Es folgte eine langwierige Entwicklungsphase, die zum Teil auf politische Querelen zurückzuführen war. Inzwischen hat sich der A400M jedoch zu einem leistungsfähigen Flugzeug entwickelt.

Triebwerk
Der A400M wird von vier TP400-Turboprop-Triebwerken angetrieben – den zweitstärksten der Welt nach dem NK-12, das in der Tu-95 zum Einsatz kommt. Die Propeller drehen sich in entgegengesetzte Richtungen, um den Luftstrom über den Tragflächen zu optimieren.

Flügel
Die Tragflächen des A400M bestehen überwiegend aus Verbundwerkstoffen und werden wie die Flügel anderer Airbus-Typen im Vereinigten Königreich hergestellt.

Die Ursprünge des A400M Atlas reichen bis in die frühen 1980er-Jahre zurück, als im Rahmen des Projekts „Future International Military Airlifter“ ein Ersatz für die C-130 „Hercules“ und die deutsch-französische C-160 „Transall“ entwickelt werden sollte. Während Lockheed anfangs noch beteiligt war, stieg das Unternehmen Ende des Jahrzehnts aus, um die C-130J zu konzipieren, sodass British Aerospace, Aerospatiale und Messerschmitt-Bölkow-Blohm die Entwicklung allein fortsetzten. Bis 1991 schlossen sich italienische, spanische, belgische, portugiesische und türkische Unternehmen dem Programm an, das zu diesem Zeitpunkt in „European Future Large Aircraft Group“ (EuroFLAG) umbenannt wurde. Im Zuge einer Konsolidierung übernahm Airbus Military Mitte der 90-er Jahre die Verantwortung für das Programm und erstellte Entwürfe, die von den Partnerländern zur Jahrtausendwende angenommen wurden. Kurz darauf stiegen jedoch Italien und Portugal aus, was den Bedarf an Flugzeugen der verbleibenden Partner zunächst auf 180 Stück reduzierte.

Deutschland plante zunächst die Anschaffung von 75 A400M, reduzierte seine Bestellung dann jedoch auf 60 Flugzeuge und schließlich auf 53. Zu einem bestimmten Zeitpunkt gab es Überlegungen, 13 der zugeteilten Flugzeuge zu verkaufen, doch diese Pläne wurden später revidiert, sodass nun alle 53 Exemplare von den Luftwaffenstützpunkten Wunstorf und Lechfeld aus eingesetzt werden. Das abgebildete Exemplar dient beim Lufttransportgeschwader 62 in Wunstorf, das im Dezember 2014 seine erste A400M erhielt.

Die Entwicklung war jedoch nicht einfach, da die Wahl des Triebwerks neue Herausforderungen mit sich brachte. Bei einer geplanten Reisegeschwindigkeit von Mach 0,72 kamen sowohl Turbofan- als auch Turboprop-Triebwerke infrage, wobei die Wahl schließlich auf vier Turboprop-Triebwerke fiel. Dafür war ein Triebwerk mit 8.200 kW erforderlich – leistungsstärker als alles, was bis dato im Westen verfügbar war. Das einzige Triebwerk mit einer höheren Leistung, das in großem Umfang eingesetzt wurde, war das 11.000 kW starke Kusnezow NK-12, das in

der Tupolew Tu-95 „Bear“ zum Einsatz kam. Zunächst schlug SNECMA ein Triebwerk auf Basis seines M88-Turbofans vor, das jedoch nicht die Leistungsanforderungen erfüllte.

Anschließend gab es eine Ausschreibung, bei der sowohl Pratt & Whitney Canada als auch Europrop International Angebote einreichten. Umstrittenerweise gewann Europrop, obwohl deren Angebot höher war, woraufhin die Muttergesellschaft von Pratt & Whitney Vorwürfe wegen politischer Einflussnahme erhob.

Größere Zelle

Wenngleich das Grundlayout des „Atlas“ dem der C-130 oder C-160 folgt, ist das europäische Flugzeug deutlich größer. Es ist 15 m länger als die C-130 und kann eine maximale Nutzlast von 37 Tonnen gegenüber den 19 Tonnen der „Hercules“ transportieren. Der Frachtraum ist 17,7 m lang, 4 m breit und hinter dem Flügel 4 m hoch, wobei er sich unter und vor dem Flügel auf 3,85 m Höhe verringert. Die vier Triebwerke sind so konfiguriert, dass sich die Propeller in entgegengesetzte Richtungen drehen und die Spitzen zwischen ihnen nach unten zeigen. Dies trägt zu einem günstigen Luftstrom über den Tragflächen bei, wodurch ein größerer Auftrieb erzielt und das unerwünschte Gieren im Falle eines Triebwerksausfalls verringert wird. In der Folge konnte die Richtungsstabilität mit einem kleineren Seitenleitwerk aufrechterhalten werden, wodurch der Luftwiderstand verringert wurde.

Das Cockpit weist Ähnlichkeiten mit denen der Airbus-Verkehrsflugzeuge auf und verfügt über Sidestick-Steuerungen sowie mehrfarbige Multifunktionsdisplays anstelle herkömmlicher Instrumente. Ebenso wie die Verkehrsflugzeuge von Airbus verfügt auch der A400M über einen Flugbereichsschutz, der es dem Piloten ermöglicht, das Flugzeug zu fliegen, ohne jemals die Betriebsgrenzen zu überschreiten. Im Gegensatz zu den meisten Verkehrsflugzeugen verfügt der „Atlas“ über ein vorwärtsgerichtetes Infrarot-Kamerasystem für den Einsatz bei schlechter Sicht. Die Bilder werden auf die Head-up-Displays (HUD) der Piloten projiziert, sodass sie auch bei Flügen in geringer Höhe genutzt werden können. Dies wurde vor allem in Afghanistan demonstriert, wo eine RAF-Crew trotz ausgeschalteter Flugplatzbeleuchtung und einer Rauchwolke in der Luft nachts in Kabul landen konnte.

Die Teile für den A400M werden in ganz Europa hergestellt – die Tragflächen kommen aus Großbritannien, und der Rumpf wird in Deutschland gebaut. Die Teile werden dann in Sevilla, Spanien, wo 2007 auch die Arbeiten am ersten Flugzeug begannen, zusammengesetzt. Der Erstflug war ursprünglich für Anfang 2008 geplant, verzögerte sich aber aufgrund von Problemen mit der Triebwerkszertifizierung bis Dezember 2009.

Die Serienproduktion folgte 2011, und die französische Luftwaffe nahm im August 2013 das erste Exemplar in Empfang. Zu diesem Zeitpunkt war das Flugzeug noch nicht für das gesamte Spektrum der vorgesehenen Einsätze zugelassen. So wurde der Atlas beispielsweise erst 2018 für den Einsatz als Luft-Luft-Betankungsflugzeug zertifiziert, und erst 2021 erhielt er die Zulassung für die Betankung von Hubschraubern.

Trotz dieser Verzögerungen bei der Einsatzfähigkeit wurde der A400M bald als Transportflugzeug eingesetzt. Die französische Luftwaffe nutzte ihn Ende 2013 in Mali, um an der Operation Serval teilzunehmen, und im folgenden Jahr im Nahen Osten, um Operationen gegen den Islamischen Staat zu unterstützen. Während die RAF ihre A400M ebenfalls kurz nach ihrer Indienststellung im Jahr 2014 für operative Einsätze einsetzte, zeigten Katastropheneinsätze im Jahr 2017 die Vorteile dieses Typs gegenüber der C-130.

Als der Hurrikan Irma 2018 die Karibik heimsuchte, wurden im Rahmen der Hilfsmaßnahmen des Vereinigten Königreichs zwei Flugzeuge eingesetzt, um Hilfsgüter und einen Puma-Hubschrauber in das Gebiet zu transportieren. Der Puma konnte aufgrund der zusätzlichen Höhe des Frachtraums ohne Demontage des Rotorkopfes transportiert werden, und der Atlas benötigte nur einen Tankstopp, während mit einer C-130J drei erforderlich gewesen wären.

Technische Daten (Airbus A400M)

Typ: Strategisches Transportflugzeug

Abmessungen: Länge: 45,1 m; Spannweite: 42,4 m; Höhe: 14,7 m

Gewicht: 141.000 kg max. Startmasse

Triebwerk(e): vier Europrop-TP400-D6-Turboprop-Triebwerke mit einer Leistung von je 8.200 kW

Höchstgeschwindigkeit: 750 km/h

Reichweite: 8.700 km Überführungsreichweite

Dienstgipfelhöhe: 12.200 m

Besatzung: 3–4

Bewaffnung: keine

Rettungsmission

Bei der Evakuierung Kabuls im August 2021 flogen A400M aus Belgien, Frankreich, Deutschland, Spanien, der Türkei und Großbritannien nach Afghanistan. Tausende Militärangehörige und Zivilisten wurden mit den Flugzeugen aus dem Land gebracht, wobei die deutsche Luftwaffe 5.347 und die RAF 3.538 Personen rettete, darunter 213 in einem einzigen Einsatz, womit die übliche Grenze von 160 Passagieren deutlich überschritten wurde. Der A400M nimmt eine Position zwischen der C-130 „Hercules“ und der C-17 „Globemaster“ ein und kann etwas mehr als die Hälfte der Ladung einer C-17 transportieren. Sie ist dabei schneller als eine C-130 und kann auf Pisten mit einer Länge von nur 750 m starten. Da die „Globemaster“ nicht mehr produziert wird, ist die „Atlas“ das größte Transportflugzeug, das den westlichen Nationen derzeit zur Verfügung steht. Sie wird wahrscheinlich weitere Verkäufe in Ländern erzielen, die mehr benötigen, als die „Hercules“ bieten kann.

Ein spanischer A400M „Atlas“ im Anflug auf die Dover Air Force Base, Delaware, im Februar 2020. Das Flugzeug ist für die Übung „Red Flag 20-2“ auf dem Weg zur Nellis AFB, Nevada.

Triebwerk

Das TP400-Triebwerk, das den A400M antreibt, ist das Ergebnis einer multinationalen Zusammenarbeit, bei der das Know-how der führenden europäischen Hersteller zum Einsatz gekommen ist. Der erste der beiden Verdichterabschnitte, der sogenannte Mitteldruckverdichter, wird von MTU Aero Engines hergestellt und verfügt über fünf Stufen. Darauf folgt ein von Rolls-Royce entwickelter sechsstufiger Hochdruckverdichter. Nachdem die Luft durch die beiden gegenläufig rotierenden Abschnitte strömt, ist sie auf das 25-Fache ihrer ursprünglichen Dichte komprimiert. Anschließend gelangt sie in eine von SNECMA entwickelte Brennkammer, die auf den Erfahrungen mit dem im Kampfflugzeug „Rafale“ verwendeten Turbofan M88 basiert. Diese Erfahrungen flossen auch in die Hochdruckturbine ein, die den Hochdruckverdichter antreibt. Dagegen basiert die Mitteldruckturbine auf der Technologie des Rolls-Royce-Turbofans BR715. Die Abgase wirken dann auf eine Niederdruckturbine, die wiederum eine Welle antreibt, welche koaxial durch die Mitte der anderen Wellen verläuft und den Verdichter- sowie den Turbinenbereich zusammenführt. Die Welle ist mit einem Getriebe an der Vorderseite des Triebwerks verbunden, über das die Leistung von 8.000 kW auf den Propeller übertragen wird. Dieser wiederum kann einen Schub von rund elf Tonnen erzeugen.

Helikopter

Dank ihrer Fähigkeit, von kleinen, verstreuten Standorten aus zu operieren, können Hubschrauber Missionen durchführen, die für konventionelle Flugzeuge unmöglich sind. Dazu gehören der Transport von Personal und Fracht an abgelegene Orte, an denen keine Flugzeuge landen können, sowie Einsätze von Fregatten und Zerstörern aus. Im letzteren Fall kann dies die Reichweite der Sensoren des Mutterschiffes um Hunderte von Kilometern erweitern und Angriffe weit über den Horizont hinaus ermöglichen. Neben einer durch die Aerodynamik auf unter 200 Knoten begrenzten Höchstgeschwindigkeit ist die geringe Reichweite der größte Nachteil von Hubschraubern. Obwohl viele Versuche unternommen wurden, dies zu ändern, ist es bisher nur mit der V-22 Osprey gelungen, die Fähigkeiten eines Dreh- und eines Starrflüglers miteinander zu kombinieren, und das auch nur unter hohem finanziellem Aufwand und menschlichen Verlusten.

Ein Mi-24-„Hind“-Hubschrauber simuliert einen Angriff, während er auf der McGregor Range in New Mexico im Zuge der Übung „Roving Sands 1999“ von einem niederländischen Stinger-Raketenzug ins Visier genommen wird. Die US-Armee hat eine Reihe von Mi-24 zur Bewertung erworben und setzt sie nun in Übungen als feindliche Streitkräfte ein.

Mil Mi-24/Mi-35M „Hind“ (1972)

Ursprünglich als bewaffneter Truppentransporter konzipiert, wird der Mi-24 „Hind“ bislang vorwiegend als Kampfhubschrauber eingesetzt. Er wurde in großem Umfang exportiert, war an zahlreichen Konflikten beteiligt und ist nun in einer deutlich verbesserten Version für den Einsatz auf dem Gefechtsfeld als Mi-35M erhältlich.

Geschütz
Die meisten Mi-24 sind mit einer 12,7-mm-Yak-B-Gatling- oder, bei späteren Modellen, mit einer doppelläufigen 23-mm-GSch-23L-Kanone in einer Kuppel ausgestattet. Eine Ausnahme bildet die Mi-24P, die über eine an der rechten Seite des vorderen Rumpfes fest montierte doppelläufige 30-mm-Kanone vom Typ GSch-30K verfügt.

Die Konstruktion des Mi-24 (NATO-Codename: „Hind“) stammt aus den 1960er-Jahren und geht auf den Entwurf der Firma Mil für ein fliegendes Infanterie-Kampffahrzeug zurück. Basierend auf einer früheren Transporthubschrauber-Konstruktion wurde ein Modell mit einer Kabine für acht Soldaten, Stummelflügeln zum Transport von Raketen oder Flugkörpern und einer 23-mm-Kanone an den Landekufen hergestellt. Mit Blick auf den Einsatz von Kampfhubschraubern durch die USA im Vietnamkrieg genehmigte das sowjetische Militär die Weiterentwicklung. Dies führte zu einer überarbeiteten Konstruktion mit einem kuppelmontierten schweren Maschinengewehr unter der Nase, während bei den 1969 begonnenen Flugtests die Flügel eine negative Stellung erhielten, um Stabilitätsprobleme bei hohen Geschwindigkeiten zu beheben. Gleichzeitig wurde der Heckrotor neu positioniert und die Drehrichtung umgekehrt, um seine Wirksamkeit zu erhöhen. Der Mil-24A, der 1971 seine erste Einsatzfähigkeit erreichte, unterscheidet sich von späteren Modellen durch eine nebeneinander angeordnete Sitzanordnung für die Besatzung in einem flachen Cockpit mit großen, flachen Scheiben. Die bekannte Tandemsitzanordnung mit getrennten Cockpits wurde mit dem Mi-24D „Hind D“ eingeführt, der 1973 in Produktion ging, und seitdem bei allen nachfolgenden Modellen beibehalten. Der Platz des Flugmechanikers wurde hinter die Cockpits vor die Hauptkabine verlegt.

Beim Einsatz auf dem Gefechtsfeld kann der „Hind“ bis zu acht Soldaten in der Kabine befördern, die durch horizontal geteilte Türen auf beiden Seiten des Rumpfes aussteigen können. Jeder Stummelflügel verfügt über drei Aufhängepunkte, an denen verschiedene Behälter befestigt werden können. Während die äußeren Aufhängepunkte nur für die Beförderung von Doppelwerfern für AT-6-Spiral-Panzerabwehrraketen vorgesehen sind, können die inneren Pylone Bomben, Raketenbehälter und Waffenbehälter tragen. Die Zelle verfügt über eine umfangreiche Panzerung, wobei sich später herausstellen sollte, dass diese nicht den erhofften Schutz bietet.

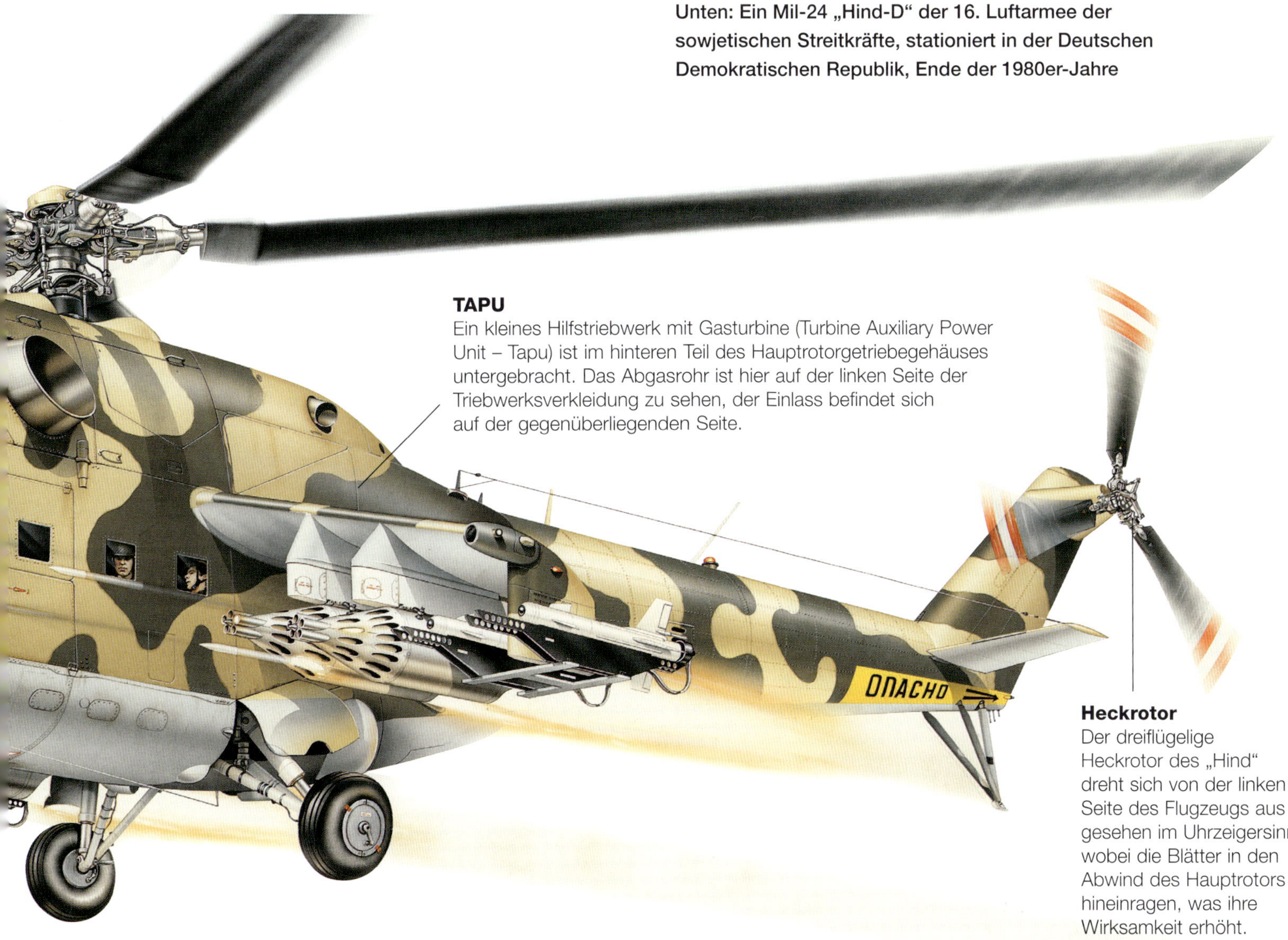

Unten: Ein Mil-24 „Hind-D“ der 16. Luftarmee der sowjetischen Streitkräfte, stationiert in der Deutschen Demokratischen Republik, Ende der 1980er-Jahre

Der erste große Kampfeinsatz des Mi-24 fand in Afghanistan statt. Die afghanische Regierung erhielt im April 1979 die ersten Maschinen, und die Sowjets setzten parallel ihre eigenen Exemplare ein. Der „Hind“ wurde für Hubschrauberangriffe, zur direkten Unterstützung von Bodenoperationen und zum Schutz von Konvois genutzt. Es stellte sich jedoch schnell heraus, dass der Transport von Truppen die Angriffsfähigkeiten beeinträchtigte, da das zusätzliche Gewicht in den Höhenlagen Afghanistans ein Handicap darstellte. Daher wurde für den Truppentransport in der Regel der Mi-8 „Hip“ eingesetzt, während die „Hinds“ als reine Kampfhubschrauber operierten. Da die Kabine nun frei war, wurden einige Hubschrauber mit leichten Maschinengewehren an den Türen ausgestattet, damit der Flugmechaniker außerhalb des Wirkungsbereichs der Hauptwaffen Feuer zur Unterdrückung des Feindes geben konnte. Im Kampf operierten „Hind“ oft in einer „Rad des Todes“-Formation, wobei sie aus mehreren Richtungen angriffen, bevor sie das Ziel umkreisten und bei Bedarf weitere Anflüge durchführten.

Die Waffenfähigkeit des „Hind“ ermöglichte es zwar, den Kampf zu den Mudschaheddin zu tragen, aber dies war keine einseitige Angelegenheit. Anfangs nutzten die Rebellen als Hauptwaffen gegen die Mi-24 nur schwere Maschinengewehre oder Kanonen. Doch auch diese konnten Probleme bereiten. Die Panzerung des „Hind“ ließ Bereiche wie das Cockpit, das Triebwerk und das Getriebe ungeschützt für 12,7-mm-Geschosse, und auch die Treibstofftanks, die Hydraulik und das Ölsystem des Hauptrotorgetriebes erwiesen sich als anfällig für Beschädigungen.

Die Einführung von Stinger-Raketen in Afghanistan im Jahr 1986 brachte weitere Probleme für die Mi-24 mit sich, da sie aufgrund fehlender Abgasdämpfung besonders anfällig waren. Als Reaktion darauf flogen die Besatzungen der „Hind“ nicht

Mil Mi-24 / Mi-35M „Hind“

IR-Störsender
Aufgrund der in Afghanistan gewonnenen Erkenntnisse wurde der Infrarot-Störsender L-166V-1E hinter dem Hauptrotorkopf angebracht. Dieser sendet IR-Strahlung aus, die in Kombination mit Leuchtraketen dazu führt, dass angreifende Raketen unkontrolliert abschweifen und ihr Ziel verfehlen.

Hauptfahrwerk
Die Hauptfahrwerksbeine werden nach hinten eingefahren und drehen sich dabei um ihre Befestigungspunkte, sodass das Rad quer zum Rumpf liegt. Um dies zu ermöglichen, ist eine Ausbuchtung in der Fahrwerksklappe notwendig.

mehr in mittlerer Höhe zu ihren Zielen, bevor sie zum Angriff absanken, sondern operierten während des gesamten Einsatzes in geringer Höhe, sodass die SAM-Bediener weniger Zeit zum Reagieren hatten. Obwohl später ein Abgasdämpfer für den Helikopter entwickelt wurde, ist dieser nur selten zu sehen. Häufiger wurde ein Infrarot-Störsender verwendet, der an der Verbindungsstelle zwischen dem Hauptgetriebegehäuse und dem Heckausleger angebracht war.

Basierend auf den Erfahrungen in Afghanistan und den Tschetschenienkriegen wurden eine Reihe von Upgrades für den „Hind“ entwickelt, die auch in älteren Maschinen nachgerüstet werden können. Dazu gehören der Austausch des Rotorsystems mit dem Hauptrotorkopf und die Verbundblätter des Mi-28 sowie der geräuschreduzierende X-förmige Heckrotor. Die Überarbeitung der Zelle hat zu neuen, kürzeren Flügeln geführt, die am zweiten Pylon enden, und einem festen Fahrwerk, das die Überlebensfähigkeit bei einem Absturz erhöht, dafür aber eine geringfügige Verringerung der Höchstgeschwindigkeit mit sich bringt. Auch im Bereich der Bewaffnung und Selbstverteidigung wurden Verbesserungen vorgenommen, darunter eine leistungsstärkere 23-mm-Kanone als Ersatz für die 12,7-mm-Kanone und die neuesten lasergesteuerten Panzerabwehrraketen AT-9 Spiral 2. In der Luft-Luft-Rolle kann die SA-18 Grouse für den Einsatz gegen UAS und Hubschrauber mitgeführt werden. Schließlich ist eine moderne Avionik-Suite verfügbar, die ein NVG-kompatibles Cockpit und ein digitales Waffenkontrollsystem bietet. Ein modernes elektrooptisches System ermöglicht zudem den Einsatz bei jedem Wetter sowie bei Tag und Nacht. Neu gebaute Hubschrauber mit all diesen Merkmalen werden als Mi-35M bezeichnet und von dem leistungsstärkeren Klimow-VK-2500-Wellenleistungstriebwerk angetrieben. Ältere Maschinen, die die System-Upgrades erhalten haben, bei denen jedoch die ursprüngliche Zelle, das Rotorsystem und die Triebwerke beibehalten wurden, tragen die Bezeichnung Mi-35P. Diese Variante erreicht eine Höchstgeschwindigkeit von 335 km/h gegenüber den 300 km/h der Mi-35M, jedoch erreichen die M-Modelle dank ihrer leichteren Struktur eine um 300 m höhere Dienstgipfelhöhe und verfügen über eine größere Nutzlastkapazität.

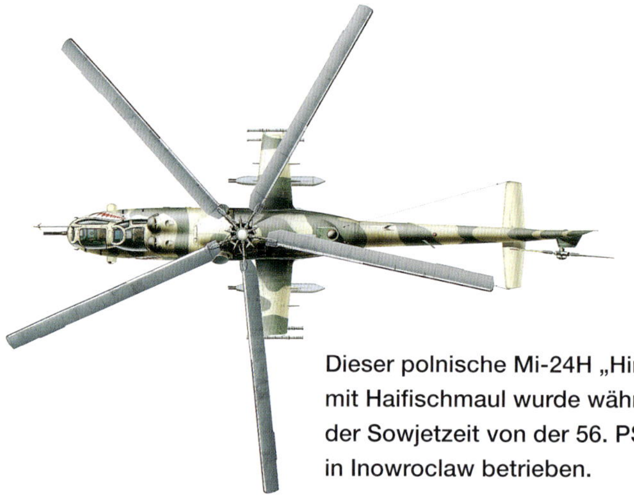

Dieser polnische Mi-24H „Hind-E“ mit Haifischmaul wurde während der Sowjetzeit von der 56. PSB in Inowroclaw betrieben.

Technische Daten (Mi-24D)

Typ: Leichter Transport- und Kampfhubschrauber

Abmessungen: Länge: 21,6 m; Spannweite: 6,5 m; Höhe: 6,5 m

Gewicht: 12.000 kg max. Startmasse

Triebwerk(e): zwei Isotow-TV3-117-Wellenleistungs-Triebwerke (Turboshafts) mit je 1.600 kW

Höchstgeschwindigkeit: 300 km/h

Reichweite: 450 km

Dienstgipfelhöhe: 4.900 m

Besatzung: 2–3

Bewaffnung: eine doppelläufige 23-mm-Kanone vom Typ GSch-23V und bis zu 2 400 kg Waffenzuladung, darunter SA-18-Luft-Luft-Raketen, AT-9-Panzerabwehrraketen und S-8-ungelenkte Raketen

Ein Kampfhubschrauber vom Typ Mil Mi-35M der russischen Luftwaffe während einer Probe für die Parade zum Tag des Sieges auf dem Flugplatz Kubinka, 2015

Der jüngste Konflikt, an dem die „Hind“ beteiligt sind, ist die russische Invasion in der Ukraine, wo beide Seiten diesen Typ einsetzen. Die weit verbreitete Präsenz von tragbaren Luftabwehrsystemen (MANPADS) hat vor allem den russischen Streitkräften zugesetzt, die Berichten zufolge 18 „Hind“-Varianten verloren haben (sieben auf ukrainischer Seite). Dies hat zu veränderter Taktik geführt: Die Hubschrauber fliegen nun in geringer Höhe auf das Zielgebiet zu, bevor sie hochziehen, um im Steigflug eine Salve Raketen abzufeuern, und dann wieder abdrehen, um auf Baumwipfelhöhe herunterzukommen. Dies macht die ungelenkten Waffen nicht genauer, scheint aber die Verlustrate eingedämmt zu haben.

Mit etwa 2.500 gebauten Exemplaren ist der „Hind“ in über 50 Ländern im Einsatz und dürfte wahrscheinlich noch Jahrzehnte in Betrieb bleiben.

Need for Speed

Der Mi-24 wurde entwickelt, um hohe Geschwindigkeiten erreichen und gleichzeitig schwere Waffen transportieren zu können. Die Stummelflügel entlasten durch die zusätzliche Auftriebskraft den Hauptrotor bei zunehmender Geschwindigkeit, sodass mehr Schubkraft für den Vorwärtsantrieb zur Verfügung steht. Tatsächlich wird bei Höchstgeschwindigkeit etwa ein Viertel des Auftriebs von den Flügeln erzeugt. Wie bei vielen Hubschraubern erfüllt das Seitenleitwerk eine ähnliche Funktion: Das asymmetrische Design erzeugt eine seitliche Kraft, die dem Drehmoment des Hauptrotors entgegenwirkt. Dadurch wird der Heckrotor entlastet, sodass wiederum mehr Kraft auf die Hauptrotoren übertragen werden kann, um den Vorwärtsschub zu erzeugen. Der Luftwiderstand wurde durch den Einsatz eines einziehbaren Fahrwerks reduziert. Ein speziell modifizierter Mi-24B mit dem frühen Cockpit-Design stellte im September 1978 mit 368,4 km/h den absoluten Geschwindigkeitsrekord für Hubschrauber auf. Der „Hind“ hielt diesen Rekord bis 1986, als der „Westland Lynx“ ihn auf 400,8 km/h erhöhte.

Ein Mi-24V der slowakischen Luftwaffe im Einsatz im „Hohe Tatra“-Gebirge in der Slowakei

Mil Mi-17/Mi-171 „Hip“ (1977)

Der „Hip“, der bald sein 60-jähriges Jubiläum der Serienproduktion feiert, begann als einfacher Transporthubschrauber, hat sich aber seitdem zu einem Allrounder entwickelt, der vom Kampfhubschrauber bis hin zur elektronischen Kampfführung alles abdeckt.

Nase
Bei den ersten Mi-17-Modellen wurde die abgerundete Nase des Mi-8 beibehalten. Spätere Varianten konnten, wie auf der gegenüberliegenden Seite zu sehen ist, optional mit einer „Delfin“-Nase ausgestattet werden, die Platz für ein Radar bot.

Der Mil Mi-17 „Hip“ ist eine Weiterentwicklung des früheren Mi-8 und wird im sowjetischen und russischen Dienst als Mi-8M bezeichnet, während für Exportmodelle die Bezeichnung Mi-17 verwendet wird. Der Mi-8 wurde 1959 vom Mil-Konstruktionsbüro als Ersatz für den kolbenbetriebenen Mi-4 mit zwei Turbinen vorgeschlagen. Auch wenn das sowjetische Militär nicht überzeugt war, musste der Mi-4 ersetzt werden, und Mil argumentierte, dass es sich lediglich um eine Modernisierung mit Turbinenantrieb handelte, was allerdings eine Neukonstruktion des vorderen Rumpfes erforderte. Der erste einmotorige Prototyp flog 1961 noch mit nur einem 2.010 kW starken Wellenleistungstriebwerk. Erst der dritte Prototyp wurde mit zwei speziell entwickelten 1.120 kW starken Isotow-TV2-Wellenturbinen ausgestattet und legte den Grundstein für die später weltweit meistgebaute Hubschrauberfamilie. Die Serienproduktion begann 1965 in Kasan, wurde jedoch einige Jahre später intensiviert, als das sowjetische Militär den massiven Einsatz des Bell UH-1 durch die US-Armee im Vietnamkrieg beobachtete. Diese Nachfrage trug 1970 zur Einrichtung einer zweiten Produktionslinie in Ulan-Ude bei. Die Arbeiten an dem verbesserten Mi-8M begannen Ende der 1960er-Jahre mit dem Ziel, einen Hubschrauber mit stärkerer Leistung in großen Höhen zu entwickeln. Unter Nutzung der Erfahrungen aus der Produktion des Mi-14 – im Wesentlichen ein speziell für die U-Boot-Bekämpfung entwickelter „Hip“ – ersetzten die stärkeren TV3-117-Triebwerke mit einer Leistung von 1.400 kW die früheren Aggregate. Zudem bekam die Maschine neue Getriebe und Rotoren. Der 1975 fertiggestellte erste Prototyp zeigte eine deutliche Verbesserung der Steiggeschwindigkeit und der Dienstgipfelhöhe. Außerdem konnten nun drei Außenlastträger auf jeder Seite befestigt werden (bei früheren Modellen waren es nur zwei). Das neue Modell ging 1977 in Produktion und wurde nun als Mi-8MT bezeichnet. Die verbesserte Leistung sollte sich während der sowjetischen Intervention in Afghanistan, die 1979 begann, als sehr vorteilhaft erweisen.

Der neue Hubschrauber, der 1981 auf der Paris Air Show vorgestellt und für den Exportmarkt als Mi-17 bezeichnet wurde,

Rampe
Ab Mitte der 1990er-Jahre wurde der Mi-17 optional mit einer Laderampe ausgeliefert, die die zuvor für den Zugang zum Frachtraum verwendeten Klapptüren ersetzte.

Heckrotor
Ein wesentlicher äußerlicher Unterschied zwischen Mi-8 und Mi-17 ist die Position des Heckrotors, der bei dem neueren Modell auf der linken Seite angebracht ist.

Heckausleger
Der Heckausleger des Mi-17 geht auf den Mi-4 zurück, wobei Mil argumentierte, dass der Mi-8 lediglich eine Turbinenversion des früheren Hubschraubers sei.

Links: Ein Mi-17M „Hip-H“ der tschechischen Luftwaffe. Dieser Typ ist dort auch heute noch im Einsatz, es gibt jedoch langfristige Pläne, ihn durch westliche Hubschrauber zu ersetzen, etwa durch den UH-1Y Huey.

Oben: Ein chinesischer Mi-171E. Die gelbe Registrierung liegt im Bereich 53x1x, was bedeutet, dass der Helikopter zur 5. Transport- und SAR-Brigade des Western Theatre Command mit Sitz in Chengdu/Qionglai gehört. Der Hubschrauber ist sowohl mit einem Geländefolgeradar als auch mit einem IRST-(Infrared-Search-and-Track-)System ausgestattet.

wies eine Reihe von Detailunterschieden zum ursprünglichen Mi-8 auf. Am auffälligsten ist, dass sich der Heckrotor auf der linken Seite des Seitenleitwerks befindet und sich in die entgegengesetzte Richtung dreht, wobei sich das vordere Blatt nun gegen den Abwind des Hauptrotors nach oben bewegt. Da der Auftrieb proportional zum Quadrat der Geschwindigkeit ist, mit der die Luft über eine Oberfläche strömt, erhöht dies die vom Heckrotor erzeugte Kraft erheblich und sorgt für eine bessere Giersteuerung. Darüber hinaus haben die früheren „Hips“ im Vergleich zu den eher ovalen Abgasrohren der späteren Modelle runde Rohre und keine Staubschutzvorrichtungen vor den Triebwerkseinlässen. Zusätzlich zu den sechs externen Pylonen, die auf einer Anordnung von Rohren angebracht sind, die an landwirtschaftliche Maschinen erinnern, verfügen einige Modelle über ein Maschinengewehr auf einer flexiblen Halterung in der Nase.

Der Einsatz in Afghanistan zeigte, dass der „Hip-H“, wie die NATO das neue Modell bezeichnete, ein zuverlässiges Arbeitstier unter den dort vorherrschenden rauen Bergbedingungen war. Es diente nicht nur als Transportmittel, sondern auch als Kampfhubschrauber, Konvoibegleiter, für Such- und Rettungsaktionen, medizinische Evakuierungen und Sicherheitspatrouillen. Obwohl sich der Mi-8MT als fähig erwies, auch mit schweren Kampfschäden weiterzufliegen, wurden Maßnahmen zur Verbesserung seiner Überlebensfähigkeit ergriffen, darunter eine externe Panzerung sowie Schutz für die Treibstofftanks, Steuerleitungen und Triebwerke. Um Boden-Luft-Raketen abwehren zu können, wurden außerdem Infrarot-Unterdrücker für die Triebwerke, Chaff und Flares sowie ein Infrarot-Störsender hinzugefügt. Im Jahr 1990 begann das Werk in Ulan-Ude mit der Produktion des Mi-8AMT, der dem vom Werk in Kasan gebauten Mi-8MTV entspricht und für den Einsatz in großer Höhe sowie bei hohen Temperaturen mit einer Dienstgipfelhöhe von 6.000 m ausgelegt ist. Für den Export wird dieses Modell als Mi-171 vermarktet, während die in Kasan hergestellten Mi-8MTV-Hubschrauber als Mi-17-1V ausgeführt werden.

Mit einem relativ niedrigen Kaufpreis – etwa ein Viertel des Preises eines Sikorsky Black Hawk – hat sich der „Hip“ auf dem Exportmarkt überaus erfolgreich etablieren können: Bis dato wird dieser Hubschraubertyp in 78 Ländern eingesetzt, von Afghanistan bis Simbabwe. Dazu gehören auch die USA, wo er von der U.S. Army, der CIA und Spezialeinheiten genutzt wird, wobei Letztere ihn vor allem im Irak und in Afghanistan eingesetzt haben. Infolgedessen gibt es je nach den Anforderungen des Kunden eine Vielzahl von „Hip“-Varianten. Der Mi-17V-5 verfügt über eine neu profilierte „Delfinnase“, in der ein Wetterradar untergebracht ist, und die abnehmbaren Klapptüren am Heck der Kabine wurden durch eine Laderampe ersetzt, wodurch das Heck des Rumpfes ein weniger abgerundetes Profil als zuvor aufweist.

Kunden wie der Irak und Bangladesch haben sich jedoch für die frühere, vollständig verglaste Nase mit Laderampe entschieden, und Aserbaidschan wollte bei seiner letzten Bestellung die Klapptüren beibehalten, um Gewicht und Kosten zu sparen. Verbundrotorblätter mit einer längeren Lebensdauer von 6.000 Stunden gegenüber 2.000 Stunden bei Metallblättern sind sowohl für die neuen Hubschrauber als auch als Upgrade erhältlich, wobei die höheren Kosten die Nachfrage begrenzt haben. Intern können nun moderne digitale Avionik-Suiten mit großen Multifunktionsdisplays gewählt werden, auch wenn einige Betreiber nach wie vor Hubschrauber mit traditionellen analogen Anzeigen bevorzugen, um die Kompatibilität mit ihrer bestehenden Flotte zu gewährleisten.

Technische Daten (Mi-17)

Typ: Mehrzweckhubschrauber

Abmessungen: Länge: 25,30 m; Rotordurchmesser: 21,1 m; Höhe: 5,65 m

Gewicht: 13.000 kg max. Startmasse

Triebwerk(e): zwei Klimow-TW3-117MT-Wellenleistungs-Triebwerke (Turboshafts) mit je 1.435 kW

Höchstgeschwindigkeit: 250 km/h

Reichweite: 494 km

Dienstgipfelhöhe: 5.000 m

Besatzung: 3

Bewaffnung: bis zu 4.000 kg an Waffenzuladung, darunter 80-mm-Raketenbehälter, 500 kg Bomben, UPK-23-250-23-mm-Kanonenbehälter und AT-9 Panzerabwehrlenkflugkörper

Ebenso können die Waffen- und Verteidigungshilfesysteme nach Kundenwunsch spezifiziert werden. Belarus und Ägypten haben sich beide für die President-S-Suite entschieden, die auch in den „Kamow-Ka-52“-Kampfhubschraubern zum Einsatz kommt.

Seit 1965 sind über 17.000 „Hip“-Varianten produziert worden, wobei die Produktionsrate in den 2010er-Jahren zwischen 30 und 110 Hubschraubern pro Jahr lag. Allein Indien nahm in diesem Zeitraum 151 Mi-17V-5-Hubschrauber in Empfang. In ähnlicher Weise hat China in den letzten zehn Jahren etwa 200 Mi-17- und Mi-171-Varianten erhalten. Obwohl die Produktion des „Hip“ nicht so bald eingestellt werden dürfte, könnten Handelssanktionen aufgrund der Invasion der Ukraine und die Entwicklung einheimischer Äquivalente in Indien und China zu einem Rückgang künftiger Verkaufszahlen führen.

Mi-17 der 2. Fliegerstaffel der afghanischen Luftwaffe starten im Februar 2013 von der multinationalen Basis Tarin Kowt in der Provinz Urusgan in Afghanistan.

Elektronische Kampfführung

Der „Hip“ stellt die Grundlage für eine Vielzahl von Helikoptern für die elektronische Kampfführung (Electronic Warfare – EW) dar. Die derzeit im Einsatz befindliche Version bildet der Mi-8MTPR-1, der auf dem Mi-8MTV-5-1 basiert. Äußerlich verfügen die EW-Maschinen über die neuere „Delfin“-Nase, während die früheren Hecktüren zur Kabine beibehalten wurden. Auf beiden Seiten des hinteren Rumpfes befindet sich ein rechteckiges Radom, das eine Reihe von Sendeantennen abdeckt. Das Fenster hinter dem Hauptfahrwerk wurde durch einen Chaff- und Flare-Werfer ersetzt, während das zweite Fenster auf der Vorderseite der Kabine einer Empfangsantenne Platz machen musste. Die Kabine enthält die Avionik des Rychag-EW-Systems, wobei sich der Arbeitsplatz des Operators vorne direkt hinter dem Cockpit befindet. Das System wurde entwickelt, um feindliche Feuerleitsysteme zu stören und so befreundete Flugzeuge zu schützen. Sobald das System mit der vorderen Antenne ein Radar entdeckt hat, kann es selektiv bis zu acht Radare in einem einzigen 45-Grad-Sektor in einer Entfernung von bis zu etwa 160 km stören. Der Mi-8MTPR-1 kann automatisch, halbautomatisch oder manuell gesteuert werden und wurde bereits in Syrien und der Ukraine eingesetzt.

Sikorsky UH-60 „Black Hawk“ (1979)

Der „Black Hawk“ wurde als Nachfolger des UH-1 „Huey“ entwickelt und hat sich als eines der erfolgreichsten westlichen Hubschraubermodelle überhaupt etabliert. Er wurde für eine Vielzahl von Aufgaben angepasst und auch von China kopiert.

Aufgrund ihrer Erfahrungen in Vietnam veröffentlichte die U.S. Army im Jahr 1972 ihre Anforderungen auf der Suche nach einem Ersatz für den UH-1 „Huey“. Unter dem Namen Utility Tactical Transport Aircraft System (UTTAS) forderte die Armee einen Helikopter, der von zwei General-Electric-T700-Wellenleistungstriebwerken angetrieben werden sollte, die ebenfalls für das Programm entwickelt wurden. Weitere Anforderungen waren eine Nutzlast von elf Soldaten bzw. 1.200 kg, eine Reisegeschwindigkeit von 270 km/h und eine Flugdauer von mindestens 2,3 Stunden. Die Nutzlast wurde gewählt, um die Integrität der Mannschaften zu bewahren und die Anzahl der Hubschrauber in der Landezone zu minimieren, während die Geschwindigkeit und die Flugdauer darauf abzielten, die Integrität der Mission aufrechtzuerhalten und den Zeitverlust durch Auftanken zu minimieren. Eine weitere Einschränkung bestand in der Anforderung, den Hubschrauber mit minimalem Demontageaufwand in einer C-130 „Hercules“ transportieren zu können, was die Höhe des resultierenden Helikopters einschränkte. Sowohl Boeing Vertol als auch Sikorsky bauten jeweils einen Prototyp für einen Flugwettbewerb, der 1976 stattfand. Im Dezember desselben Jahres wurde der Sikorsky UH-60 als Sieger ausgewählt. Die Auslieferung der Serienmaschinen begann Ende 1978, um sie im folgenden Juni bei der 101st Airborne Division in Dienst zu stellen.

Der erste Einsatz des UH-60A erfolgte 1983 während der Invasion von Grenada, wo er zur Beförderung des SEAL-Teams 6, der Delta Force und der Army Rangers zu ihren jeweiligen Zielen eingesetzt wurden. Im Jahr 1989 folgte dann die Invasion Panamas.

Der frühe Einsatz des „Black Hawk“ verlief jedoch nicht ohne Probleme. Während die primären Steuerungen über ein hydraulisch unterstütztes, mechanisch gekoppeltes Flugsteuerungssystem erfolgten, wurde das voll bewegliche Höhenleitwerk (Stabilisator) des UH-60 durch ein Fly-by-Wire-System gesteuert. Dieses System reagiert auf die Flugparameter und

Cockpit
In den 1980er-Jahren wurde der „Black Hawk“ noch mit herkömmlichen Instrumenten in Dienst gestellt. Diese wurden mittlerweile in den Serienmodellen durch Multifunktionsdisplays ersetzt, und es gibt verschiedene Nachrüstprogramme, um auch ältere Modelle damit auszustatten.

Rotorkopf
Der ursprüngliche Rotorkopf war kürzer, um die Anforderung zu erfüllen, den Hubschrauber mit C-130-Flugzeugen transportieren zu können. Tests ergaben jedoch, dass dies zu Vibrationsproblemen führte, weshalb eine abnehmbare Wellenverlängerung angebracht wurde.

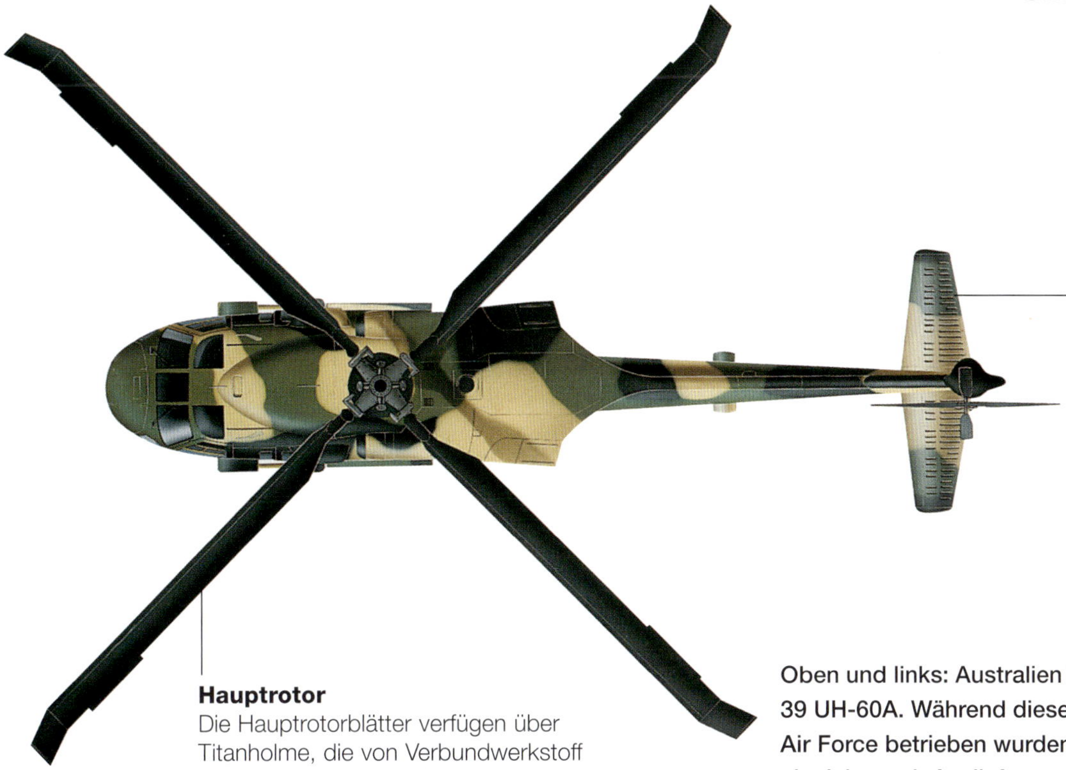

Leitwerk
Die Höhenflosse dient dazu, die Nicklage des Helikopters aufrechtzuerhalten, indem sie der Neigung der Nase nach oben bei niedrigen Geschwindigkeiten entgegenwirkt, wofür sie sich um bis zu 40 Grad nach unten neigt. Mit zunehmender Geschwindigkeit bewegt sie sich in eine waagerechte Position.

Hauptrotor
Die Hauptrotorblätter verfügen über Titanholme, die von Verbundwerkstoff umgeben sind. In die Oberfläche sind Heizelemente als Teil des Rotor Ice Protection System (RIPS) integriert.

Oben und links: Australien kaufte in den 1980er-Jahren 39 UH-60A. Während diese zunächst von der Royal Australian Air Force betrieben wurden, übertrug man sie 1989 – nur ein Jahr nach Auslieferung der ersten Exemplare – an die australische Armee.

Heckrotor
Der Heckrotor des UH-60 ist um 20 Grad geneigt, wodurch zusätzlich zur üblichen Drehmomentkompensation ein Auftriebselement zum Trimmen des Hubschraubers entsteht.

Spornrad
Um der Zelle bei Landungen mit starkem Abfangen zusätzlichen Schutz zu bieten, wurde eine Spornradauslegung gewählt.

Steuerpositionen, um eine weitgehend waagerechte Fluglage aufrechtzuerhalten.

In den 1980er-Jahren gingen mindestens fünf „Black Hawks“ verloren, als hochintensive Strahlungsfelder (High Intensity Radiated Fields – HIRF) das Fly-by-Wire-System störten und zu ungewollten Bewegungen des Stabilisators führten. HIRF stehen in Zusammenhang mit Rundfunkantennen, und die U.S. Army beschränkte daher zunächst den Einsatz in der Nähe der weltweit mehreren Hundert identifizierten HIRF-Standorte. Die „Seahawk“-Helikopter der U.S. Navy waren von diesem Problem nicht betroffen, da sie für den Betrieb in der Nähe von Schiffsradaren und Funkgeräten ausgelegt waren und über eine Abschirmung um die empfindlichen Komponenten des Fly-by-Wire-Systems verfügten. Die „Black Hawks“ der U.S. Army wurden nach und nach mit einer ähnlichen Abschirmung ausgestattet, wodurch die Betriebsbeschränkungen gelockert werden konnten.

Einsatz im Golfkrieg

Der UH-60 wurde während des gesamten Golfkriegs 1991 intensiv eingesetzt, wobei eine Aktion besonders erwähnenswert ist. Am 24. Februar, dem ersten Tag der Bodenoffensive, setzte die 101. Luftlandedivision über 60 „Black Hawks“ und 30 „Chinooks“ ein, um zu einer 130 km tief im Irak gelegenen Forward Operating Base (FOB) vorzustoßen. Dies war der größte Luftlandeangriff der Geschichte, wobei auch „Apache“- und „Cobra“-Kampfhubschrauber beteiligt waren. Am nächsten Tag

Sikorsky UH-60 „Black Hawk“

Der HH-60G „Pave Hawk“ ist eine modifizierte Version des UH-60, die für die Tag- und Nachtbergung von Personal in feindlichen Umgebungen, einschließlich isoliertem Personal während eines Krieges, entwickelt wurde.

folgte ein zweiter Transport, der die 101. Division weitere 250 km tief in den Irak und bis auf 230 km an Bagdad heranbrachte. Im Golfkrieg wurde der „Black Hawk“ auch für MEDEVAC-Einsätze genutzt, wobei die Mannschaftssitze durch eine Halterung für sechs Tragen ersetzt wurden.

Technische Daten (UH-60M)

Typ: Mehrzweckhubschrauber

Abmessungen: Länge: 19,76 m; Rotordurchmesser: 16,36 m; Höhe: 5,13 m

Gewicht: 9.980 kg max. Startmasse

Triebwerk(e): zwei General-Electric-T700-GE-701C/D-Wellenleistungs-Triebwerke (Turboshafts) mit je 1.418 kW

Höchstgeschwindigkeit: 294 km/h

Reichweite: 2.221 km Überführungsreichweite mit Zusatztanks

Dienstgipfelhöhe: 5.800 m

Besatzung: 4

Bewaffnung: zwei 7,62-mm-M240-Maschinengewehre, ungelenkte 70-mm-Raketen Hydra-70, AGM-114-Hellfire-Luft-Boden-Raketen, AIM-92-Stinger-Luft-Luft-Raketen

Ende der 1980er-Jahre wurde die überarbeitete Version UH-60L in Dienst gestellt. Dieser Hubschrauber war mit den leistungsstärkeren T700-GE-701C-Triebwerken und einem verbesserten Getriebe ausgestattet, die für den SH-60B „Seahawk“ entwickelt worden waren. Anfang der 2000er-Jahre folgte der UH-60M mit 1.500 kW starken T700-GE-701D-Triebwerken, effizienteren Rotorblättern und einem modernen Glascockpit mit vier Multifunktionsdisplays. Ende 2007 bestellte die U.S. Army über 1.200 UH-60M zur Auslieferung in den nächsten fünf Jahren. Diese sollten die ältesten „Black Hawks“ ersetzen, während das Cockpit der UH-60L-Modelle durch ein Upgrade-Paket mit einer ähnlichen Anordnung wie in der UH-60M ausgestattet wurde. Diese Variante trägt die Bezeichnung UH-60V. Das Upgrade reduziert nicht nur die Arbeitsbelastung des Piloten durch die vereinfachte Anzeige flugkritischer Informationen, sondern ermöglicht auch die Aufrüstung durch Systeme wie ADS-B und RNAV, die für den Einsatz im zivilen Luftraum heute fast obligatorisch sind.

Spezialversionen des „Black Hawk“ gibt es seit 1980, als die Variante EH-60A Electronic Warfare (EW) entwickelt wurde. Zu den jüngeren Entwicklungen gehört die Spezialversion MH-60M, die mit einer Luftbetankungssonde, dem Geländefolgeradar AN/APQ-187 und verbesserten Verteidigungssystemen ausgestattet ist.

Heckrotor
Der Heckrotor besteht aus zwei durchgehenden Blättern, die in einem Winkel von 90 Grad zueinander angeordnet sind und an ihrem Schnittpunkt eine Öffnung für den Verstellmechanismus aufweisen. Durch Biegen des Graphit-Epoxid-Holms kann der Blattwinkel ohne Verwendung von Lagern verändert werden.

Zusätzlich zu seiner Funktion als Truppentransporter kann der MH-60M auch eine Reihe von Waffen auf Stummelflügeln über der Kabine mitführen, darunter Hydra-70-Raketenbehälter, AGM-114-Hellfire-Raketen, AIM-92-Stinger-Raketen und diverse Waffenbehälter.

Neben dem „Black Hawk“ entwickelte Sikorsky auch den SH-60 „Seahawk“ für die U.S. Navy, der 1984 in Dienst gestellt wurde. Für die Lagerung an Bord verfügt dieser über einen klappbaren Hauptrotorkopf und ein klappbares Heck, während das Spornrad neu konstruiert wurde und nach vorne zur Verbindung zwischen Rumpf und Heck wanderte, wodurch der Radstand verkürzt wurde und Landungen auf kleinen Decks möglich sind. Zudem wurde die linke Kabinentür entfernt und auf beiden Seiten des Rumpfes ein Waffenpylon angebracht. Für den Einsatz auf See ist die neueste Version SH-60R mit einem APS-153-Multimode-Radar, einem elektrooptischen Sensor und Laser-Entfernungsmesser AAS-44 sowie einem Tauchsonar AN/AQS-22 ausgestattet. Mk.54-Leichtgewichtstorpedos und Hellfire-Raketen können für Unterwasser- bzw. Oberflächenziele mitgeführt werden. Für allgemeine Zwecke setzt die Navy auch den MH-60S ein, bei dem der Rumpf und das Spornrad des UH-60L mit dem klappbaren Kopf und Heck des SH-60 kombiniert wurden.

Mit bisher über 5.000 produzierten „Black Hawks“ und fast 1.000 „Seahawks“ ist die „Hawk“-Familie in über 40 Ländern im Einsatz und wird noch jahrzehntelang im Dienst bleiben.

Harbin Z-20

Nachdem China in den 1980er-Jahren 24 Sikorsky S-70C „Black Hawks“ gekauft hatte, machten Sanktionen aufgrund zunehmender politischer Spannungen weitere Käufe unmöglich. Stattdessen begann China 2006 mit der Entwicklung einer eigenen Version. Der Z-20 ist in Bezug auf Größe, Form und Layout fast identisch, hat jedoch im Gegensatz zur UH-60 einen fünfblättrigen Hauptrotor und soll über eine aktive Schwingungskontrolle verfügen, um die Ermüdung der Zelle und der Besatzung zu verringern. Das Cockpit ist mit großen Multifunktionsdisplays und Fly-by-Wire-Steuerungen ausgestattet. Der Z-20 wurde für den Einsatz in den Höhenlagen des Qing-Zang-Plateaus entwickelt und wird von zwei 1.600 kW starken WZ-10-Wellenleistungstriebwerken angetrieben. Er wurde 2019 in Dienst gestellt, und wie beim „Black Hawk“ wurden mehrere Varianten entwickelt, darunter die bewaffnete Angriffsversion Z-20W mit Stummelflügeln für den Transport von Waffen und einem Zielbehälter an der Nase. Die PLANAF betreibt das Modell Z-20J und die U-Boot-Bekämpfungsversion Z-20F. Wie beim „Seahawk“ wurde das Spornrad hier an der Rückseite des Rumpfes nach vorne verlegt, und die Z-20F verfügt über eine Sensorausstattung, die der des SH-60R entspricht.

CH-53E „Super Stallion“/ CH-53K „King Stallion“ (1981)

Der „Super Stallion“ kann alle Flugzeuge des USMC-Bestands mit Ausnahme der C-130 als Außenlast transportieren und ist seit über 40 Jahren im Einsatz. Er wird nun nach und nach durch den noch leistungsstärkeren CH-53K „King Stallion“ ersetzt.

Der CH-53E war das Ergebnis einer Anforderung des U.S. Marine Corps (USMC) aus dem Jahr 1967 nach einem Helikopter, der in der Lage sein sollte, die 1,8-fache Last des damals im Einsatz befindlichen CH-53D „Sea Stallion“zu transportieren. Der ursprüngliche CH-53 vereinigte im Wesentlichen die Triebwerke und das Getriebe des CH-54-Tarhe-Kranhubschraubers mit der vergrößerten Zelle des CH-3C-Transporthubschraubers, der bei der U.S Air Force als Combat-Search-and-Rescue-(CSAR-) Helikopter unter dem Namen „Jolly Green Giant“ im Einsatz war. Der CH-53 hatte bereits in Vietnam seine Nützlichkeit als Schwerlasthelikopter unter Beweis gestellt – nicht nur für den Transport von Fracht, sondern auch für die Bergung abgestürzter Flugzeuge –, und eine Steigerung der Leistungsfähigkeit bot offensichtliche Vorteile. Auf das USMC wurde zunächst Druck ausgeübt, den für die Army entwickelten Boeing Vertol XCH-62 als Kranhubschrauber zu verwenden, doch dieser war zu groß, um sicher von den Angriffsschiffen der Navy aus eingesetzt werden zu können. Folglich wurde 1971 der Entwurf von Sikorsky für den CH-53E angenommen, dessen erstes Exemplar 1974 flog, kurz bevor der XCH-62 selbst gestrichen wurde.

Der „Super Stallion“, eine Weiterentwicklung des CH-53D, wies wesentliche Konstruktionsänderungen auf. Der Rumpf wurde um 1,88 m verlängert, sodass der Hubschrauber Platz für 55 Soldaten oder 13,6 Tonnen Fracht bot. Hinter der Rotorwelle wurde ein drittes Triebwerk hinzugefügt, dessen Einlass sich zwischen dem Getriebegehäuse und dem linken Triebwerk befindet. Die drei Triebwerke sind mit einem verstärkten Getriebesystem verbunden, das einen siebenblättrigen Haupt-

Kabine
Während die Kabinen des CH-53E und des CH-53K beide 9,14 m lang und 1,98 m hoch sind, ist die des CH-53K mit 2,74 m ganze 46 cm breiter als jene des Vorgängermodells.

E/O-Behälter
Als Teil der Aufrüstung des Nachtsichtsystems für Hubschrauber (Helicopter Night Vision System – HNVS) wurde auf der linken Seite der Nase ein schwenkbarer Forward-Looking-Infrared-(FLIR-)Pod angebracht. Ursprünglich wurde das Modell Raytheon AN/AAQ-16B verwendet, das jedoch 2005 durch das überarbeitete AN/AAQ-29A ersetzt wurde.

Zusatztanks
Die Zusatztanks werden nur vom CH-53E mitgeführt und befinden sich außerhalb der Fahrwerksschwimmer. Sie erweitern die interne Kraftstoffkapazität von 3.850 l um 492 l.

Triebwerke
Beim CH-53K wurden die 3.270 kW starken General Electric T64-GE-416-Wellenleistungstriebwerke durch die 5.600 kW starken T408 ersetzt, wodurch die Leistung um 70 Prozent gesteigert werden konnte.

Oben: CH-53K des Marine Heavy Helicopter Squadron 461 (HMH-461). Dieser Hubschrauber wurde im Januar 2022 von den U.S. Marines übernommen und später im selben Monat an die HMH-461 übergeben.

Links: CH-53E Super Stallion des Marine Heavy Helicopter Squadron 772 (HMH-772, Hustlers), Joint Base McGuire-Dix-Lakehurst

Stabilisierungsflossen
Der CH-53E verfügt über einen horizontalen Stabilisator, dessen inneres Drittel senkrecht zu dem um 20 Grad geneigten Heckmast steht. Im Gegensatz dazu ist bei der CH-53K der gesamte horizontale Stabilisator senkrecht zur Seitenflosse angeordnet.

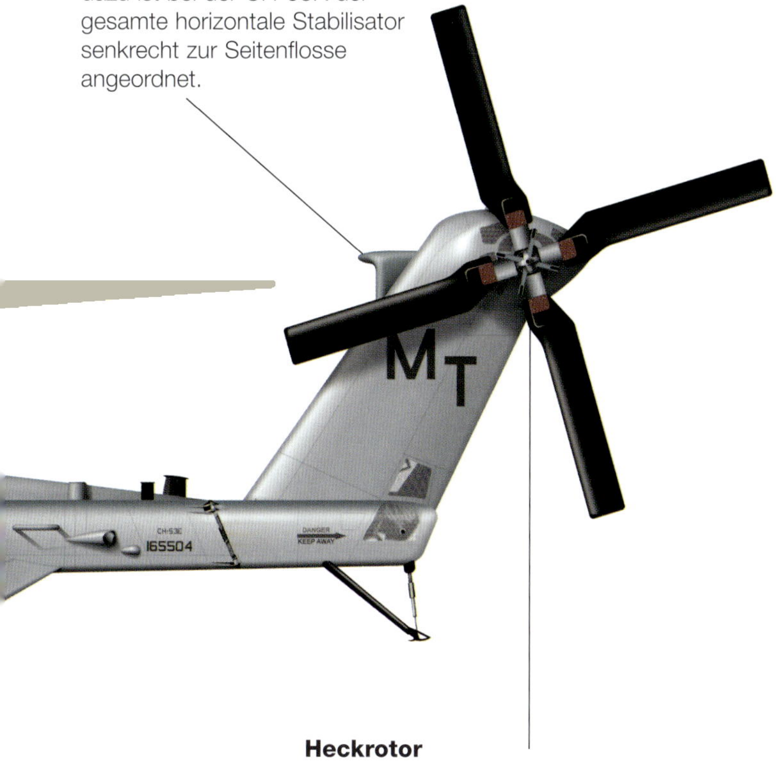

Heckrotor
Durch den Einbau des dritten Triebwerks hinter dem Getriebe lag der Schwerpunkt des CH-53E weiter hinten, was nicht ideal war. Dieses Problem wurde durch eine Neigung des Heckmasts um 20 Grad behoben, wobei der Heckrotor einen Teil des Auftriebs übernimmt.

rotor antreibt (im Gegensatz zum sechsblättrigen System des früheren CH-53).

Der Rotordurchmesser wurde von 22,02 m auf 24,08 m vergrößert, während der Heckrotormast um 20 Grad geneigt wurde, um Auftrieb zu erzeugen, wodurch ein größerer zulässiger Bereich für den Schwerpunkt ermöglicht wurde. Zusätzlicher Treibstoff wird in vergrößerten Seitentanks auf beiden Seiten des Rumpfes mitgeführt, während außerhalb davon Platz für externe Tanks vorgesehen ist. Um die Reichweite weiter zu erhöhen, wurde eine ausfahrbare Luft-Luft-Betankungssonde hinzugefügt. Die maximale Außenlast des CH-53E beträgt 16,3 Tonnen (im Vergleich zu nur 5,7 Tonnen beim Modell D). Obwohl es sich um einen großen Hubschrauber handelt, ist der „Super Stallion“ mit einer Höchstgeschwindigkeit von über 300 km/h schnell und wendig.

Die CH-53E des USMC wurden 1981 in Dienst gestellt und kamen 1983 im Libanon, 1991 im Golfkrieg, in Somalia und in Bosnien zum Einsatz. Im Oktober 2001 flogen sechs „Super Stallions“ von amphibischen Angriffsschiffen vor der Küste Pakistans aus 890 km nach Afghanistan, um dort bei der Errichtung von Camp Rhino mitzuwirken – der ersten Basis der US-Streitkräfte in diesem Land. Im Jahr 2003 waren sie bei der Invasion des Irak im Einsatz und transportierten vor allem Nachschub und Personal zu und von den vorausgestellten Einheiten. Neben

der CH-53E bestellte die U.S. Navy den MH-53E „Sea Dragon“ für luftgestützte Minenbekämpfung (AMCM), der 1981 seinen Erstflug absolvierte und 1987 in Dienst gestellt wurde.

Technische Daten (CH-53K)

Typ: Schwerlasthubschrauber

Abmessungen: Länge: 30,17 m; Rotordurchmesser: 24,08 m; Höhe: 8,6 m

Gewicht: 39.900 kg max. Startmasse mit Außenlast

Triebwerk(e): drei General-Electric-T408-GE38-1B-Wellenleistungs-Triebwerke (Turboshafts) mit je 5.600 kW

Höchstgeschwindigkeit: 315 km/h

Reichweite: 850 km

Dienstgipfelhöhe: 4.900 m

Besatzung: 4

Bewaffnung: drei 12,7-mm-GAU-21-Maschinengewehre

Den auffälligsten äußerlichen Unterschied bilden die Rumpfschwimmer, die beim „Sea Dragon“ viel größer sind, fast bis zur Höhe der Triebwerksgondeln reichen und einen eher tropfenförmigen Querschnitt haben. Sie dienen zur Aufnahme von zusätzlichem Treibstoff, während im Frachtraum sieben weitere Ferrytanks untergebracht werden können. Für AMCM-Missionen kann der Helikopter einen magnetischen Minensuchschlitten vom Typ AN/ALQ-166 durch das Wasser ziehen, um Minen zu aktivieren, ohne sich selbst oder befreundete Schiffe dabei zu gefährden. Alternativ kann ein akustischer Minenschutzschlitten vom Typ AN/ALQ-141 zum Aktivieren akustischer Minen oder ein Minensuchsonar vom Typ AN/AQS-14 verwendet werden, das beide Seiten des Schleppweges absuchen kann. Viele der Schleppsysteme verfügen über eigene Generatoren zur Stromversorgung, was mit ein Grund für die zusätzliche Kapazität in den Seitentanks des „Sea Dragon“ist. Der MH-53E kann bei Bedarf auch als Transporthubschrauber eingesetzt werden.

Angesichts der alternden Super-Stallion-Flotte wurde 2016 damit begonnen, die 142 Hubschrauber im Rahmen des RESET-

Dunkle Zeiten

Bis 2016 war die „Super Stallion“-Flotte fast 15 Jahre lang ununterbrochen in Afghanistan und im Irak im Einsatz. Gleichzeitig hatte das USMC keine ausreichenden Mittel für die Wartung der Hubschrauber nach ihrer Rückkehr aus dem Einsatz bereitgestellt und nur 100.000 US-Dollar pro Helikopter vorgesehen, während die U.S. Army 1,2 Millionen US-Dollar budgetiert hatte. Infolgedessen lag die Verfügbarkeitsrate bei nur 23 Prozent – weit unter dem Ziel von 75 Prozent. Bei einer Flotte von nur 146 CH-53E bedeutete dies, dass zu jedem Zeitpunkt nur 33 Maschinen verfügbar waren, was sich nicht nur auf die Einsatzplanung auswirkte, sondern auch dazu führte, dass die Besatzungen nur schwer Erfahrungen sammeln konnten. Piloten, die von sechsmonatigen Einsätzen zurückkehrten, hatten nur 30 Flugstunden absolviert. Um dieses Problem zu beheben, stellte das USMC 2016 eine Summe von 325 Millionen US-Dollar für die Überholung der „Super Stallion“-Flotte bereit. Gleichzeitig wurden zwei Hubschrauber aus dem Lager der Davis-Monthan Air Force Base in Arizona wieder in Dienst gestellt. Bis 2019 hatten 22 Helikopter das RESET-Programm durchlaufen. Alle 141 sollen bis 2026 fertiggestellt sein. Eine Erhöhung der Verfügbarkeit machte sich bereits bemerkbar: In diesem Jahr erreichte die USMC-Flotte insgesamt eine Million Flugstunden.

Links: Soldaten der U.S. Marines steigen 2015 während einer Fast-Rope-Übung auf dem Auxiliary Airfield 2 in Yuma, Arizona, in einen CH-53E „Super Stallion“ ein. Beim Fast Roping verlassen die Soldaten den schwebenden Hubschrauber, indem sie sich an einem Seil festhalten und die Abstiegsgeschwindigkeit mit Händen und Füßen kontrollieren.

Programms zu überarbeiten. Dabei handelt es sich um eine umfassende Überholung, die zwei bis drei Jahre pro Hubschrauber dauert und die Maschinen wieder in einen Zustand versetzt, der dem Neuzustand so nahe wie möglich kommt. Diese Arbeiten wurden aufgrund von Verzögerungen beim CH-53K notwendig, der die „Super Stallion“ im Dienst des USMC ersetzen soll.

Der CH-53K „King Stallion“ entstand 2006 aus einem Entwurf von Sikorsky als Alternative zur Modernisierung der 53E-Flotte. Während ursprünglich geplant war, die erste Einsatzfähigkeit (IOC) im Jahr 2015 zu erreichen, musste diese auf 2022 verschoben werden. Die maximale Gesamtmasse des CH-53K beträgt 39,9 Tonnen mit Außenlast (beim Modell E waren es 33 Tonnen). Der Rumpf wurde um 30 cm verbreitert, sodass die von der C-130 „Hercules“ und anderen Frachtflugzeugen verwendeten 463-Liter-Paletten in den Frachtraum geladen werden können. Alternativ kann nun auch ein HMMWV im Inneren befördert werden. Außenlasten können an einem von drei Haken transportiert werden – die vorderen und hinteren können 11,3 Tonnen tragen, während der mittlere Haken für 16,3 Tonnen ausgelegt ist. Um die gleiche Gesamtgrundfläche für den Einsatz an Bord von Schiffen beibehalten zu können, wurde die Breite der Schwimmer reduziert. Dabei ermöglicht es eine Erweiterung der Höhe und der Länge ausreichend Treibstoff im Innenraum mitzuführen, sodass keine Außentanks mehr erforderlich sind. Im Gegensatz zu den 3.270 kW der T64-Triebwerke des E-Modells liefern die drei T408 jeweils 5.600 kW und bieten damit 70 Prozent mehr Leistung. Die Triebwerke treiben neue Rotorblätter aus Verbundwerkstoffen an, die über ein Fly-by-Wire-System gesteuert werden.

Mit der endgültigen Indienststellung beim USMC erhöht der „King Stallion“ die Transportkapazität der schweren Transportstaffeln erheblich. Der „Super Stallion“ wird hingegen voraussichtlich bis etwa 2030 im Einsatz bleiben, wobei die Reserveeinheiten als letzte diesen Typ betreiben werden.

Mil Mi-28 „Havoc“ (1982)

Obwohl der Mil Mi-28 „Havoc“ nicht die erste Wahl der Sowjetunion für einen speziellen Angriffsschrauber war, ist er nach einer langen Entwicklungsphase zu einem fortschrittlichen, tag- und nachtaufklärungsfähigen Kampfhubschrauber geworden.

Kanone
Die 30-mm-Kanone 2A42 ist unter dem vorderen Rumpf montiert und kann, wie der Kamerabehälter, um 110 Grad geschwenkt, um 13 Grad nach oben und um 40 Grad nach unten geneigt werden.

Der Mil Mi-28 wurde als Antwort auf eine Anforderung der sowjetischen Regierung aus dem Jahr 1976 entwickelt, einen Kampfhubschrauber zu bauen, der dem AH-64 „Apache“ entsprechen sollte, welcher gerade von der U.S. Army als Ersatz für den AH-1 „Cobra“ ausgewählt worden war. Die Entwürfe von Mil und Kamow wurden für die Phase des fliegenden Prototyps auserkoren, und der erste Mi-28 hob am 10. November 1982 ab. Anfang 1988 waren bereits zwei überarbeitete Hubschrauber mit leistungsstärkeren Triebwerken und einem verbesserten Heckrotordesign, Triebwerksauslässen und Verteidigungssystemen flugfähig. Zur Enttäuschung des Mil-Büros wurde Ende des Jahrzehnts der Ka-50 von Kamow als neuer Panzerabwehrhubschrauber der sowjetischen Streitkräfte ausgewählt. Mil setzte jedoch die Entwicklung mit eigenen Mitteln fort. Das Unternehmen hatte einen Exportvertrag mit dem Irak abgeschlossen, der allerdings aufgrund des Golfkriegs 1991 aufgegeben werden musste. Im Jahr 1991 erhielt das Programm jedoch neuen Auftrieb, als das russische Verteidigungsministerium Mil mit der Entwicklung eines nachttauglichen Hubschraubers beauftragte. Daraus entstand der Mi-28N, von der NATO als „Havoc-B“ bezeichnet.

Teilweise beeinflusst durch die Erfahrungen von Mil mit dem Mi-24 „Hind“ verfügt der „Havoc“ über eine abgestufte Cockpit-Anordnung für den Piloten und den Waffensystemoperator. Dabei kommt eine konventionelle Rotoranordnung mit einem fünfblättrigen Hauptrotor und einem vierblättrigen Heckrotor in X-Konfiguration zum Einsatz. Die Triebwerke sind zu beiden Seiten des Rumpfes über den Stummelflügeln angebracht, die jeweils über zwei Pylone für eine Reihe von Aufhängungen verfügen. Eine 30-mm-Kanone ist unter dem vorderen Rumpf auf einer flexiblen Halterung angebracht, die um 110 Grad zu beiden Seiten der Mittellinie ausgerichtet werden kann. Im Inneren des Rumpfes befindet sich eine kleine Kabine, die Platz für zwei Passagiere bietet und in erster Linie für die Rettung von Flugpersonal aus dem Kampfgebiet vorgesehen ist. Diese Kabine, in der auch die Avionik untergebracht ist, ist über eine Tür direkt unter dem Abgasrohr des linken Triebwerks zugänglich. Für den Nachteinsatz wurde der Mi-28N mit einer kombinierten TV- und Wärmebildkamera unter der Nase ausgestattet, der den gleichen Bereich wie die Kanone abdecken kann.

Darüber befindet sich eine Kuppel mit einem Laser-Zielbeleuchtungssystem. Die Überlebensfähigkeit wird durch ein

Links: Der Mi-28N „04 White“ hat die für einige Mi-28 typische graue Lackierung, wodurch er noch stärker dem Boeing AH-64 „Apache“ ähnelt, dem er oberflächlich betrachtet ohnehin schon sehr gleicht. Im Vergleich zu seinem US-amerikanischen Pendant ist der Mi-28 zwar langsamer, verfügt jedoch über eine leistungsstärkere Hauptkanone und eine bessere Panzerung.

X-Rotor
Der X-förmige Rotor ähnelt in Design und Konzept dem des AH-64. Die Rotorblätter bestehen aus Verbundwerkstoffen und sind so konstruiert, dass sie gegen Beschuss resistent sind.

Abgasanlagen
Der Hubschrauber verfügt über den aktuellen Standard an Abgasschalldämpfern, die eine Mischung aus kühler Luft und Abgasen nach unten leiten.

Unten: Ein Mi-28N beim Start vom Flugplatz Kubinka in der Nähe von Moskau im Juni 2015. Die an den Flügelspitzen angebrachten Behälter enthalten EW-Sensoren sowie Chaff- und Flare-Werfer.

Mil Mi-28 „Havoc“

Heckrotor
Beim Heckrotor von „Yellow 22“ handelt es sich um einen herkömmlichen Dreiflügelrotor. Spätere Modelle waren mit einem X-förmigen Rotor ausgestattet, um die Geräuschentwicklung durch Verringerung der Wechselwirkung zwischen den Wirbeln an den Spitzen des Haupt- und Heckrotors zu reduzieren.

Sensoren
Der unter der Nase montierte Behälter beherbergt das Zenit TV/FLIR-System, das sich in einem Winkel von 110 Grad bewegen lässt. Unmittelbar darüber befindet sich die Montageposition für das Laser-Zielbeleuchtungssystem, das jedoch bei „Yellow 22“ nicht montiert ist.

Fahrwerk
Das Fahrwerk des Mi-28 ist so konstruiert, dass es die Auswirkungen harter Landungen abfedern kann. In Kombination mit den Schleudersitzen im Cockpit ermöglicht dies der Besatzung, einen Aufprall mit einer Geschwindigkeit von bis zu 12 m/s zu überleben.

Kabine
Unter dem Backbordmotor befindet sich die Zugangsluke zum Avionikraum, der auch als provisorische Kabine zur Rettung abgestürzter Flugzeugbesatzungen und isolierter Personen dienen kann.

„022 Yellow“ war der zweite Prototyp des Mil-28 und wurde 1983 fertiggestellt. Durch seinen dreiflügeligen Heckrotor unterscheidet er sich von späteren Modellen. Drei weitere Prototypen wurden nach dem Standard des Mi-28A gebaut, bevor die Entwicklung Anfang der 1990er-Jahre eingestellt wurde.

vollständig gepanzertes Cockpit erhöht, das von einer 10 mm starken Aluminiumlegierungspanzerung umgeben ist und 12,7-mm-Geschossen standhält, sowie durch ein Fahrwerk und Sitze, die für die Absorption eines vertikalen Aufpralls von 12 m/s ausgelegt sind. Zusätzlichen Schutz bieten die 42 mm dicke Panzerglas-Windschutzscheibe, die auch 12,7-mm-Geschossen standhält, und die 22 mm dicken Seitenfenster, die für Schüsse von 7,62-mm-Kanonen ausgelegt sind. Die Unterflügel-Pylone können bis zu vier AT-9-Spiral-2-Werfer mit jeweils vier Geschossen tragen. Die Panzerabwehrlenkrakete hat eine Reichweite von 5,8 km und einen Sprengkopf, der bis zu 850 mm Reaktivpanzerung durchschlagen kann. Zu den ungelenkten Waffen gehören die 80-mm-S-8-Raketen in 20-Schuss-Werfern und die 122-mm-S-13 Raketen in Fünf-Schuss-Werfern. KMGU-2-Minenwerfer-Behälter können ebenfalls zusammen mit Werferpaketen für SA-18-Grouse-Luft-Luft-Raketen mitgeführt werden. Dabei handelt es sich um die Modifikation einer schultergestützten Waffe, die sich für den Einsatz gegen Hubschrauber und UAVs eignet. Die Verteidigungsausrüstung umfasst Radar- und Laserwarnempfänger, die die Besatzung warnen, wenn sie ins Visier genommen wird, sowie einen UV-Warnempfänger, der den Abschuss einer Rakete erkennt. Chaff und Flares können aus einem an den Flügelspitzen montierten Dispenser abgefeuert werden, während ein Infrarot-Störsender unter dem Rumpf angebracht ist.

Der Erstflug des Mi-28N fand im November 1996 statt, allerdings wurde kurz darauf ein Problem mit dem neuen Hauptrotorgetriebe festgestellt und der Hubschrauber stillgelegt. Aufgrund der begrenzten finanziellen Mittel für das Programm kam er erst 2002 wieder in die Luft. Während der erste Mi-28N

Technische Daten (Mil Mi-28N)

Typ: Kampfhubschrauber

Abmessungen: Länge: 17,91 m; Rotordurchmesser: 17,2 m; Höhe: 3,82 m

Gewicht: 11.500 kg max. Startmasse

Triebwerk(e): zwei Klimow-VK-2500-Wellenleistungs-Triebwerke (Turboshafts) mit je 1.636 kW

Höchstgeschwindigkeit: 320 km/h

Reichweite: 435 km

Dienstgipfelhöhe: 5.700 m

Besatzung: 2

Bewaffnung: eine 30-mm-Kanone vom Typ Schipunow 2A42 auf einer schwenkbaren Lafette, Panzerabwehrlenkflugkörper vom Typ AT-9, Luft-Luft-Lenkflugkörper vom Typ SA-18, ungelenkte Raketen vom Typ S-8 und S-13, Minenwerfer vom Typ KMGU-2 und Waffenbehälter

noch mit einem über dem Rotor montierten Radar ausgestattet war, verfügten der „Havoc-B“, der 2004 folgte, sowie alle nachfolgenden Modelle nicht über diese Option, da die Entwicklung des Systems noch nicht abgeschlossen war. Sie waren dafür aber mit neuen Hauptrotoren ausgestattet, die so konstruiert wurden, dass sie Treffer von 30-mm-Geschossen absorbieren können. Außerdem verfügten diese Modelle über eine verbesserte Triebwerk- und Kraftstoffsteuerung. Das Vertrauen des Mil-Büros in seine Konstruktion zahlte sich schließlich 2005 aus, als das russische Verteidigungsministerium eine erste Bestellung über 67 Hubschrauber aufgab und bis 2010 weitere 100 bestellte. Außerdem wurden mindestens 24 kampffähige Mi-28UB-Trainingshubschrauber mit Doppelsteuerung geordert, wobei die Frontgeschwader voraussichtlich drei bis vier Mi-28UB erhalten werden, die neben ihren Standardhubschraubern eingesetzt werden sollen.

Der erste Kampfeinsatz des Mi-28N erfolgte während des Syrischen Bürgerkriegs im Jahr 2016, als russische Streitkräfte die syrische Armee bei der Rückeroberung der Stadt Tadmur in Zentralsyrien vom Islamischen Staat unterstützten. Die „Havocs“ setzten ungelenkte Raketen und AT-9-Panzerabwehrraketen ein, um feindliche Stellungen zu zerstören.

Die Entwicklung des Mi-28 wurde mit dem 2017 bestellten Mi-28NM fortgesetzt. Bei dieser Variante wurden die Avionik, der elektrooptische Behälter und die Verteidigungshilfen ersetzt. Zusätzlich verfügt sie über ein neues N025E-Radar, das ebenfalls über dem Hauptrotor angebracht ist. Das Radar kann Brücken in einer Entfernung von 20 km und Kampfpanzer in einer Entfernung von 10 km erkennen. Die Triebwerke wurden durch 1.636 kW starke Klimow VK-2500P ersetzt, um eine bessere Leistung unter heißen Bedingungen in der Höhe zu erzielen. Beim neuen Modell verzichtete man zudem auf das fingerhutförmige Radom an der Nase. Ein vereinfachtes Modell Mi-28D auf Basis des Mi-28N, jedoch ohne Nachtsensoren, wurde erwogen, aber nicht für die Produktion freigegeben.

Während die russischen Luft- und Raumfahrtstreitkräfte die Hauptbetreiber des „Havoc“ sind, bestellte Algerien 2012 acht Exemplare der Exportvariante Mi-28NE, deren Zahl 2016 auf 42 erhöht wurde. Ironischerweise setzt nun auch der Irak den Mi-28NE ein, von dem seit 2013 insgesamt 15 Exemplare geliefert wurden.

Der Mi-28 „731 Yellow“ der russischen Luftwaffe nimmt hier an einer Zielerfassungsübung teil.

Ukraine

Der Einsatz des Mi-28 bei der Invasion der Ukraine war nicht ohne Risiko. Die vor dem Krieg entwickelte Doktrin sah vor, dass Kampfhubschrauber sich ihrem Zielgebiet mit geringer Höhe und hoher Geschwindigkeit nähern sollten, um das Risiko einer Entdeckung zu minimieren. Die Hubschrauber stiegen dann auf, um das Ziel zu erfassen und ihre Waffen in einem flachen Sturzflug abzufeuern. In dieser Phase waren Manövrierfähigkeit (um den besten Schutz vor Beschuss zu bieten) und Panzerung (um eventuelle Treffer zu überstehen) von entscheidender Bedeutung. Allerdings hat sich diese Vorgehensweise im Kampf nicht bewährt – im ersten Jahr des Konflikts gingen elf „Havocs“ verloren. Als Reaktion darauf bleiben russische Einheiten nun auf ihrer Seite der Frontlinie und greifen Truppen sowie Fahrzeuge auf der ukrainischen Seite an. Außerdem haben sie ihre Stützpunkte befestigt, um die Maschinen besser vor Artillerie- und Drohnenangriffen zu schützen, die eine ständige Bedrohung darstellen, wenn sie nur 50 km von der Grenze entfernt sind, wie beispielsweise in Taganrog. Im Juli 2024 entstand eine neue Bedrohung, als ein Mi-28, der als Gegen-UAV-Plattform eingesetzt wurde, in der Luft mit einem seiner Ziele kollidierte. Die anschließende harte Landung beschädigte das Heck, und kurz darauf entzündeten die Abgase das Gras, sodass die Besatzung den Hubschrauber verlassen musste.

AH-64D „Longbow“/ AH-64E „Guardian“ (1986)

Auch mehr als 40 Jahre nach seiner Einführung setzt der AH-64 „Apache“ noch Maßstäbe im Bereich der Kampfhubschrauber und war während eines Großteils des 21. Jahrhunderts fast ununterbrochen im Fronteinsatz.

Schutz der Besatzung
Der AH-64 ist so konstruiert, dass er die Besatzung bei vertikalen Stößen von bis zu 12,8 m/s schützt. Dies würde einer Belastung der Crew von 37 g entsprechen, allerdings dämpfen die Konstruktion des Fahrwerks und der Schiebesitze sie auf überlebensfähige 13 g ab.

TADS & PNVS
Der untere Behälter beherbergt das Zielerfassungssystem (Target Acquisition and Designation System – TADS), das aus Tag- und Nachtkameras sowie einem Laser besteht. Darüber befindet sich das Nachtsichtsystem (Pilot's Night Vision System – PNVS), mit dem Infrarotbilder auf die am Helm montierten Displays projiziert werden.

Das Aufkommen der sowjetischen Schulter-SAM SA-7 Grail Ende der 1960er-Jahre führte zu einer Neubewertung der Anforderungen an Hubschrauber durch die U.S. Army. Um zu überleben, mussten diese in geringer Höhe fliegen, um die Wahrscheinlichkeit eines Angriffs zu minimieren. Dies führte zur Streichung des AH-56A „Cheyenne“, der für den Einsatz in mittlerer Höhe zur Feuerunterstützung konzipiert war, und zur Einführung des Advance-Attack-Helicopter-(AAH-) Programms im Jahr 1972. In der Ausschreibung forderte die Army einen Hubschrauber, der mit einer Geschwindigkeit von 270 km/h fliegen konnte, in der Lage war, acht TOW-Raketen zu transportieren, und eine Flugdauer von 1,9 Stunden erreichen konnte. Um die Anforderungen an die Manövrierfähigkeit zu erfüllen, musste der Hubschrauber G-Kräfte von +3,4 bis –1,5 aushalten und gleichzeitig stark genug sein, um Treffern von panzerbrechenden Geschossen mit einem Kaliber von 12,7-mm standzuhalten und nach einem Treffer durch ein 23-mm-Flugabwehrgeschoss flugfähig zu bleiben. Der SAM-Bedrohung sollte durch Minimierung der Infrarotsignatur und den Einsatz von Chaff- und Flare-Gegenmaßnahmen begegnet werden.

Unten: Die Abbildung zeigt die vierte Entwicklungsstufe des AH-64D „Longbow Apache“, der am 4. Oktober 1993 seinen Erstflug absolvierte und an Versuchen und Tests in Mesa, Arizona, beteiligt war.

Wenn dies nicht ausreichte, sollte die Besatzung vor einem Aufprall mit 48 km/h geschützt werden, was einem vertikalen Aufprall mit 12,8 m/s bei 28 km/h entspricht. Lockheed, Boeing, Bell, Sikorsky und Hughes Helicopters reichten alle Angebote ein, wobei Bell und Hughes ausgewählt wurden, um im Juni 1973 mit dem Flugbetrieb von Prototypen fortzufahren. Beide Unternehmen flogen ihre ersten Modelle im September 1975, doch während die Test- und Evaluierungsflüge noch im Gange waren, fügte die Army Anfang 1976 eine zusätzliche Anforderung hinzu – die Integration der Hellfire-Rakete. Mit ihr konnten Ziele in einer Entfernung von über 6 km bekämpft werden, mehr als doppelt so weit wie mit dem TOW-System. Die Tatsache, dass sich dadurch der Auswahlprozess um fünf Monate verzögern würde, hielt man angesichts der damit verbundenen Leistungssteigerung für einen akzeptablen Preis.

Am 10. Dezember 1976 wurde Hughes mit dem AH-64 zum Gewinner des AAH-Wettbewerbs erklärt, wobei der Name „Apache“ erst Ende 1981 gewählt wurde. Der kantige Helikopter verfügt über ein Tandem-Cockpit für die Besatzung. Dabei sitzt der Pilot hinter dem Copiloten/Schützen, nur 60 cm vom Hauptrotormast entfernt. Unterhalb der Nase befindet sich das Zielerfassungssystem TADS mit einer Infrarotkamera und einer monochromen Tageslichtkamera für den Copiloten/Schützen. Über der Nase ist das Pilot’s Night Vision System (PNVS) installiert, das eine Infrarotkamera enthält, deren Bild auf ein am Helm montiertes Display projiziert wird. Die Avionik für diese Systeme befindet sich in den markanten Wangenverkleidungen, die mit den nachfolgenden Modellen gewachsen sind, da zusätzliche Funktionen hinzugefügt wurden.

TADS/PNVS wurde mit der AH-64D-Flotte eingeführt und verfügt über moderne Sensoren mit höherer Auflösung. Unter dem Rumpf befindet sich die 30-mm-Chain-Gun. Diese kann wie das Zielerfassungssystem an die Helmvisiere der Besatzung gekoppelt werden. Im Falle eines Absturzes klappt die Kanone in

Chain-Gun
Unter dem Rumpf befindet sich die 30-mm-Chain-Gun M230E1, die ihren Namen daher hat, dass sie über einen Kettenantrieb verfügt, um die Geschosse vom Magazin zur Kanone zu befördern.

Oben und unten: Dieser AH-64 wurde im Rahmen der Operation Desert Storm als Kampfhubschrauber eingesetzt.

Raketen
In den „Apaches" der U.S. Army kommen auch ungelenkte Hydra-70-Raketen mit einem Durchmesser von 70 mm zum Einsatz Diese werden aus den 19-Schuss-M261-Behältern abgefeuert.

Hellfire
Der „Apache“ kann bis zu 16 Hellfire-Raketen in Vierergruppen transportieren. Je nach Version sind diese entweder lasergesteuert oder werden vom Longbow-Radar des „Apache“ gelenkt.

Technische Daten (AH-64E)

Typ: Kampfhubschrauber

Abmessungen: Länge: 17,73 m; Rotordurchmesser: 14,63 m; Höhe: 3,87 m

Gewicht: 10.433 kg max. Startmasse

Triebwerk(e): zwei General-Electric-T700-GE-701D-Wellenleistungs-Triebwerke (Turboshafts) mit je 1.487 kW

Höchstgeschwindigkeit: 365 km/h

Reichweite: 1.896 km Überführungsreichweite

Dienstgipfelhöhe: 6.100 m

Besatzung: 2

Bewaffnung: eine 30-mm-Maschinenkanone vom Typ M230, Luft-Boden-Raketen vom Typ AGM-114 Hellfire und AGM-65 Maverick, 70-mm-Hydra 70-, CRV- und APKWS-Raketen sowie Luft-Luft-Raketen vom Typ AIM-92 Spike

einen Raum zwischen den Pilotensitzen ein. Die Stummelflügel tragen jeweils zwei Pylone für Außenlasten, wobei der U.S. Army die Befestigung von Sidewinder- oder Stinger-Raketen an den Flügelspitzen vorgeschlagen worden war, aber nie umgesetzt wurde. Der „Apache“ war einer der ersten Hubschrauber mit einem Heckrotor in X-Form, bei der die vier Blätter nicht gleichmäßig verteilt sind. Dies reduziert die Geräuschentwicklung des Rotorsystems, indem der Abstand zwischen den Haupt- und Heckrotorblättern vergrößert und somit die Wechselwirkung zwischen ihren Spitzenwirbeln verringert wird.

Der AH-64A bewährte sich im Golfkrieg 1991, wo 277 Maschinen zum Einsatz kamen und über 500 Panzer, gepanzerte Mannschaftstransporter und andere Fahrzeuge zerstörten. Es gab jedoch auch Mängel: Das Navigationssystem war in seiner Leistungsfähigkeit derart eingeschränkt, dass die „Apaches“, die in der ersten Nacht an Angriffen auf irakische Radaranlagen beteiligt waren, von MH-53-Pave Low-Hubschraubern geführt werden mussten.

Gleichzeitig verfügte das Cockpit über 1.200 Schalter und etliche analoge Anzeigen, was die Arbeitsbelastung des Piloten in der für dieses Modell vorgesehenen Umgebung in geringer Höhe bis an die Grenzen führte. Um diese Probleme zu beheben und zusätzliche Funktionen bereitzustellen, wurde das Modell AH-64D entwickelt. Damit verfügte der Hubschrauber über einen neuen MIL-STD 1553B-Datenbus, neue Prozessoren und ein neues Stromversorgungssystem. Die Cockpits wurden nun auf zwei Multifunktionsdisplays ausgerichtet, die Anzahl der Schalter wurde auf etwa 200 reduziert und die Navigation von einem AN/ASN-157-Doppler-System und einem doppelt eingebetteten GPS übernommen. Alle AH-64D können mit einem AN/APG-78-Longbow-Feuerleitradar über dem Hauptrotor ausgestattet werden. Dieses hat eine Reichweite von 8 km und kann 156 Ziele gleichzeitig klassifizieren und anzeigen, während die Maschine in Deckung bleibt. Noch wichtiger ist jedoch, dass es zur Steuerung von Hellfire-Raketen verwendet werden kann, sodass alle 16 Raketen in schneller Folge abgefeuert werden können. Dies ist ein bedeutender Vorteil gegenüber dem A-Modell, das nur zwei Ziele gleichzeitig angreifen konnte und eine Sichtverbindung zum Ziel erforderte, wodurch es dem feindlichen Feuer ausgesetzt war.

Die D-Variante wurde als neue Serie sowie durch die Überarbeitung von A-Modellen hergestellt, die ersten Exemplare wurden 1997 bei der U.S. Army in Dienst gestellt. Diese Variante war ab 2001 stark an Operationen in Afghanistan und ab 2003 an der Operation Iraqi Freedom beteiligt. In beiden Einsatzgebieten wurde das Longbow-Radar regelmäßig entfernt, um Gewicht zu sparen, da der Feind über keine gepanzerten Fahrzeuge verfügte. Auch D-Modelle der britischen Armee und der Königlich-Niederländischen Luftwaffe nahmen an diesen Operationen teil. Im Jahr 2012 wurde der AH-64D Block III aufgrund der verbesserten Gesamtleistung in AH-64E Guardian umbenannt. Die Reichweite des Feuerleitradars wurde verdoppelt, Link 16 wurde eingebaut, um einen rascheren Informationsaustausch zu ermöglichen, und es besteht die Möglichkeit, UAVs über eine Datenverbindung von L-3 Communications zu steuern. Zudem wurde das Getriebe aufgerüstet, um die höhere Leistung der neuen T700-GE-701D-Triebwerke zu bewältigen. Dies hat in Kombination mit neuen Verbundrotoren zu einer Erhöhung der Reisegeschwindigkeit, der Steiggeschwindigkeit und der Nutzlast geführt. Für eine verbesserte Entscheidungsfindung der Besatzung, wurde ein kognitives Entscheidungshilfesystem (Cognitive Decision Aid System – CDAS) eingebaut, das bei der Verarbeitung der vorliegenden Daten hilft und die Arbeitsbelastung verringert. Da die Unterstützung für den AH-64D demnächst ausläuft, rüsten fast alle Betreiber ihre Hubschrauber entweder auf den Guardian-Standard auf oder kaufen neue Modelle.

Ein AH-64D des 3. Panzer-Kavallerieregiments landet hier im August 2005 auf der Forward Operating Base Sykes in der irakischen Provinz Ninive.

Desert Storm

Am 17. Januar 1991, kurz nach Mitternacht, überquerten acht AH-64A und zwei MH-53J die Grenze zum südlichen Irak. Mithilfe von TADS/PNVS und Nachtsichtgeräten hielten die „Apaches“ Formation mit den MH-53J, deren überlegene Navigationsausrüstung zur Steuerung der gesamten Streitmacht diente. Die AH-64 aktualisierten ihre Dopplersysteme an vorab festgelegten Orten, die von den MH-53 mit chemischen Leuchtmitteln markiert worden waren. Die Mission der als Task Force Normandy bekannten Hubschrauber bestand darin, zwei irakische Radarstationen zu zerstören, damit Kampfflugzeuge unbemerkt in den Westen des Irak vordringen konnten. Um die 1 667 km lange Rundreise ohne Zwischenlandung zum Auftanken bewältigen zu können, trugen die „Apaches“ jeweils einen einzigen 870-Liter-Außenbehälter am rechten Innenpylon sowie acht Hellfire- und 19 Hydra-Raketen. Um 02.38 Uhr, nachdem sie sich in zwei Angriffsformationen aufgeteilt hatten, eröffneten die „Apaches“ das Feuer auf ihre Ziele, die sie zuvor mit ihren Lasern markiert hatten. Während sie zunächst mit Hellfire-Raketen aus einer Entfernung von sechs Kilometern angriffen, beendeten einige Hubschrauber den Angriff aus einer Entfernung von nur 800 m, um ihre Bordkanonen einsetzen zu können. Nach viereinhalb Minuten war der Angriff beendet, und die Radarstationen waren zerstört.

Kamow Ka-50/Ka-52 (1990)

Die Kamow Ka-50 und Ka-52 sind die einzigen Kampfhubschrauber der Welt mit koaxialen Rotoren, sie bieten einen einzigartigen Anblick über dem Gefechtsfeld. Obwohl sie von Russland viel gepriesen werden, hat ihre Leistung im Krieg zwischen Russland und der Ukraine die Erwartungen nicht erfüllt.

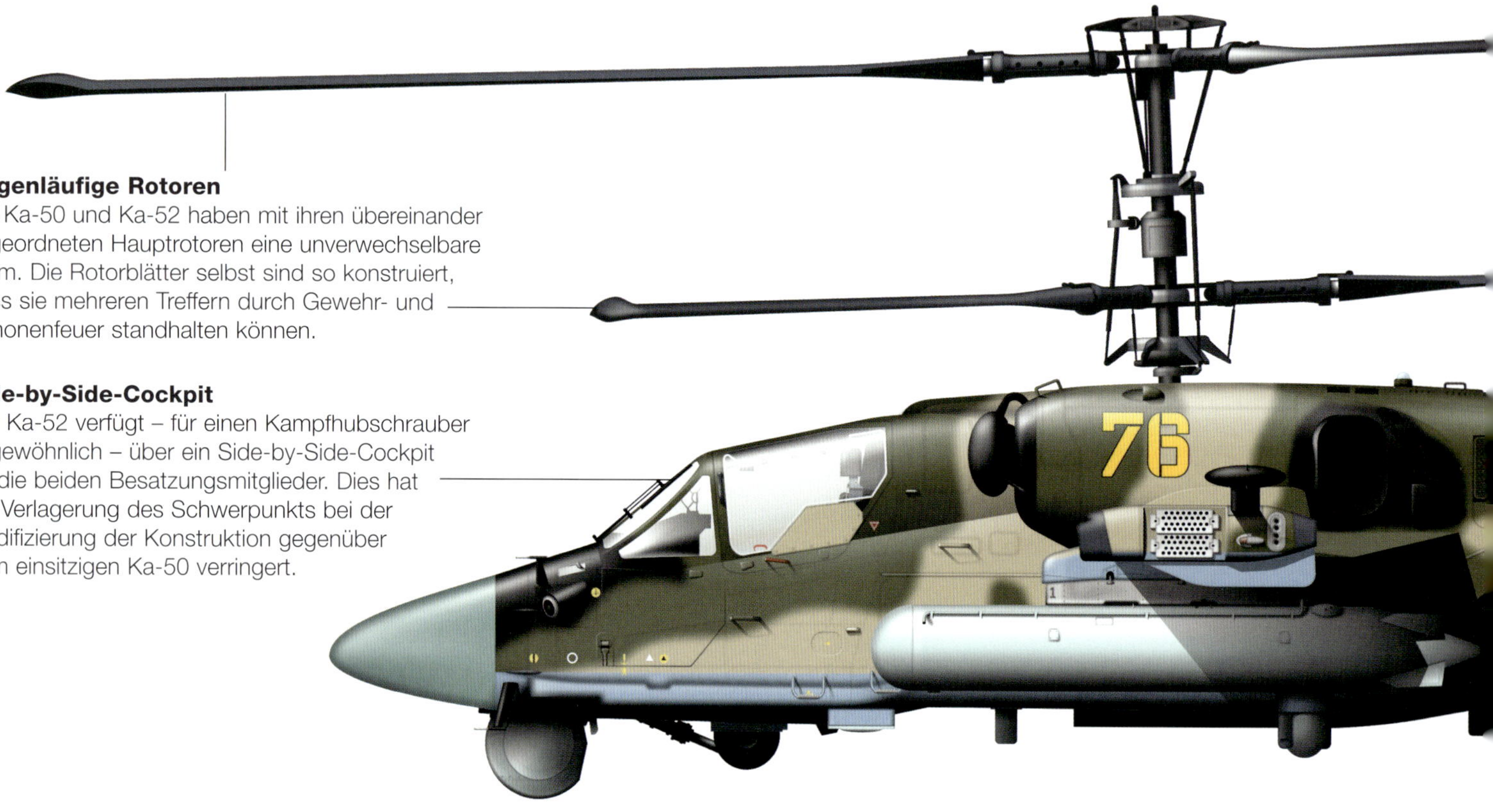

Gegenläufige Rotoren
Die Ka-50 und Ka-52 haben mit ihren übereinander angeordneten Hauptrotoren eine unverwechselbare Form. Die Rotorblätter selbst sind so konstruiert, dass sie mehreren Treffern durch Gewehr- und Kanonenfeuer standhalten können.

Side-by-Side-Cockpit
Der Ka-52 verfügt – für einen Kampfhubschrauber ungewöhnlich – über ein Side-by-Side-Cockpit für die beiden Besatzungsmitglieder. Dies hat die Verlagerung des Schwerpunkts bei der Modifizierung der Konstruktion gegenüber dem einsitzigen Ka-50 verringert.

Oben links und oben rechts: Der Ka-52 „Hokum" ist komplett in Dunkelgrau oder einem etwas trockenen Tarnschema aus Sandbraun und Olivgrün über hellblauer Unterseite lackiert. „76 Yellow" gehört zur 18. Brigade der Heeresfliegertruppe in Chabarowsk Tsentralnyi. „22 Yellow" in der grauen Lackierung stammt vom 319. Unabhängigen Hubschrauberregiment mit Sitz in Tschernigowa.

Im Jahr 1976 gab die sowjetische Regierung eine Anforderung für einen Kampfhubschrauber heraus, der dem AH-64 „Apache" entsprechen sollte, der gerade von der US-Armee angeschafft worden war. Während Mil einen relativ konventionellen Entwurf einreichte, war der von Kamow mit seinem koaxialen Rotorsystem und einer Einmannbesatzung sehr ungewöhnlich. Das Rotorsystem kam bei Marinehubschraubern zwar schon zum Einsatz, die Einmannbesatzung war jedoch ein für Kampfhubschrauber noch ungetestetes Konzept. Es beruhte auf einem Automatisierungsgrad, der sich noch in Entwicklung befand und der die Arbeitsbelastung des Piloten auf ein akzeptables Maß reduzieren sollte. Der Vorteil einer Einmannbesatzung lag in niedrigeren Ausbildungskosten und der Verringerung des Flugzeuggewichts, was zu einer Leistungssteigerung führte.

Das erste Modell flog im Juni 1982, doch obgleich die Tests zunächst gut verliefen, führte der Absturz des ersten Prototyps im Jahr 1985 aufgrund einer Kollision der Rotorblätter bei steilen Manövern zu einer Neukonstruktion des Rotorsystems. Dabei wurde der Abstand zwischen den beiden Rotorscheiben vergrößert und eine Feedbackfunktion in die Steuerung eingebaut, um die Belastung zu erhöhen, wenn die Rotorblätter zu nahe aneinanderkamen. Als die Tests im August 1986 abgeschlossen waren, kam die sowjetische Regierung zu dem Schluss, dass das Muster von Kamow jenes von Mil in Bezug auf Überlebensfähigkeit, Flugeigenschaften und Waffenkapazitäten übertraf. Die Arbeitsbelastung für einen einzelnen Piloten wurde als ähnlich wie die eines Jagdbomberpiloten angesehen und war somit akzeptabel. Mit der Empfehlung, Verbesserungen am Nachtsichtsystem

Heckrumpf
Der Ka-52 ist hinter dem vorderen Rumpf identisch mit dem Ka-50, einschließlich der Triebwerke und des Rotorsystems.

Ruder
Im Gegensatz zu herkömmlichen Hubschraubern weist der Ka-52 ein Ruder auf zur Giersteuerung bei höheren Geschwindigkeiten, bei denen die gegenläufigen Rotoren über weniger Steuerkraft verfügen.

Fahrwerk
Der Ka-52 verfügt über ein einziehbares Fahrwerk, wobei das Hauptfahrwerk nach hinten schwenkbar ist und entlang der Unterseite des Rumpfes verläuft. Es kann bei einer Notlandung große Belastungen aufnehmen.

und an der Piloten-Schnittstelle vorzunehmen, wurde der Hubschrauber für die Serienproduktion freigegeben, die 1990 nach Abschluss weiterer Entwicklungsflüge begann.

Der Ka-50 (NATO-Codename: „Hokum") ist ein kompakter Hubschrauber, kaum länger als seine Rotoren. Durch den Einsatz koaxialer Hauptrotoren kann die gesamte Leistung der beiden Triebwerke für den Auftrieb genutzt werden, während herkömmliche Hubschrauber je nach Flugmodus zehn bis 20 Prozent ihrer Leistung für den Antrieb des Heckrotors benötigen. Aus Gründen der Überlebensfähigkeit sind die Triebwerke auf beiden Seiten des Rumpfes angeordnet, um zu vermeiden, dass beide durch einen einzigen Treffer beschädigt werden. Das Cockpit ist gepanzert, ebenso wie der Raum, in dem sich die Hydrauliksysteme befinden, während die Steuerstangen so weit wie möglich innerhalb der Cockpit-Panzerung angeordnet sind. Das Fehlen eines Heckrotors beseitigt eine Schwachstelle vieler Hubschrauber. Sollte all dies nicht ausreichen, um den Verlust einer Maschine zu verhindern, verfügt der Ka-50 – für einen Hubschrauber ungewöhnlich – über einen Schleudersitz. Bei Aktivierung trennen Sprengladungen die Rotorblätter ab, bevor der Sitz aus dem Cockpit geschossen wird. Eine 30-mm-Kanone vom Typ Schipunow 2A42 ist auf der rechten Seite des Rumpfes montiert, im Gegensatz zu den meisten Kampfhubschraubern muss der Ka-50 allerdings auf das Ziel ausgerichtet werden, was jedoch durch die hohe Gierrate der koaxialen Konstruktion erleichtert wird. Die Kanone kann um 15 Grad im Azimut und um +15 Grad/–30 Grad in der Höhe geschwenkt werden, um präzise zielen zu können, sobald der Hubschrauber in die richtige Richtung zeigt. Die breiten Tragflächen tragen jeweils zwei Pylone für Raketen oder Bomben, und Luft-Luft-Raketen vom Typ SA-18 Grouse können unter den ECM-Pods an den Flügelspitzen mitgeführt werden.

Ka-52 „Alligator"

Die Arbeiten an den ersten Serienhubschraubern begannen zwar bereits 1990, doch die Auflösung der Sowjetunion im folgenden

Ein Ka-50 der russischen Luftstreitkräfte. Die einsitzige Konstruktion war weniger erfolgreich als ursprünglich erhofft.

Jahr brachte das Programm praktisch zum Erliegen. Bis zum Jahr 2000 war nur etwa ein Dutzend Exemplare produziert worden, und Versuche, sie international zu verkaufen, waren erfolglos geblieben. Gleichzeitig arbeitete Kamow an einer zweisitzigen Version, dem Ka-52 „Alligator“ oder „Hokum B“. Dieser war mit den Aufklärungssystemen ausgestattet, die ursprünglich für einen ergänzenden Aufklärungshubschrauber auf Basis der Ka-62-Zelle vorgesehen waren. Ein Arbalet-Radar wurde in einem breiten Radom in der Nase untergebracht, während ein Behälter unter der Nase eine Fernsehkamera, eine Wärmebildkamera und einen Laserdesignator beherbergt. Die beiden Besatzungsmitglieder sitzen nebeneinander in einem breiteren vorderen Rumpf und verfügen beide über Flugsteuerungen. Das Schleudersitzsystem der Ka-50 wurde beibehalten. Das erste Modell wurde durch Modifizierung eines Serien-Ka-50 und den Austausch aller Teile vor dem 18. Rahmen fertiggestellt. Das Cockpit verfügt über vierfarbige Multifunktionsdisplays für Flug- und Missionsinformationen, über denen sich eine Reihe von zentral angeordneten Backup-Fluginstrumenten befindet.

Der Ka-50 kam in begrenztem Umfang im Zweiten Tschetschenienkrieg 2000 bis 2001 zum Einsatz, wo er sich in bergigem Gelände erfolgreich bewährte. Der erste Kampfeinsatz des Ka-52 erfolgte im Syrischen Bürgerkrieg, wo er russische Spezialeinheiten unterstützte sowie Such- und Rettungshubschrauber eskortierte. Bei der Invasion der Ukraine durch Russland wurde der Ka-52 von den russischen Streitkräften intensiv eingesetzt, was jedoch auch zu erheblichen Verlusten führte.

Zwar gab es bei allen russischen Luftstreitkräften Verluste, doch der Ka-52 war mit verschiedenen Schätzungen von 40 bis 60 verlorenen Maschinen oder rund 40 Prozent der Flotte von etwa 130 Maschinen einer der am stärksten betroffenen. Im Vergleich dazu gab es insgesamt etwa 14 Verluste beim Mi-28N, der

Technische Daten (Ka-52)

Typ: Kampfhubschrauber

Abmessungen: Länge: 15,96 m; Rotordurchmesser: 14,5 m; Höhe: 4,93 m

Gewicht: 11.300 kg max. Startmasse

Triebwerk(e): zwei Klimow-VK-2500-Wellenleistungs-Triebwerke (Turboshafts) mit je 1.800 kW

Höchstgeschwindigkeit: 350 km/h

Reichweite: 455 km

Dienstgipfelhöhe: 5.000 m

Besatzung: 2

Bewaffnung: eine 30-mm-Kanone vom Typ Schipunow 2A42, bis zu 2.000 kg Munition, darunter AT-16-Panzerabwehrraketen, LMUR-Luft-Boden-Raketen, SA-18-Grouse-Luft-Luft-Raketen, S-8- und S-13-Raketen sowie 250-kg- oder 500-kg-Bomben

Ein Ka-50 aus früher Produktion im Flug. Die komplett schwarze Lackierung wurde häufig bei frühen Modellen verwendet, die für Test- und Bewertungszwecke eingesetzt wurden. Bei den in Dienst gestellten Hubschraubern wurde sie durch verschiedene Tarnlackierungen ersetzt.

eine ähnliche Rolle erfüllt und dessen Flottengröße vergleichbar ist. Die hohe Verlustrate ist zumindest teilweise auf die Anfälligkeit des Koaxialrotorsystems zurückzuführen. Wenn die Rotorblätter beschädigt werden, verändert sich ihre Flugbahn, wodurch sie sich der anderen Rotorscheibe nähern können und es bei steilen Manövern zu einer Kollision der Rotorblätter kommen kann.

Kamow hat einige Verkaufsversuche im Ausland unternommen, etwa in Südkorea, und ein Angebot für den türkischen Bedarf erstellt, das jedoch zu einer komplett neu gestalteten vorderen Rumpfpartie mit Tandemsitzen führte. Bislang haben nur Russland und Ägypten offiziell diesen Typ (Ka-52 „Nile Crocodile") gekauft, der mit französischer Avionik und zusätzlicher Kühlung ausgestattet ist.

Einschränkungen der Koaxialrotoren

Zwar ermöglichen es die Koaxialrotoren der „Hokum"-Familie, die gesamte Motorleistung für den Auftrieb zu nutzen, aber diese Anordnung hat auch Nachteile. Hubschrauber manövrieren durch Neigen ihrer Rotorscheiben. Da sich die beiden Rotorsätze in entgegengesetzte Richtungen drehen, ist der Neigungswinkel bei diesem System jedoch nicht identisch. Dies kann dazu führen, dass sich die beiden Scheiben bei steilen Manövern überlappen, was fatale Folgen haben kann. Der Ka-50/52 wurde so konstruiert, dass die Wahrscheinlichkeit dafür minimiert wird, aber Einsätze unter Kampfbedingungen können Flüge außerhalb der Auslegungsgrenzen erfordern. Gleichzeitig kann die Beschädigung eines Rotorblatts dazu führen, dass es bis zu 1,5 m aus der Drehebene herausschlägt, wodurch der Abstand zur anderen Scheibe erheblich verringert wird. Während das Fehlen eines Heckrotors eine der Achillesfersen herkömmlicher Hubschrauber beseitigt, führen die Steuerverbindungen für ein koaxiales System zu einer neuen Schwachstelle. Denn jede Beschädigung erhöht hier wiederum die Gefahr eines Zusammenstoßes der beiden Rotoren, selbst wenn der Hubschrauber bis zu einem gewissen Grad unter Kontrolle bleibt.

AgustaWestland AW101 (1999)

Ursprünglich als Hubschrauber für die U-Jagd entwickelt, der den „Sea King“ ersetzen sollte, wird der AW101 „Merlin“ heute von Betreibern auf der ganzen Welt für eine Vielzahl von Aufgaben eingesetzt, darunter VIP-Transport, SAR und Minenjagd.

Da man davon ausging, dass der „Sea King“ bis 1987 in der U-Boot-Bekämpfung (Anti-Submarine Warfare – ASW) veraltet sein würde, führte die Royal Navy Mitte der 1970er-Jahre Machbarkeitsstudien durch, um einen Ersatz zu finden. Dies führte 1977 zu einer Anforderung für einen Hubschrauber, der für U-Jagd, Oberflächenaufklärung und -überwachung, vertikale Nachschubversorgung, Search and Rescue (SAR) sowie den taktischen Transport von Kommandos geeignet sein sollte. Die Spezifikationen sahen eine Reisegeschwindigkeit von 140 Knoten und eine Flugdauer von vier Stunden in einer Entfernung von 90 km vom Mutterschiff vor. Zu den Sensoren für die U-Jagd gehörten ein 360-Grad-Scanning-Radar, ein Sonarbojenwerfer mit Auswerteeinheit und ein Tauchsonar, während vier Sting-Ray-Torpedos für die Schlagkraft sorgen sollten. Für die Kommando-Rolle war die Beförderung von mindestens 20, vorzugsweise 34 Soldaten in Arktis-Bekleidung oder einer internen Ladung von 3.200 kg über einen Aktionsradius von mindestens 185 km erforderlich. Dafür benötigte man einen Hubschrauber mit einer Gesamtmasse von etwa elf Tonnen, der in einen Fregattenhangar mit einer maximalen Gesamtgröße von 15,8 m x 5,5 m und einer Höhe von 5,2 m passen musste, was in etwa der Größe von zwei nebeneinander geparkten Doppeldeckerbussen entspricht.

Da die Kosten für die Entwicklung des Hubschraubers im Alleingang unerschwinglich waren, suchte Großbritannien nach

Cockpit
Obwohl der „Merlin“ für den Betrieb durch nur einen Piloten ausgelegt ist, wird er fast immer von zwei Piloten geflogen. In den ASW-Versionen befinden sich die Konsolen des Beobachters und des Aircrewman in der vorderen Kabine neben dem Cockpit, hinter ihnen ist das Tauchsonar untergebracht.

AFCS
Das automatische Flugsteuerungssystem (Automatic Flight Control System – AFCS) des AW101 unterstützt die Stabilisierung des Hubschraubers im manuellen Flugbetrieb und kann außerdem automatisch Suchmuster fliegen sowie den Hubschrauber in den Schwebeflug und wieder heraus manövrieren, um das Sonargerät abzusenken.

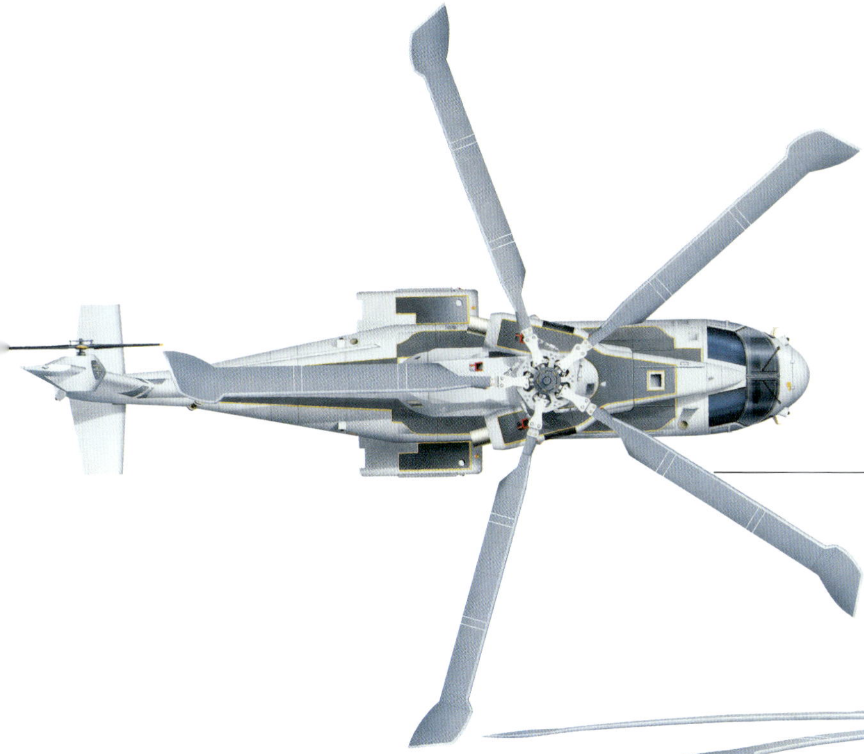

Rotoren
Der Hauptrotor verfügt über Verbundblätter mit Paddelspitzen, um das Auftreten eines Strömungsabrisses am rücklaufenden Blatt zu reduzieren. Dieser tritt auf, wenn die Vorwärtsgeschwindigkeit des Hubschraubers den Luftstrom über dem rücklaufenden Blatt unter dessen Abreißgeschwindigkeit reduziert.

Heck
Für die Lagerung an Bord eines Schiffes kann das Heck des AW101 um 180 Grad nach vorne geklappt werden. Diese Funktion wurde bei den Merlin-HC3-Hubschraubern nachgerüstet, die im Rahmen ihrer Aufrüstung auf den HC4-Standard von der RAF an die Royal Navy übergeben wurden.

Radar
Der AW101 kann mit einem 360-Grad-Radar unter dem vorderen Rumpf ausgestattet werden. Beim Merlin der Royal Navy handelt es sich dabei um das Überwachungsradar Blue Kestrel 5000. Einige Betreiber haben sich stattdessen für ein nach vorne gerichtetes Radar entschieden, das an der Nase angebracht ist.

Links: Zur Entwicklung der Avionik für den „Merlin“ HM Mk.1 der Royal Navy wurde PP5, der fünfte EH101-Vorserienprototyp und vierte von Westland gebaute Hubschrauber, verwendet.

einem internationalen Kooperationspartner. Im Jahr 1979 wurde eine Absichtserklärung mit Italien unterzeichnet, da beide Länder einen Bedarf für einen Hubschrauber sahen, der größer sein sollte als der NH90. Daraus ergab sich im Juni 1980 die Gründung der European Helicopter Industries (EHI), wobei ein Tippfehler dazu führte, dass die Bezeichnung EHI01 für den resultierenden Hubschrauber zu EH101 wurde. Die Konstruktion des Hubschraubers basierte weitgehend auf der Designstudie WG.34 von Westland, während der Projektdefinitionsphase flossen auch Beiträge von Agusta aus Italien ein. Der Hubschrauber weist eine konventionelle Konfiguration mit einem fünfblättrigen Hauptrotor und einem vierblättrigen Heckrotor auf. Die Hauptrotorblätter basieren auf dem British Experimental Rotor Programme (BERP) mit vergrößerten, spatenartigen Spitzen. Dies ermöglicht höhere Fluggeschwindigkeiten, wobei die kritische Machzahl erhöht wird, also der Punkt, an dem der Luftstrom über einem Tragflügel Überschallgeschwindigkeit erreicht. Die Leistung wird von drei Triebwerken geliefert – je nach Kundenwunsch entweder

Ein „Merlin" HC Mk.4 der Royal Navy startet hier Anfang 2024 von der USS Bataan im östlichen Mittelmeer. Der HC Mk.4 verfügt über eine hintere Laderampe für den Zugang zur Kabine, wobei die Aufrüstung vom Mk.3-Standard eine vollständige Marinisierung und eine Avionik-Aufrüstung umfasste.

Technische Daten („Merlin" HM Mk.2)

Typ: U-Jagd-, SAR- und Transporthubschrauber

Abmessungen: Länge: 22,8 m; Rotordurchmesser: 18,59 m; Höhe: 6,6 m

Gewicht: 14.600 kg max. Startmasse

Triebwerk(e): drei Rolls-Royce-Turbomeca-RTM322-01-Wellenleistungs-Triebwerke (Turboshafts) mit je 1.566 kW

Höchstgeschwindigkeit: 309 km/h

Reichweite: 1.390 km

Dienstgipfelhöhe: 4.575 m

Besatzung: 4

Bewaffnung: ein 12,7-mm-M3M-Maschinengewehr, vier Sting-Ray-Zielsuch-Torpedos, Mk.11-Wasserbomben

RTM 322 oder T700 –, wobei das dritte Triebwerk hinter dem Hauptrotorgetriebe und der Einlass links neben dem Rotormast montiert ist.

Das Glascockpit verfügte ursprünglich über acht Multifunktionsdisplays, die jedoch im Zuge der Modernisierung der Flotte der Royal Navy auf fünf größere Bildschirme auf dem Hauptpanel reduziert wurden, wobei zwei weitere Touchscreens auf der Mittelkonsole eine Reihe von Schaltern ersetzen. Die Zelle besteht aus einer Mischung aus Aluminiumlegierung und Verbundwerkstoffen, wobei das Heck vollständig aus Verbundwerkstoffen gefertigt wird, während der Rumpf über einen Metallrahmen verfügt, der mit Verbundwerkstoffplatten mit Legierungsbeschichtung verkleidet ist. Zwar handelt es sich beim „Merlin" um einen großen Hubschrauber, jedoch hat die Anforderung, bei einem Seegang von bis zu 6 auf einer Fregatte landen zu können, dazu geführt, dass er sehr wendig ist.

Wenngleich das erste Vorserienmodell im Oktober 1987 flugfähig war, verlief die Entwicklung nicht reibungslos. Der Absturz von zwei Vorserienmodellen Anfang der 1990er-Jahre führte zu einer Neukonstruktion, wodurch sich der Start verzögerte.

Erst 1997 wurde das erste Serienmodell an die 700M-Teststaffel der Royal Navy ausgeliefert, etwa zehn Jahre später als ursprünglich vorgesehen. Die erste operative Staffel – 814 NAS – wurde schließlich im Juni 2000 einsatzbereit. Zu diesem Zeitpunkt war die ursprüngliche Anforderung der Royal Navy von 66 „Merlin“ HM Mk.1 aufgrund des Endes des Kalten Krieges auf 44 reduziert worden. Die Maschinen der italienischen Marine wurden 2001 in Dienst gestellt, im selben Jahr, in dem die RAF den Betrieb der Truppentransportversion HC Mk.3 aufnahm, die zunächst den Wessex ersetzte.

Die „Merlins“ der Royal Navy und der RAF wurden intensiv im Persischen Golf, im Irak und in Afghanistan eingesetzt, wobei für diese Gebiete eine Reihe von Fähigkeiten hinzugefügt wurden. Dazu gehörten ein AN/AAR-57-Raketenwarnsystem, AN/ALQ-157-Infrarot-Störsender sowie AN/ALE-47-Chaff- und Flare-Werfer. Außerdem wurden vier elektrooptische Wescam-MX-15-Systeme für den Einsatz in den „Merlin“ HM Mk.1 angeschafft. Bei Bedarf können die Hubschrauber der Marine durch Entfernen der Sonarausrüstung zu Transportmaschinen umgerüstet werden, wodurch Platz für Passagiersitze und Krankentragen geschaffen wird. Im Jahr 2014 begann die Überführung der „Merlin“-Mk.3-Transportmaschinen der RAF zur Commando Helicopter Force der Royal Navy, die inzwischen auf den Mk.4-Standard aufgerüstet wurden. Dabei wurden Klappflügel und das Cockpit der aufgerüsteten Mk.2-ASW-Helikopter für die bessere Schiffsintegration hinzugefügt.

Die Notwendigkeit dreier Triebwerke

Die Verwendung von drei Triebwerken erhöhte zwar die Komplexität der Konstruktion, war jedoch die pragmatischste Lösung, um die Anforderungen an Größe und Gewicht zu erfüllen. Mit einer Gesamtmasse, die um ein Drittel größer ist als die eines „Sea King“, aber dem gleichen Rotordurchmesser (um in Schiffshangars zu passen), sind etwas mehr als 50 Prozent mehr Leistung für die identischen Hover-Eigenschaften erforderlich. Dies hätte zwar mit zwei Triebwerken erreicht werden können, aber zum Zeitpunkt des Programmstarts gab es nichts Passendes auf dem Markt, und die Entwicklung eines leistungsstärkeren Triebwerks hätte zusätzliche Kostenrisiken für das Programm mit sich gebracht. Daher wurden drei RTM-322 oder CT7 für den Antrieb des EH 101 ausgewählt, wobei die Getriebeentwicklung von Fiat Aviazione für Agusta geleitet wurde. Dies ermöglicht auch eine größere Redundanz, da jedes Triebwerk ein unabhängiges Hydrauliksystem und eine eigene elektrische Anlage antreibt. Außerdem bietet diese Auslegung eine viel größere Leistung bei Ausfall eines Triebwerks als ein zweimotoriger Hubschrauber, was die Sicherheitsmarge beim Schlechtwetterbetrieb weit entfernt vom Festland erhöht.

AW101 der Royal Navy vom Geschwader 845 lassen ihre Triebwerke auf dem Deck eines Flugzeugträgers warmlaufen.

Obwohl das Hauptziel des EH-101-Programms der Ersatz von U-Jagd-Hubschraubern war, hat die Anforderung, den „Sea King“ auch in seinen weiteren Funktionen zu ersetzen, zu einem leistungsfähigen Transport- und SAR-Hubschrauber geführt. Im Gegensatz zur „Black Hawk“-Familie bietet die Kabine Stehhöhe und kann 30 Soldaten, eine interne Nutzlast von drei Tonnen oder eine Unterlast von 5,5 Tonnen transportieren. Tatsächlich entfiel der Großteil der Auslandsverkäufe auf spezielle SAR-Hubschrauber, wobei Kanada, Norwegen und Portugal sie ausschließlich für diesen Zweck erwarben, während Dänemark über eine gemischte SAR- und taktische Transportflotte verfügt. Polen und Japan haben ebenfalls Marine-„Merlins“ erstanden, Polen für die ASW-Rolle, während Japan sie für die Rolle der luftgestützten Minenbekämpfung (Airborne Mine Countermeasure – AMCM) als Ersatz für die MH-53E ausgewählt hat. Zu diesem Zweck sind sie mit dem AQS-24A-Minenjagdsystem, dem AN/AES-1-Luftminensuchsystem und der Fähigkeit zum Schleppen eines Mk.104-Akustik-Minenräumgeräts ausgestattet. AW101 (der Name wurde im Jahr 2000 bei der Fusion von Agusta und Westland geändert) sind auch auf dem VIP-Markt beliebt, etwa in Saudi-Arabien, Algerien oder Turkmenistan.

Bell-Boeing V-22 „Osprey“ (2007)

Nach fast 20 Jahren Entwicklungszeit ist der V-22B „Osprey“ ein einzigartiges Transportmittel, das die Geschwindigkeit und Reichweite eines Flächenflugzeugs mit den Start- und Landefähigkeiten eines Hubschraubers verbindet.

Kabine
Die Kabine des „Osprey“ ist 6,35 m lang, 1,72 m breit sowie 1,68 m hoch und hat eine Kapazität von neun Tonnen oder 24 Soldaten.

Triebwerk
Das ursprünglich von Allison vor der Übernahme durch Rolls-Royce entwickelte T406 basiert auf dem T56-Turboprop-Triebwerk, das in der P-3 und der C-130 zum Einsatz kommt.

Cockpit
Das Cockpit des V-22 ist mit farbigen Multifunktionsdisplays ausgestattet und für die Bedienung durch zwei Piloten ausgelegt, während je nach Mission bis zu zwei Lademeister in der Kabine arbeiten.

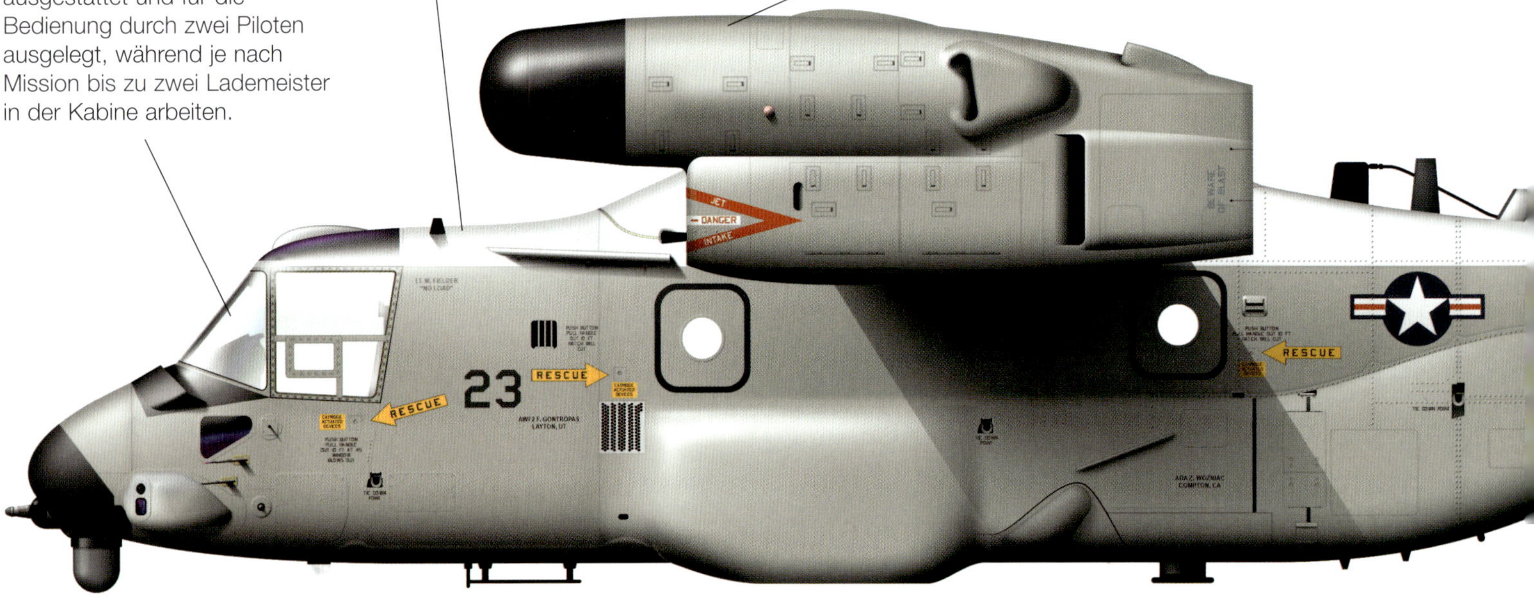

Obwohl der Bell-Boeing V-22 nicht das erste Fluggerät mit Kipprotor ist, war er doch der erste im operativen Dienst. Die Anforderungen an den Hubschrauber wurden nach dem Scheitern der Geiselbefreiungsaktion im Iran im Jahr 1980 entwickelt. Diese war unter anderem deshalb so katastrophal ausgegangen, weil die Rettungshubschrauber auf dem Boden einer provisorischen Landebahn betankt werden mussten. Benötigt wurde ein Fluggerät mit der Geschwindigkeit und Reichweite eines Transportflugzeugs, das jedoch wie ein Hubschrauber starten und landen konnte. Aufgrund des Interesses aller vier US-Teilstreitkräfte wurde im Dezember 1981 ein Programm ins Leben gerufen, aus dem sich die Army jedoch im folgenden Jahr aufgrund von Bedenken hinsichtlich der Finanzierbarkeit zurückzog. Mehrere Hersteller bekundeten ihr Interesse, aber das einzige Angebot kam von einem gemeinsamen Team von Bell und Boeing Vertol und basierte auf dem Bell XV-15, der 1977 seinen Erstflug absolviert hatte. Die vollständige Entwicklung begann 1986, und drei Jahre später, im März 1989, flog der erste Prototyp. Im folgenden Monat stellte der Verteidigungsminister jedoch die Finanzierung des Programms ein, da er Bedenken wegen der steigenden Kosten hatte. Dies sollte sich wie ein roter Faden durch die gesamte Entwicklung des V-22 ziehen, wobei der Kongress die Entscheidung außer Kraft setzte und in diesem Fall die weitere Finanzierung genehmigte. Während die Tests zunächst reibungslos verliefen, führte der Absturz des fünften Prototyps im Jahr 1992 vor den Augen von Vertretern des Verteidigungsministeriums aufgrund eines Brandes im rechten Triebwerk zu einer elfmonatigen Flugsperre. Während dieser Zeit wurde die Konstruktion grundlegend überarbeitet, unter anderem durch den Einbau einer Titan-Brandschutzwand und einer Gondelentwässerung, um die Ansammlung von brennbaren Flüssigkeiten aus Leckagen zu verhindern.

Der „Osprey“ ähnelt weitgehend den meisten mittelgroßen Transportflugzeugen, mit einem kastenförmigen Rumpf und einer Laderampe am Heck des Frachtraums sowie Schwimmern für das Hauptfahrwerk. Die Auslegung als Hochdecker ist ebenfalls typisch, der größte Unterschied besteht jedoch in der Positionierung der beiden großen Triebwerksgondeln an den Flügelspitzen und der Verwendung überdimensionaler Propeller, die beim „Osprey“ als Proprotor bezeichnet werden. Sie sind zu groß, um am Boden vollständig nach vorne gekippt zu werden, und entscheidend für die einzigartigen Fähigkeiten des V-22.

Wenn die Gondeln zwischen 85 und 96 Grad gedreht sind, befindet sich das Flugzeug im Senkrechtstart- oder Senkrechtlandemodus (Vertical Take-off or Landing – VTOL) und funktioniert wie ein Hubschrauber. Mit einem Trimmrad am Gashebel kann der Pilot die Gondeln drehen, den Schub ähnlich wie beim Harrier vektorisieren und in den Vorwärtsflug beschleunigen. Sobald die Gondeln vollständig nach vorne oder in die 0-Grad-Position gedreht sind, verhält sich der „Osprey“ wie ein herkömmliches Flugzeug. Die beiden Triebwerke sind über eine Antriebswelle durch den Flügel miteinander verbunden, sodass jedes Triebwerk beide Proprotoren drehen kann, falls das andere ausfällt. Obwohl in diesem Zustand keine senkrechte Landung mehr möglich ist, kann auf herkömmliche Weise gelandet werden, da die Proprotoren so konstruiert sind, dass sie sich beim Aufprall vom Rumpf lösen. Zur Lagerung an Bord eines Schiffes werden die Proprotoren des V-22 entlang der Triebwerksgondel nach hinten geklappt, woraufhin sich der Hauptflügel um 90 Grad dreht und auf dem Rumpf aufliegt.

Nach zwei tödlichen Abstürzen von V-22B im Jahr 2000 wurde die Flotte stillgelegt und eine vollständige Überprüfung des Programms durchgeführt. Dies führte zu weiteren technischen Änderungen, der Rüge von vier USMC-Mitarbeitern wegen Fälschung von Wartungsunterlagen und einer Überarbeitung der erforderlichen Qualifikationen. Es wurde jedoch auch festgestellt, dass die Konstruktion des Flugzeugs keine grundlegenden Män-

Heck
Das Doppelleitwerk des „Osprey“ reduziert die Gesamthöhe für die Lagerung an Bord von Flugzeugträgern. Außerdem befindet es sich im Nachlauf der Proprotoren, was deren Effektivität erhöht.

Oben: Bell-Boeing CMV-22B „Osprey“ vom Fleet Logistics Multi Mission Squadron 30 (VRM-30, die „Titans“). Hierbei handelt es sich um die Carrier-Onboard-Delivery-(COD-) Variante, die den C2A „Greyhound“ ersetzt.

Unten: Bell-Boeing MV-22B „Osprey“ vom Marine Medium Tiltrotor Squadron 268 (VMM-268, die „Red Dragons“) mit Sitz in Kaneohe Bay, Hawaii.

Proprotoren
Zur Steuerung im Schwebeflug verfügen die Proprotoren über eine Taumelscheibe zur zyklischen Veränderung der Blattneigung, ähnlich wie bei einem Hubschrauber. Beim Übergang in den Vorwärtsflug wird diese Funktion schrittweise ausgekoppelt, bis die Blattneigung bei 220 km/h nur noch kollektiv verändert wird.

Abgasanlage
Um zu verhindern, dass die Hitze der Abgase die Flugdecks beschädigt, wenn der „Osprey“ mit laufenden Triebwerken auf einem Schiff steht, müssen die Gondeln regelmäßig vor- und zurückgeschwenkt werden.

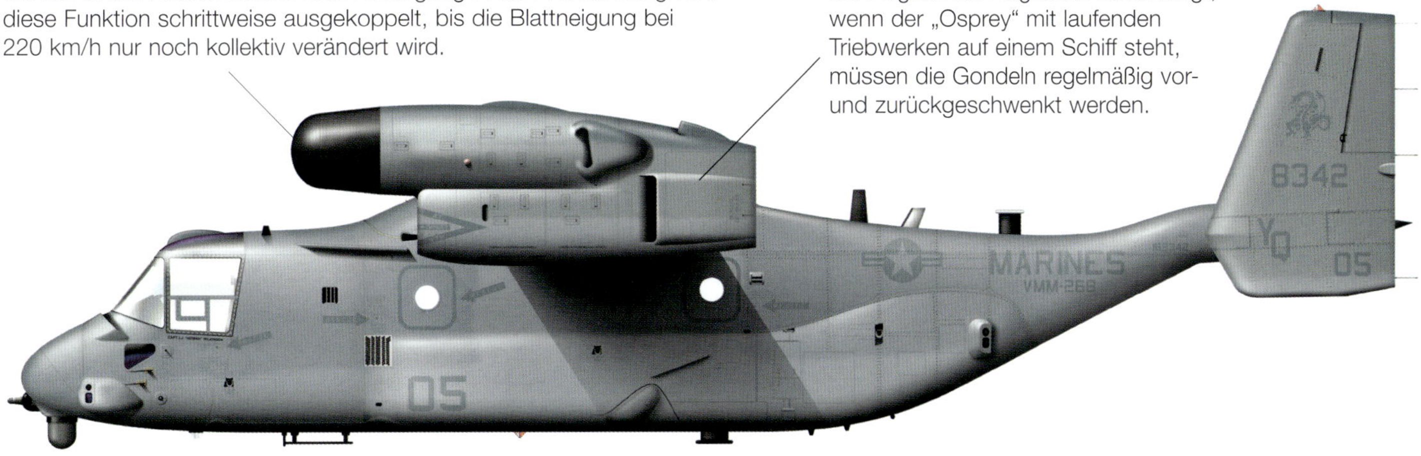

gel aufwies. Die Serienproduktion und der militärische Einsatz wurden schließlich im September 2005 genehmigt, wobei das Marine Medium Tiltrotor Squadron 263 (VMM-263) 2007 als erste operative MV-22B-Osprey-Einheit zum Einsatz kam. Die „Ospreys“ des USMC wurden intensiv im Irak eingesetzt, wo ihre Geschwindigkeit und Reichweite sie zum Transportmittel der Wahl machten.

Bis 2009 wurden „Ospreys“ auch in Afghanistan eingesetzt, wo sie eine ähnliche Wirkung erzielten. Zwar können sowohl der Vorgänger des „Osprey“, der CH-46, als auch der MV-22 nominell 24 Soldaten transportieren, jedoch erreicht der „Osprey“ eine Reisegeschwindigkeit von 445 km/h und ist damit 180 km/h schneller als der CH-46. Tatsächlich war dieser gegen Ende seiner Lebensdauer aufgrund des zusätzlichen Gewichts durch Panzerung und Verteidigungsausrüstung in der Regel auf den Transport von zwölf Soldaten beschränkt. Der „Osprey“ hat außerdem eine Reichweite von 600 km gegenüber den 300 km des CH-46, wodurch er im Wesentlichen doppelt so viel Fracht doppelt so weit und doppelt so schnell bewegen kann wie die Maschine, die er ersetzt hat.

Die USAF nahm 2007 mit dem 58th Special Operations Wing ihren ersten einsatzfähigen CV-22B in Empfang, der 2008 seinen ersten Einsatz hatte und nonstop von Florida nach Mali flog. CV-22 der USAF sind auch in Großbritannien, auf der RAF Mildenhall, sowie in Japan, auf der Yokota Air Base, stationiert. Der CV-22B verfügt über zusätzliche Treibstofftanks in den Tragflächen, ein AN/APQ-186-Geländefolgeradar in der Nase und gerichtete Infrarot-Gegenmaßnahmen. Nachdem drei CV-22B während einer Evakuierungsmission im Südsudan im Jahr 2013 unter Beschuss geraten waren, flog das Flugzeug 800 km weit mit Treibstoff- und Hydrauliklecks. Als Reaktion darauf entwickelte das Air Force Special Operations Command abnehmbare Panzerplatten für den Boden.

Technische Daten (MV-22B)

Typ: Kipprotor-Wandelflugzeug

Abmessungen: Länge: 17,48 m; Spannweite inkl. Proprotoren: 25,77 m; Höhe: 5,0 m

Gewicht: 24.948 kg max. STOVL-Startmasse

Triebwerk(e): zwei Rolls-Royce-T406-AD-400-Wellenleistungs-Triebwerk (Turboshafts) mit je 4.590 kW

Höchstgeschwindigkeit: 565 km/h

Reichweite: 1.628 km

Dienstgipfelhöhe: 7.600 m

Besatzung: 4

Bewaffnung: ein abnehmbares 7,62-mm-Maschinengewehr M240 oder ein 12,7-mm-Maschinengewehr M2 Browning auf der Rampe

Die U.S. Navy hat mit der Anschaffung des CMV-22B als Ersatz für das Transportflugzeug C-2 Greyhound Carrier Onboard Delivery (COD) begonnen. Der „Osprey“ kann zwar nur ähnliche Lasten über eine ähnliche Entfernung transportieren, bietet jedoch den Vorteil, dass er Vorräte direkt an andere Schiffe als Flugzeugträger liefern kann. Die wichtigsten Anpassungen für die COD-Funktion sind zusätzlicher Treibstoff, der in vergrößerten Seitentanks gespeichert wird, Langstrecken-Kommunikationsausrüstung und eine Lautsprecheranlage für den Passagierraum.

Obwohl der „Osprey“ mittlerweile weltweit im Einsatz ist, hat er nach wie vor den Ruf, unsicher zu sein. Seit Beginn seines Einsatzes im Jahr 2007 hat es 14 tödliche Unfälle gegeben, wobei einer davon im Jahr 2023 zu einem viermonatigen Flugverbot führte. Angesichts seiner revolutionären Fähigkeiten können die anhaltenden Probleme des „Osprey“ nicht länger als Kinderkrankheiten entschuldigt werden und haben zweifellos zu seinen begrenzten Auslandsverkäufen beigetragen, wobei die japanischen Bodenselbstverteidigungs-Streitkräfte der einzige Betreiber außerhalb der USA sind.

Ein MV-22B „Osprey“, der dem Marine Medium Tiltrotor Squadron 362 (VMM-362) zugeordnet ist, landet hier inmitten des Pazifischen Ozeans auf der USS Makin Island (LHD 8).

Wirbelringzustand

Bei langsamen Vorwärtsgeschwindigkeiten können Drehflügler beim Sinkflug in die von ihren eigenen Rotoren erzeugte absteigende Luftsäule geraten. In diesem als Wirbelringzustand (Vortex Ring State – VRS) oder „Settling with Power“ bezeichneten Zustand führt das Anheben des Kollektivhebels entgegen der Intuition zu einer Erhöhung der Sinkgeschwindigkeit und kann tödliche Unfälle zur Folge haben. Es wird angenommen, dass dieses Phänomen zu einem der beiden Abstürze der V-22B im Jahr 2000 geführt hat, was eine umfassende Überprüfung des Verhaltens des Flugzeugs bei niedrigen Geschwindigkeiten und hohen Sinkgeschwindigkeiten zur Folge hatte. Dabei kam man zu dem Schluss, dass der „Osprey“ tatsächlich weniger anfällig für VRS ist als herkömmliche Hubschrauber, da dieser Zustand erst bei einer Sinkgeschwindigkeit von 610 m (2.000 ft) pro Minute auftritt, was mehr als doppelt so viel ist wie der Standardgrenzwert des US-Verteidigungsministeriums von 244 m (800 ft) pro Minute. Bei dem Absturz im Jahr 2000 war das Flugzeug mit 670 m (2.200 ft) pro Minute gesunken – also deutlich innerhalb des VRS-Bereichs. Die Untersuchung ergab jedoch auch, dass der „Osprey“ viel leichter aus dem VRS herausgeflogen werden kann als ein herkömmlicher Hubschrauber, indem die Gondeln um 16 Grad nach vorne geneigt werden, wodurch sie innerhalb von Sekunden aus der Sinkluftsäule herauskommen.

NHIndustries NH90 (2007)

Der NH90 entspringt einem ehrgeizigen multinationalen Programm, bei dem viele Spitzentechnologien zum Einsatz gekommen sind. Zwar wurden schon über 500 Hubschrauber bestellt, jedoch gab es erhebliche Anlaufschwierigkeiten, sodass zwei Betreiber den Typ vorzeitig ausgemustert haben.

Das NH90-Programm wurde Mitte der 1980er-Jahre von Vertretern aus Frankreich, der Bundesrepublik, Italien, den Niederlanden und dem Vereinigten Königreich ins Leben gerufen, um den Bedarf der NATO an einem mittelschweren Mehrzweckhubschrauber zu decken. Während das Vereinigte Königreich 1987 ausstieg, gründeten die übrigen vier Länder das Unternehmen NHIndustries, das Ende 1992 einen Konstruktions- und Entwicklungsvertrag mit der NATO Helicopter Management Agency (NAHEMA) unterzeichnete. Die Produktionsfreigabe war für Juni 2000 geplant. Die Absichtserklärung sah einen Hubschrauber vor, der in der Lage sein sollte, in einer Höhe von 0 bis 6.000 m und bei Temperaturen von –40 °C bis +50 °C zu operieren. Dazu gehörten Flüge unter kontinuierlichen Vereisungsbedingungen und bei jedem Wetter.

Um den Einsatz auf See zu ermöglichen, musste das Modell auch unter rauen Seebedingungen einsetzbar sein. Es wurden sowohl ein taktischer Transporthubschrauber (TTH) als auch eine Marineversion (NATO Frigate Helicopter, NFH) auf Basis derselben Grundkonstruktion benötigt. Die Entwicklung verlief relativ schnell: Die Montage des ersten Prototyps begann 1994, und kurz nach dem ersten Testlauf des Bodenprüfmodells wurde der Helikopter im folgenden Jahr vorgestellt. Der Erstflug fand im Dezember desselben Jahres statt, gefolgt von einem Vorführflug

Unten: NH90 TTH T2 der spanischen Armee. Zusätzlich zu den 26 NH90 der Armee betreibt die spanische Luftwaffe zwölf Maschinen für Such- und Rettungsdienste, und die Marine soll sieben weitere für Transportaufgaben erhalten.

Rechts: NH90 TTH der italienischen Armee. Diese unterhält 60 NH90, die sie als UH-90A bezeichnet, und ist damit einer der größten Betreiber des Typs.

Kabelkappsystem
Wie die meisten modernen Hubschrauber ist auch der NH90 mit Kabelschneidemessern ausgestattet, die als letzte Maßnahme gegen Drahtkollisionen bei Flügen in geringer Höhe dienen. Sie befinden sich oberhalb des Cockpits und vor dem Bugfahrwerk.

für Vertreter der vier Partnerländer im Februar 1996 und einer Vorführung auf der ILA in Berlin im Mai desselben Jahres.

Ein wichtiger Meilenstein wurde im März 1997 erreicht, als der zweite Prototyp zum ersten Mal mit Fly-by-Wire-Steuerung flog, wobei der Copilotenplatz weiterhin über ein mechanisches Backup-System verfügte. Der erste Flug ohne mechanisches Backup erfolgte am 12. Dezember 2003, als der dritte Prototyp als erster Hubschrauber überhaupt ausschließlich mit Fly-by-Wire-Steuerung flog. Drei Jahre zuvor hatten die vier Partnerländer bereits den ersten Produktionsauftrag über 366 NH90 erteilt.

Neben dem Verzicht auf mechanische Steuerungen ist der NH90 durch ein Glascockpit gekennzeichnet, das auf fünf Multifunktionsdisplays basiert. Ein Vierachsen-Autopilot entlastet zudem den Piloten, sodass die NFH-Variante mit einer Besatzung von nur einem Piloten, einem taktischen Koordinator und einem Sensoroperator betrieben werden kann. Der Rumpf besteht größtenteils aus Verbundwerkstoffen, wodurch die Anzahl der Teile und damit das Gesamtgewicht reduziert werden konnten. Dies führt zu einer um 30 Prozent höheren Ausdauer im Vergleich zu einer herkömmlichen Metallkonstruktion. Obwohl der NH90 TTH klein genug ist, um in einen Fregattenhangar zu passen oder mit einem A400M transportiert zu werden, bietet seine Kabine Platz für 20 Soldaten oder zwölf Krankentragen, die über die Heckrampe oder die Schiebetüren auf beiden Seiten geladen werden können. NHIndustries gibt an, dass der NH90 aufgrund seiner Außenform und der Verwen-

NH90 TTH der deutschen Bundeswehr bei Truppenübungen mit Soldaten aus Deutschland, den Niederlanden und Norwegen während der NATO-Übung „Noble Jump 23" auf Sardinien

Technische Daten (NH90)

Typ: Mittelschwerer Transport- und U-Jagd-Hubschrauber

Abmessungen: Länge: 16,13 m; Rotordurchmesser: 16,3 m; Höhe: 5,31 m

Gewicht: 10.600 kg max. Startmasse

Triebwerk(e): zwei Rolls-Royce-Turbomeca-RTM322-1/9-Wellenleistungs-Triebwerke (Turboshafts) mit je 1.802 kW

Höchstgeschwindigkeit: 300 km/h

Reichweite: 800 km

Dienstgipfelhöhe: 5.000 m

Besatzung: 3

Bewaffnung: zwei 12,7-mm-M3M-Bordgeschütze, MU90-Torpedos, je nach Betreiber diverse Raketen und Waffenbehälter

dung von Verbundwerkstoffen die niedrigste Radarsignatur seiner Klasse aufweist.

Die Infrarotsignatur wird durch den Einsatz von Schalldämpfern an den Auspuffanlagen der beiden RTM322-Triebwerke minimiert, während ein Raketenabwehrsystem sowie ein Chaff- und Flare-Werfer für den Selbstschutz sorgen. Sollten diese Maßnahmen nicht ausreichen, um Treffer am Hubschrauber zu verhindern, sind alle wichtigen Systeme redundant ausgelegt, und die Besatzung und Passagiere werden durch Panzerungen geschützt.

Die ersten Serien-TTH wurden 2006 an die deutsche Bundeswehr ausgeliefert, die italienische und die australische Armee erhielten ihre ersten Exemplare im folgenden Jahr. Die Niederlande waren 2010 das erste Land, das den NFH erhielt, gefolgt von Italien im Jahr 2011. Auch wenn die Auslieferungen weitgehend planmäßig verliefen, gab es eine Reihe von Bedenken seitens der Kunden, beispielsweise hinsichtlich der Eignung der Kabine für den Transport von Truppen aufgrund der Empfindlichkeit des Bodens, der aus Verbundwerkstoffen besteht.

Noch beunruhigender war jedoch die vorübergehende Stilllegung der australischen TTH-Flotte im Jahr 2010 aufgrund

eines Problems mit den Triebwerken. Die Auslieferungen wurden dennoch fortgesetzt, und 2012 entsandte Italien für taktische Transporte und medizinische Evakuierungen fünf Maschinen nach Afghanistan. Deutschland schickte im folgenden Jahr vier NH90 dorthin.

Probleme mit der Verfügbarkeit von Ersatzteilen und der Wartungsfreundlichkeit haben das gesamte NH90-Programm begleitet. Norwegen bestellte 2001 insgesamt 14 NFHs für seine Marine und Küstenwache, wobei die erste Auslieferung 2011 erfolgte – drei Jahre später als geplant. Bis 2016 wurden weitere fünf Hubschrauber ausgeliefert. Der Support durch NHI und deren Unfähigkeit, Ersatzteile für kritische Komponenten (darunter das ASW-System) bereitzustellen, führten jedoch immer wieder zu Unzufriedenheit bei den Kunden.

Da bis 2022 noch ein Hubschrauber ausgeliefert werden musste und die Flotte im Durchschnitt nur 700 Flugstunden pro Jahr absolvierte, während 3.900 Stunden erforderlich waren, kündigte die norwegische Regierung den NH90-Vertrag und gab ihre Hubschrauber an den Hersteller zurück. Auf der anderen Seite des Globus hatte Australien unterdessen mit ähnlichen Problemen zu kämpfen, darunter eine Flottenstilllegung im Juni 2021 aufgrund fehlender Ersatzteile. Gleichzeitig hatte sich herausgestellt, dass die Hubschrauber für Transportaufgaben ungeeignet waren, da sich der Kabinenboden unter dem Gewicht voll ausgerüsteter Soldaten verformte und die Antennen unter dem Rumpf bei Landungen auf unbefestigten Flächen regelmäßig beschädigt wurden. Kurz nach der Stilllegung im Jahr 2021 bestellte Australien 40 UH-60M „Black Hawks“ als Ersatz für seine gesamte Flotte mittelgroßer Transporthubschrauber, und bis 2023 wurde der NH90 ganze 15 Jahre früher als ursprünglich geplant ausgemustert.

Wenngleich die vorzeitige Ausmusterung der norwegischen und australischen NH90-Flotten einen Rückschlag für das Programm darstellte, scheint die Mehrheit der verbliebenen zwölf Betreiber mit dem Typ zufrieden zu sein. Tatsächlich hat die neuseeländische Luftwaffe eine Einsatzbereitschaftsrate von über 70 Prozent erreicht und war trotz der 2011 spät erfolgten Auslieferung des primären Exemplars die erste, deren Hubschrauber 2.000 Flugstunden erreichte. Mit bisher über 500 gebauten Exemplaren hat der NH90 noch Potenzial, sofern NHI die Probleme hinsichtlich der Zuverlässigkeit und Leistung in den Griff bekommt.

Montage

Der NH90 ist ein echtes multinationales Gemeinschaftsprojekt: Seine Komponenten werden in allen vier Partnerländern hergestellt. Frankreich ist für die Triebwerke, Rotoren, Steuerungen und Avionik zuständig. Deutschland fertigt die vorderen und mittleren Rumpfteile sowie die Kommunikations- und Treibstoffsysteme. Das Heck, die Schwimmer, das Fahrwerk und das Zwischengetriebe werden in den Niederlanden von Fokker hergestellt, während die übrigen Komponenten überwiegend von AgustaWestland in Italien produziert werden. Die Endmontage des Hubschraubers erfolgt in drei Hauptwerken: Cascina Costa in Italien, Marignane in Frankreich und Donauwörth in Deutschland. Darüber hinaus wurden in Spanien und Australien Produktionslinien für die inländische Fertigung ihrer Bestellungen eingerichtet, und die Hubschrauber für Finnland und Schweden wurden ebenfalls in einem einzigen Werk in Finnland montiert. Obwohl allein das französische Werk Berichten zufolge bis zu 22 Hubschrauber pro Jahr produzieren kann, wurde 2014 mit insgesamt 53 fertiggestellten Maschinen über alle Standorte die höchste Produktionszahl erreicht. Im Jahr 2024 lagen noch Aufträge für weitere 90 Hubschrauber vor, mit einem Potenzial für bis zu 100 zusätzliche Maschinen bis zum Ende des Jahrzehnts.

AgustaWestland AW159 „Wildcat“ (2014)

Der AW 159 ist eine Weiterentwicklung des „Lynx“ für das 21. Jahrhundert und stellt gegenüber dem Vorgängermodell einen Quantensprung dar: Er verfügt über fortschrittliche Sensoren, eine verbesserte Überlebensfähigkeit und seit 2021 auch über eine größere Feuerkraft.

Die britische Regierung hatte Mitte der 1990er-Jahre angekündigt, dass die Royal Navy auf eine reine „Merlin“-Flotte umstellen und die kleineren Westland „Lynx“ ausmustern würde, machte diese Entscheidung Anfang der 2000er-Jahre jedoch wieder rückgängig. Glücklicherweise hatte Westland im Rahmen des Projekts „Future Lynx“ weiterhin Entwürfe für überarbeitete Versionen des „Lynx“ entwickelt.

Im Jahr 2023 hatte die britische Royal Navy 34 Hubschrauber vom Typ „Wildcat“ AH Mk.1 im Einsatz.

Cockpit
Durch Federungssitze, die vertikale Stöße absorbieren können, und deutlich größere Türen, die das Verlassen des Hubschraubers im Notfall erleichtern, wurde die Überlebensfähigkeit der Besatzung gegenüber dem Vorgängermodell „Lynx“ erheblich verbessert.

Radar
In den Wildcats für den Marineeinsatz kommt das AESA-Radar „Seaspray“ 7400 zum Einsatz. Das gesamte Array dreht sich und gewährleistet so mit einem einzigen System eine 360-Grad-Abdeckung.

„Sea Venom“
Die „Sea Venom“ wurde als Ersatz für die „Sea Skua“ im Dienst der Royal Navy entwickelt und hat mit einem 30-kg-Sprengkopf eine Reichweite von über 20 km. Die endgültige Zielerfassung durch den Beobachter der „Wildcat“ erfolgt über eine Datenverbindung mithilfe des Infrarot-Suchkopfs.

Im Juli 2002 wurde ein Auftrag für die formelle Bewertung vergeben, wobei Thales mit der Entwicklung der Avioniksysteme betraut wurde. Wenngleich es zwei Anforderungen gab – den Surface Combatant Maritime Rotorcraft (SCMR) für die Royal Navy und den Battlefield Light Utility Helicopter (BLUH) für die britische Armee –, sollten diese letztendlich fast identisch sein. Im März 2005 wurde bestätigt, dass der „Future Lynx“ die bevorzugte Option war, und im folgenden Jahr wurde ein nicht wettbewerbsorientierter Auftrag vergeben. Zu diesem Zeitpunkt war die Armee-Variante als Battlefield Reconnaissance Helicopter (BRH) neu definiert worden, wobei der Nutzaspekt, der eine erhebliche Weiterentwicklung der Zelle erfordert hätte, in den Hintergrund trat. Der ursprünglich auf 70 Flugzeuge ausgelegte Auftrag wurde 2009 auf 28 SCMR und 34 BRH geändert, während der Hubschrauber im April desselben Jahres offiziell den Namen AW159 „Wildcat“ erhielt. Das erste Exemplar flog im November desselben Jahres, das zweite folgte im Oktober 2010.

Der „Wildcat“ ist klar erkennbar vom „Lynx“ abgeleitet, stellt jedoch eine erhebliche Verbesserung dar, wobei einige Komponenten übernommen wurden, insbesondere das Hauptrotorgetriebe, der Rotorkopf und die Hauptrotorblätter. Diese sind mit einem neuen Heckrotorsystem gekoppelt, und die 664 kW starken Rolls-Royce-Gem-Triebwerke wurden durch die 1.015 kW starken LHTEC CTS800 ersetzt, was zu einer deutlichen Leistungssteigerung führte. Dadurch konnte das maximale Startgewicht um 700 kg auf sechs Tonnen erhöht werden, wobei die Konstruktion eine weitere Steigerung während der Lebensdauer des Hubschraubers ohne strukturelle Änderungen ermöglicht. Wie beim „Lynx“ kann der Rotor einen negativen Auftrieb erzeugen, um den Hubschrauber auf einem beweglichen Flugdeck zu halten.

Ein „Wildcat“ HMA Mk.2 nähert sich, um an Bord zu landen. Wie schon der „Lynx“ ist auch der „Wildcat“ in der Lage, bei einem Seegang von bis zu 6 auf kleinen Schiffen zu landen.

Heck
Dank größerer Schiffshangars musste das Heck des Wildcat nicht mehr einklappbar sein. Dadurch konnte eine aerodynamisch effizientere Höhenflosse angebracht werden.

Die Konstruktion der Zelle umfasst monolithische, maschinell bearbeitete Aluminiumplatten, wodurch die Anzahl der Komponenten um bis zu 80 Prozent reduziert werden konnte. Um mehr Platz für Avioniksysteme zu schaffen, wurden die Nase und der hintere Rumpf vergrößert, wobei der Zugang zu Letzterem durch eine Luke auf der linken Seite optimiert wurde. Die neue Höhenflosse verbessert die Flugeigenschaften und beherbergt zugleich konforme Antennen in den vertikalen Flossen. Die Überlebensfähigkeit wurde erheblich erhöht, wobei die Besatzung und die Passagiere nun auf Federungssitzen Platz nehmen. Die optionalen Panzerplatten und ein Kabelkappsystem bieten zusätzlichen Schutz. Die Triebwerkseinlässe sind mit einem Partikeltrennsystem ausgestattet, das verhindert, dass Staub und Schmutz in das Triebwerk gelangen. Dagegen sind die Auspuffanlagen so konstruiert, dass sie die heißen Gase mit dem Abwind des Rotors vermischen, um die Infrarotsignatur zu reduzieren.

Der „Wildcat" HMA Mk.2 der HMS Duncan landet hier Ende 2023 auf der USS Gerald R. Ford im Mittelmeer. Obwohl es sich nicht um einen speziellen Transporthubschrauber handelt, ist die Fähigkeit des „Wildcat", eine begrenzte Anzahl von Personen und Vorräten zu transportieren, für sein Mutterschiff von großem Nutzen.

Technische Daten („Wildcat" HMA Mk.2)

Typ: Hubschrauber für die U-Jagd und die Überwasserseekriegsführung

Abmessungen: Länge: 15,24 m; Rotordurchmesser: 12,8 m; Höhe: 3,73 m

Gewicht: 6.000 kg max. Startmasse

Triebwerk(e): zwei LHTEC CTS800-4N-Wellenleistungs-Triebwerke (Turboshafts) mit je 1.015 kW

Höchstgeschwindigkeit: 311 km/h

Reichweite: 436 km

Dienstgipfelhöhe: 3.657 m

Besatzung: 2

Bewaffnung: ein 12,7-mm-M3M-Maschinengewehr, Martlet- und Sea-Venom-Luft-Boden-Raketen, Sting-Ray-Torpedos und Mk.11-Wasserbomben

Ein AN/AAR-57-Raketenwarnsystem und Vicon-78-Gegenmaßnahmenwerfer sind als Teil einer Verteidigungsausrüstung (Defensive Aids Suite – DAS) integriert. Über der Nase befindet sich ein elektrooptisches System vom Typ Wescam MX-15Di, das Infrarot- und Tageslichtkameras sowie einen Laserdesignator enthält. Die „Wildcats" der Royal Navy sind außerdem mit einem AESA-Radar vom Typ „Seaspray" 7400E unter der Nase ausgestattet. Dieses bietet eine deutlich größere Erfassungsreichweite als das in den 1970er-Jahren in den „Lynx"-Hubschraubern verbaute System. Außerdem ermöglicht es eine weitaus bessere Zielidentifizierung bei geringerer Wahrscheinlichkeit, von gegnerischen Kräften entdeckt zu werden.

Die ersten Serienhubschrauber wurden 2012 an die Armee ausgeliefert, die Royal Navy erhielt ihre Exemplare 2013. Diese Maschinen wurden von den jeweiligen Streitkräften für operative Evaluierungen eingesetzt, bevor sie 2014 bei der Armee und im folgenden Jahr bei der Royal Navy mit einem Einsatz auf der HMS LANCASTER im Südatlantik offiziell in Dienst gestellt wurden. Bis 2017 hatte der „Wildcat“ den „Lynx“ der Royal Navy vollständig abgelöst, und die Armee stellte ihre letzten Exemplare im folgenden Jahr außer Dienst. Im Jahr 2018 unterstützten zwei „Wildcats“ der Maritime Interdiction (MI) Flight der Marine die Special Forces bei der Eroberung der MV GRANDE TEMA, die von blinden Passagieren in der Themse-Mündung gekapert worden war. Seitdem werden die Hubschrauber weltweit eingesetzt, unter anderem bei der British Army in Osteuropa und im Rahmen eines ständigen Einsatzes der Royal Navy im Persischen Golf.

Ein „Wildcat“ der British Army bei einer Übung in Norwegen im Winter

Begrenzte Bewaffnung

Bei seiner Indienststellung konnte der „Wildcat“ HMA Mk.2 nur mit dem 12,7-mm-Maschinengewehr M3M, Sting-Ray-Torpedos und der Wasserbombe Mk.11 bewaffnet werden. Im Jahr 2021 wurde die Luft-Boden-Raketenfähigkeit wieder eingeführt, die mit der Ausmusterung der Kombination „Lynx“/„Sea Skua“ verloren gegangen war. Die von Thales entwickelte leichte Mehrzweckrakete Martlet (LMM) ist eine lasergesteuerte Überschallwaffe mit einem Gewicht von 13 kg und einer Reichweite von 8 km. Obwohl sie in erster Linie zur Bekämpfung kleiner Oberflächenziele wie schneller Küstenangriffsboote gedacht ist, hat sie auch ihre Eignung zur Bekämpfung von UAVs unter Beweis gestellt. Die Raketen werden in versiegelten Rohren transportiert, die in Fünf-Schuss-Werfern geladen werden. Zwei Werfer lassen sich auf jeder Seite an speziellen Waffenflügeln mitführen. Diese können jeweils bis zu 360 kg Auftrieb erzeugen, wodurch der durch die Werfer erzeugte Luftwiderstand ausgeglichen wird, um die Reichweiten- und Ausdaueranforderungen zu erfüllen. Damit auch Ziele bis zur Größe einer Korvette bekämpft werden können, wird der HMA Mk.2 zusätzlich mit der MBDA „Sea Venom“ mit einer Reichweite von 20 km und einem 30-kg-Sprengkopf ausgerüstet. Im Gegensatz zur „Martlet“ verfügt diese Rakete über ein Trägheitsnavigationssystem mit einem Infrarot-Suchkopf für die Endphasenlenkung. Zudem ist es möglich, das Startflugzeug über eine Datenverbindung zu steuern, um die Zielauswahl und den Aufschlagpunkt zu bestätigen. Bis zu vier „Sea Venoms“ oder eine Mischung aus zehn „Martlets“ und zwei der größeren Raketen können mitgeführt werden.

Bislang waren die Exportverkäufe des „Wildcat“ begrenzt, insbesondere im Vergleich zum Erfolg des „Lynx“. Bis 2024 haben nur die südkoreanische und die philippinische Marine die Seevariante gekauft, in beiden Fällen mit dem zusätzlichen Thales-FLASH-Tauchsonar für ASW-Operationen und der Spike-NLOS-Lenkrakete.

Starrer Rotor

Hubschrauberrotorköpfe müssen den Rotorblättern Bewegungen in drei Achsen ermöglichen: Schlagbewegung (Flapping), wobei sie sich entsprechend der erzeugten Auftriebskraft auf und ab bewegen; Schwenkbewegung (Lagging), wobei sie sich entsprechend der resultierenden Widerstandskraft vor und zurück bewegen; und Einstellwinkeländerung (Feathering), wobei sie sich entsprechend den Steuerbewegungen um ihre Längsachse drehen, um die erzeugte Auftriebskraft zu verändern. Bei einem herkömmlichen Hubschrauber wird diese Bewegung durch physische Gelenke ermöglicht, die als Reaktion auf Steuerbewegungen eine gewisse Verzögerung verursachen. Um die Reaktionsfähigkeit zu verbessern und Landungen auf kleinen Schiffen bei hohem Seegang zu ermöglichen, hat Westland einen starren Rotorkopf für den „Lynx“ entwickelt, der auch beim „Wildcat“ zum Einsatz kommt. Dieser besteht aus einem gefrästen Titankopf, der nur über Feathering-Gelenke verfügt. Flapping und Lagging werden durch die Biegung des Titans und der Blätter selbst ermöglicht. Dies ist nicht nur mechanisch einfacher und wartungsärmer, sondern reduziert auch die Verzögerung erheblich, sodass der Hubschrauber fast augenblicklich auf die Steuerbefehle des Piloten reagiert.

Index

Kursiv gedruckte Seitenzahlen beziehen sich auf Bildunterschriften.

BILDNACHWEISE

Alamy: 76 (Newscom), 117 & 119 (Stocktrek Images), 145 (Imago), 193 (Stocktrek Images)

AgustaWestland: 216, 217

Creative Commons Attribution-Share Alike 4.0 International License: 75 (Alert5)

Dreamstime: 7 (Phuong D Nguyen), 20 (Viewside), 21 (Aarrows), 28 & 29 (Jozsef Soos), 44 (Ninlawan Donlakkham), 49 (VanderWolfimages), 57 oben (Evren Kalinbacak), 57 unten (Umair Sharif), 71 (Vishwa Kiran), 72 & 73 (Ninlawan Donlakkha), 79 (Aarrows), 99 oben (Ra3rn), 107 (Oksana Gracheva), 115 oben (Anton Starikov), 127 (Ninlawan Donlakkham), 149 (Igor Dolgov), 179 unten (Peter Lovas), 195 (Ilya Oslyakov), 202 & 203 oben (Milkagenka), 203 unten (Mikhail Blajenov)

Dreamstime/Artyomanikeev: 59, 61, 115 unten, 125, 134, 140, 148

Eurofighter: 53

Getty Images: 25 (AFP), 77 & 160 (VCG)

Lockheed Martin: 67 (Michael Jackson), 69 (David Drais)

NATO: 214 (Cpl [OR-4] Martin Glinker, DEU-A)

Shutterstock: 36 (Samuel Lam), 45 (viper-zero), 81 oben (Borka Kiss), 81 unten & 99 unten (Fasttailwind), 102 (Vladislav Sinelnikov), 118 & 131 (Fasttailwind), 173 unten (Ryan Fletcher), 179 oben (Fasttailwind)

UK MOD Crown copyright: 207 (LPhot Joe Cater), 219 (Cpl Katrina Knox)

U.S. Air Force: 6 (MSgt Andy Dunaway), 8 (MSgt Kevin J Gruenwald), 13 oben (SSgt Mitch Fuqua), 13 unten (SSgt Aaron Allmon), 16 (MSgt Michael Ammons), 33 oben (Major Gary), 33 unten (MSgt Mark Bucher), 63 (A1C Erin Baxter), 65 oben (2nd Lt Sam Eckholm), 65 unten (TSgt Carlin Leslie), 68 (SrA Alexander Cook), 89 (MSgt Lance Cheung), 90 (SMSgt John Rohrer), 91 (TSgt Burke Baker), 121, 122, 136 (SSgt Ricky A Bloom), 152 (SSgt William Tremblay), 153 (TSgt Marlin G Zimmerman), 156, 164 (William R Lewis), 168 & 169 (Boeing Defense), 173 oben (SrA Christopher Quail), 174 (MSgt Steven Turner), 211 unten (SSgt Christopher Callaway)

U.S. Army: 157 (Visual Information Specialist Jason Johnston), 183 (Australian Army Public Relations Service)

US-Verteidigungsministerium: 106, 123

U.S. Marine Corps: 95 (SSgt Scott Stewart), 190 (SSgt Artur Shvartsberg), 206 (Cpl Michele Clarke)

U.S. Navy: 39 (MC3 Wilyanna Harper), 41 (SrCPM Mahlon K Miller), 82 (MCS3 Dustin Knight), 94 (MCSS Michael T Forbes I), 110 (SSgt Michael B Keller), 199 (P2 Class Robert M Schalk), 211 top (MCS3 Ethan Jaymes Morrow), 218 (MCS3 Maxwell Orlosky)